石油和化工行业“十四五”规划教材

化学工业出版社“十四五”普通高等教育规划教材

食品风味化学

魏超昆　刘 源　刘敦华　主编

化学工业出版社

·北 京·

内容简介

《食品风味化学》根据当前国内外发展情况，详细论述了风味物质的感知方式、风味物质的形成原理、风味物质的制备、风味物质的控释及稳定化、嗅感和味感物质研究、食品感官评价等几个方面。理论与实践相结合，既有食品风味化学的知识和理论体系，又有食品风味物质和感官评价的研究方法。

本书可作为高等学校食品科学与工程、食品质量与安全、食品营养与健康、生物工程、应用化学等相关专业本科生、研究生的教材，也可供从事食品工程研究、开发、生产、教学、销售等相关工作的人员参考。

图书在版编目（CIP）数据

食品风味化学／魏超昆，刘源，刘敦华主编.
北京：化学工业出版社，2025. 1. --（化学工业出版社“十四五”普通高等教育规划教材）. -- ISBN 978-7-122-46734-8

Ⅰ. TS201. 2

中国国家版本馆 CIP 数据核字第 20248ZL414 号

责任编辑：尤彩霞　　文字编辑：朱雪蕊　李宁馨
责任校对：李雨晴　　装帧设计：韩　飞

出版发行：化学工业出版社
（北京市东城区青年湖南街 13 号　邮政编码 100011）
印　　装：河北延风印务有限公司
787mm×1092mm　1/16　印张 11½　字数 288 千字
2025 年 7 月北京第 1 版第 1 次印刷

购书咨询：010-64518888　　售后服务：010-64518899
网　　址：http://www.cip.com.cn
凡购买本书，如有缺损质量问题，本社销售中心负责调换。

定　　价：49.00 元

《食品风味化学》

编者名单

主　编　魏超昆　宁夏大学
刘　源　上海交通大学
刘敦华　宁夏大学

副主编　魏兆军　北方民族大学
刘　军　湖北师范大学
郑安然　北方民族大学

参　编　艾静雅　宁夏大学
柏　霜　宁夏大学
刘　静　宁夏大学
雒雪丽　宁夏大学
马思洋　宁夏大学
杨圆圆　宁夏大学
王小兰　宁夏大学
王文利　上海交通大学
陈艳萍　上海交通大学
张　芳　中国海洋大学
倪志婧　北方民族大学
章建国　合肥工业大学
张　帆　安徽师范大学
张圆圆　安庆师范大学
余君伟　宁夏中宁枸杞产业研究院
吕少英　希普生物科技股份有限公司
杨春梅　宁夏宁杨食品有限公司
杨尚霖　阿坝职业学院

前 言

食品风味化学是源于食品化学、香精香料等学科的发展而分化独立的一门交叉学科，着重研究风味物质的化学本质及其分析方法，达到从风味入手对食品加工、贮藏过程进行品质控制的目的。

食品具有丰富多彩的感官功能，当前国内外食品风味化学的研究重点围绕在风味物质的感知方式、风味物质的形成原理、风味物质的制备、风味物质的控释及稳定化、嗅感和味感物质研究、食品感官评价等几个方面。食品科学与工程类专业及生物工程、应用化学等相关专业本科培养方案中已经明确食品风味化学为专业必修/选修课程，同时也是食品科学与工程专业的硕士/博士研究生的选修课程，其先修课程为有机化学、食品化学、生物化学、食品微生物学。为了更好地满足相关专业的食品风味化学课程内容的基本要求，本教材特色主要体现在既有食品风味化学的知识和理论体系，又有食品风味物质和感官评价的研究方法，本教材力求知识体系完善、教材结构体系完整、专业适用层次清晰、理论研究与操作性鲜明。

本书编写出版得到了 2023 年宁夏大学研究生教材建设项目、2022 年宁夏大学研究生课程思政示范课建设项目的支持。

由于编者水平有限，书中疏漏之处在所难免，恳请读者批评指正。

编者

2025 年 2 月

目 录

第1章
绪 论

1.1 食品的风味

风味（flavour）一般指的是食品风味，本质上是食物引发机体所形成的生理感觉，此类感觉总体可以划分为嗅觉、触觉、味觉等。不同个体对于风味的感知往往存在一定的差异，所以对风味的评价也是不同的，一般表现为显著的个人、地区或民族的特殊倾向性和习惯性。

风味总体可以分为两部分，分别是“风”“味”，前者代表导致个体嗅觉反应的挥发性成分，后者则表示不同成分导致机体形成味觉的反应。因此，可以认为食品风味属于一种受到风味物质影响而导致机体形成的特殊生理感觉，其持续时间一般不长，并且主要与机体内味觉以及嗅觉器官受到的刺激有关。研究发现，味觉（taste）、嗅觉（smell）的形成分别与口腔味觉器官、鼻腔神经细胞存在密切的关联，这些部位受到特定刺激之后将形成对应的感觉，其中前者可以进一步划分为不同的基本味（咸、甜、苦、酸），后者则一般划分为香(药香、花香等)、腥、臭等。

1.2 食品风味物质的特点

风味物质属于一种特殊的化合物，其能够改善食物的特征风味，为消费者带来更优质的口感。当前针对风味物质的研究持续增多，不少学者总结了风味物质的特征如下：

① 食品风味物质一般包括香味、酸味物质等类型，它们在嗅感上表现出一定的差异性。同类风味物质的结构特征可能是不同的，代表性的有香味物质，它们在结构上往往存在较大的差异性。

② 食品风味的形成与风味物质的数量以及种类有关，如果食品含有更多的风味物质，则往往表现出更佳的风味。例如白酒和咖啡内的风味物质分别超过了300种和600种。正是由于含有多种类型的风味物质，食品才表现出独特的风味。

③ 风味物质的稳定性一般不高，极易受到温度等工艺条件变化的影响，继而导致食品风味改变。在一些研究中也发现，食品风味与其贮藏期有关。

④ 大部分风味物质的作用浓度处于较低的水平，一般处于 mg/kg、μg/L、ng/L（10^{-6}、10^{-9}、10^{-12}）数量级。尽管浓度不大，但是对于个体味感所产生的影响是非常显著的。

⑤ 食品风味会受到呈味物质间相互作用的影响。

a. 对比现象　该现象指的是将多种呈味物质合理组合调配之后，某种呈味物质形成了更可口的味觉。例如将适量食盐添加到味精中，则可以形成更显著的鲜味；将适量食盐添加到蔗糖水溶液（10%）之后呈现出更甜爽的风味。

b. 相乘现象　该现象指的是将两种味感一致的物质进行混合之后形成了更强烈的味感强度，相对于原先单一某种物质在味感强度上将提升数倍。例如将甘草苷与蔗糖混合，前者的甜度变为原先的两倍；5′-肌苷酸（5′-IMP）混合味精后将形成更显著的鲜味。

c. 消杀现象　主要指的是物质味感受到某种呈味物质影响而减弱的现象，该现象广泛存在于自然界中，即多种物质混合之后的味感弱于单一的呈味物质。比如任意选择食盐、砂糖以及奎宁等成分中的两种进行混合，此时所呈现的味感相对于单一某种物质明显更弱。再如将适量蔗糖溶液（7%～10%）添加到食盐溶液（1%～2%）中时，后者基本不再表现为咸味。

d. 变调现象　该现象指的是在依次食用多种风味的食品时，某个食品的风味可能发生变化或者消失，最终呈现出不同的味感。例如在食用甜食之后饮酒，可能感觉酒有苦涩的味道。因此，在安排宴席菜品时为了保证食客享受到美食原有的风味，会按照特定的顺序上菜，一般先是清淡的菜品，然后是味道更重的菜品，最后是甜食。

1.3　食品风味的研究意义

研究表明，人们能够接受已经长期适应的风味，即使是酸味或者苦味食物，同样有不少消费者比较喜欢，例如一些人比较钟爱啤酒的苦味。这种现象说明了人们对于食品风味的可接受性，其实质上是一种生理适应性。食品风味除了直接对个体嗅觉或者味觉产生影响之外，也会影响到个体的心理或者精神层面，若食品风味和个体习惯口味比较吻合，则个体会有舒畅、愉快之感；若与个体习惯口味存在较大的偏差，则极易产生厌恶等负面情绪。有研究调查了消费者在选择食品过程中考虑的因素，结果显示关注食品风味的消费者超过了80%，可见相对于价格、包装以及品牌等因素，食品风味同样是不可忽视的，将对消费者的体验产生直接的影响。考虑到上述因素，在食品化学研究中应注重分析食品风味的影响因素，明确消费者对于风味的需求，从而为广大消费者提供更优质的食品。

1.4　食品风味化学课程的地位与任务

食品风味化学主要面向食品科学与工程类的本科生以及研究生，作为一门重要的专业课，该课程将向学生系统地阐释食品风味化学相关知识与理论。

食品的质量要素不仅有风味、色泽等基本要素，其营养以及安全性同样是消费者关注的焦点，因此应结合这些要素来强化对食品的研究，提升食品对于消费者的吸引力，在满足消费者食用需求的同时带来更多精神以及心理层面的提升。由于食品风味对于消费者的食欲以及情绪均会产生直接的影响，有必要强化对食品风味的研究。食品风味化学重点研究食品风味的形成机理、贮藏方法以及影响食品风味的因素等。该课程不仅要求学生掌握基本的风味化学理论与知识，而且要能够逐步理解风味形成的原理以及影响因素，并应用到后续的学习以及工作中。因此学生系统地学习该课程是必要的，可为日后开展食品有关的生产、销售以及科研等工作提供一定的支撑。

1.5　食品风味化学课程思政建设与实施方案

结合高校以及专业的定位，同时考虑到学生自身发展的需求，食品风味化学课程思政培养目标涉及四方面的内容，具体如下所示。

① 培养学生的科学精神、工匠精神、系统观、团队合作精神和规矩意识，具有基本的法律意识和职业道德，能够以负责任的态度积极参与到所从事的工作中。

② 按照行业标准以及职业规范等要求开展食品科学与工程相关工作，注重改善食品风味，保证食品安全，减少环境污染。

③ 学习并掌握食品风味化学基本理论知识，利用所学知识分析和解决该领域中的一些实际问题。

④ 在现有知识学习的基础上积极拓宽视野，提升学习的广度和深度，充分利用互联网等途径学习一些新的知识和技术，培养学生的创新能力。

第 2 章

食品风味物质与风味感知

风味不只是味觉，同样涉及嗅觉，一般可以认为是二者之和。通常我们在评价食物时会较多地关注其味道，结合所呈现的风味评价食物的品质。

2.1 味觉基础与味感物质

2.1.1 味觉基础

味觉指的是人体味觉器官受到食物刺激之后而形成的一种特殊感觉，大部分情况下为复合性的刺激，并非只是受到单一刺激的影响。

当前味觉有不同的分类方式，例如日本将其划分为五种类型，分别是甜、酸、苦、咸、辣；部分欧美国家及地区在上述五种类型的基础上还引入了金属味。我国在上述日本五种类型的基础上添加了鲜味、涩味，因此总计是七种味道。然而，在生理层面来看，上述划分方式往往存在一定的重叠性，实际上味感主要划分为四种类型，分别是甜、苦、酸、咸。其他的类型则往往与机体受到特定刺激之后产生的反应有关，例如涩味主要是口腔蛋白质受刺激之后出现凝固而形成的收敛感觉，辣味本质上是皮肤以及口腔黏膜等部位受到刺激之后形成的痛觉，所以二者和先前所述的四种基本味感存在一定的差异。很多国家也没有将鲜味作为一种单独的味感，认为其属于一种风味强化剂。目前我国仍将其作为一种独立的味感，这与其在国内餐饮领域中所呈现出的独特风味有关，受到了众多消费者的青睐。

2.1.1.1 味觉的生理基础

尽管各种类型的食物带给了食客不同的味感，但是形成味觉的基本方式是一致的。具体的过程描述如下：首先是机体中的味觉感受器受到食物的刺激，接着通过神经系统将其传输到脑部味觉中枢中，在脑部处理之后形成了不同的味觉。图 2-1 是人体各类味觉感受区域分布。

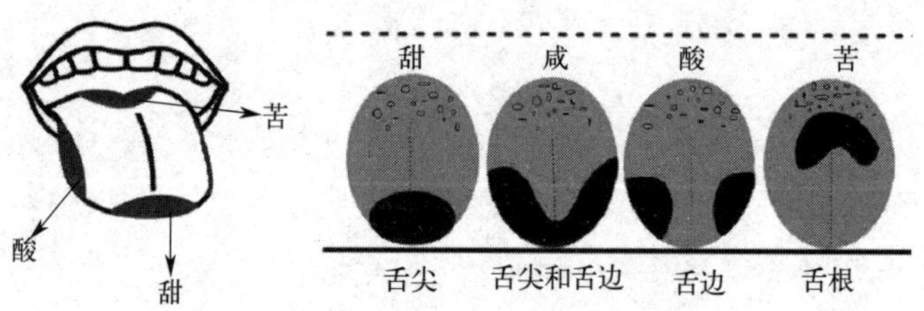

图 2-1 人体味觉感受区域分布

现有的研究，认为味蕾（taste bud）属于味感形成中的重要组成部分，主要与呈味物质的作用有关。味蕾总体处于舌面乳突内，数目基本处于 2000～3000 个之间，其宽度以及深度分别是 30～70μm、50～60μm，涉及较多的舌上皮细胞，同时与神经末梢进行了连接，由此实现了对味觉信号的传输，确保大脑能够接收到这些信号并进行处理，从而形成不同的味觉。研究发现，仅仅需要 1.5～4.0ms 的时间即可完成味觉传输的过程。味蕾结构如图 2-2 所示。

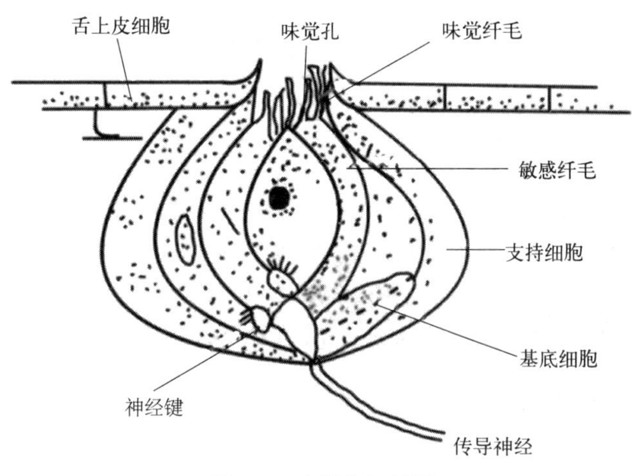

图 2-2　味蕾的解剖图

在口腔中各个部位的味蕾结构是不同的，所以各个部位对于各种食物的敏感程度存在一定的差异，即使是相同的部位，对于不同味道的灵敏度也是不同的。其中舌根、舌尖分别对于苦味、咸味的敏感度较高，靠腮两侧则对于酸味表现出较高的敏感度。除了上述因素之外，人们的心理以及生理状态均会对食物味感产生影响。例如在心情不好的情况下，则可能对各种食物均没有兴趣，觉得食之无味；而在饥饿的状态下，则可能食用任何食物均有较好的味道。可见，各类因素均会对人体的味觉产生影响，所以最终形成的味觉与诸多因素的综合作用有关。

味蕾并不是固定的，一般情况下会在特定的周期内进行更新，该时间基本处于 10～14 天之间。味蕾含有较多的味细胞，其数目总体保持在 40～150 个之间。从组成上来看，味细胞表面含有脂质、蛋白质以及核酸等不同的成分。位于味细胞之后的是神经纤维，主要实现对信息的传递功能，此类神经纤维进一步聚集之后可以形成小束，最后传输到大脑结构中。在这些传导系统内存在较多的神经节，用于对特定的味蕾进行控制，通过这种方式即可对食物内的各种化学成分进行响应。由于存在较多的味感物质，它们在受体上和各种类型的组分产生作用。不同成分的受体有一定的差异性，其中苦、咸物质的受体主要是脂质，而对应甜味物质的受体则是蛋白质。一些研究者对此开展了实验研究，结果显示，各种类型的味感物质在味蕾上的结合部位是不同的，特别是苦、甜味物质，所对应的分子结构符合特定的空间要求，具体表现在舌头上即各个部位的灵敏度存在较大的差异性。结合现有的研究可知，舌尖、舌边缘对于咸味的灵敏度最高，舌尖部对于甜味的灵敏度较高，舌根部对于苦味的灵敏度较高，舌边对于酸味的灵敏度最高。此外，上述各个部位的敏感度也与具体的个体有关。

2.1.1.2　味的阈值（CT）

研究表明，个体对于不同味觉的反应速度是不同的，反应最快、最慢的分别是咸味、苦味。然而，这相对于实际中人们的感受存在一定的差异，因为人们对于苦味的敏感度往往更高，会产生更显著的反应。这主要与味感强度有关，一般通过品尝统计法来进行描述。该方法的基本原理如下：在特定条件下邀请多名味觉专家进行评价，结合专家评价的结果进行统计分析，然后将其作为评价的阈值，该阈值实际上指的是感受到物质的最小浓度值（mol/m^3、%或 mg/kg 等）。对于不同的食物而言，所对应的阈值往往是不同的，如果阈值较高，则对应着较低的敏感度。相反，如果该阈值较低，则说明具备了更显著的敏感度。具体如表 2-1 中所示。

表 2-1　几种基本味感物质的阈值

物质	盐酸奎宁	葡萄糖	NaCl	HCl
味觉	苦	甜	咸	酸
常温阈值/%	0.00001	0.1	0.05	0.0025
0℃阈值/%	0.00003	0.4	0.25	0.003

不同个体之间对于呈味物质的感受是不同的，这主要与地域以及习惯等多方面的因素有关。通常情况下，西方人相对于东方人存在更多的味盲。一些学者致力于通过不同的方式对味的强度进行确定，部分研究者采用了电生理学方法，取得了一定的效果。尽管如此，现有技术还存在较多的不足，仍然需要在此领域继续研究，在检测技术以及设备上不断寻求突破。

2.1.1.3　影响味觉的主要因素

（1）呈味物质的结构

研究发现，味感会受到呈味物质结构的影响，这属于一个重要的内部因素。通常情况下，不同结构的成分之间表现出显著的味感差异性。其中重金属盐基本表现为苦味，氯化钾在盐类中则表现为咸味，醋酸等羧酸表现为显著的酸味，蔗糖等糖类带来了显著的甜味。但是相同类型的物质所呈现出的味道也不是绝对的，如碘化钾表现出苦味，而草酸也没有表现出显著的酸味。总体来看，物质的味感与结构之间存在密切的关联性，但是这种关系复杂度较高，无法进行准确的描述。例如在分子结构上出现较小的变化时则可能导致味感出现显著的改变。

（2）温度

味觉往往与温度有关，温度改变将导致不同的味感，这实际上与日常生活经验是相符的，因为部分食物在不同的温度下将发生味道的变化，甚至出现腐败变质等问题，所以很多食物必须满足存储的温度要求。根据现有的研究可知，在不同的温度下人们的味觉敏感度是不同的，如果高于 50℃，或者是低于 10℃，则敏感度降低，甚至变得迟缓；而在 30℃左右时表现出较高的敏感度。除了上述信息之外，温度对于不同味感的影响大小有差异，影响最高、最低的分别是糖精甜度、盐酸酸味。

（3）浓度和溶解度

不同浓度的味感物质带给机体的感觉是不同的，如果浓度不合适，则带来一些不适感，通常情况下应该保持浓度处于适宜范围内，方可为人们提供更佳的口感。通常情况下，咸味以及酸味在较低的浓度下可以为机体带来舒适感或者愉悦感，因此在很多食物中往往会添加一定的盐或者醋，但是浓度过高时将影响到口感；而对于糖类，在浓度较高或者较低时均不会影响到口感；苦味无论浓度如何，均难以带来愉快的体验。

呈味物质必须满足一定的条件之后方可对味蕾产生刺激作用，通常需要将其溶解，而溶解的速度等因素将对味觉产生不同的影响。其中，大部分糖类溶解的难度较高，需要较长的时间方可形成味觉，同时也会持续更长的时间；但是蔗糖等成分溶解速度快，所以可以快速形成甜味，但是持续的时间同样较短。

（4）各物质间的相互作用

不同味感的成分混合之后将产生强化的效果，也就是味的相乘作用。例如在一些饮料中添加麦芽酚之后对甜味起到显著的提升效果。除此之外，味的对比作用指的是两种味感物质混合之后对机体心理以及生理带来不同的感受，例如将适量食盐添加到西瓜中，则可以达到更高的甜度。

与上述相对的是味的消杀作用，指的是不同味感成分混合之后将起到减弱或者抑制的效果。例如将奎宁、食盐进行混合之后则相对于原先的味感均有所降低。而变调作用指的是将两种味感的食物混合之后形成了新的味感，相对于原先的味道出现了显著的差异性。例如在非洲某地盛产的"神秘果"中含有特殊的碱性蛋白质，人体食用之后继续吃酸性物质，则会形成一定的甜味。

味的疲劳作用指的是长期受到特定食物的刺激之后，继续食用味感比较接近的食物时，则味感强度有减小的感觉，这不只是与味感本身有关，也与心理因素存在一定的关系。在实际生活中，我们在连续吃两块糖的情况下，往往会感觉第一块食用的时候甜度更高一些，而继续食用之后发现甜度有降低的趋势。

有研究者指出，嗅感物、味感物间也存在一定的关系。尽管二者本质上是明显不同的，然而在口腔咀嚼食物的过程中会受到多重因素的影响而出现复杂的感觉，致使嗅觉和味觉之间转化和促进。

基于以上分析可知，各种呈味物质以及对应的味感之间均可能出现变化，并对机体味觉产生不同的影响。而具体的影响机制仍不明确，有待于继续开展相关的研究。

2.1.1.4　味觉机理学说

不少学者对嗅觉以及味觉机理进行了深入的研究，提出了不同的学说，知名度较高的有生物酶理论、化学反应理论等。大部分学说认为味觉属于化学感觉，但仍然是不全面的。

最初提出的定味基与助味基学说吸引了较多的关注，该学说指出酸、咸、甜、苦的定味基依次对应着不同的化学键结构，分别是质子键、氢键、盐键、范德瓦耳斯力。而助味基则是其他和受体结合的键合结构。该理论具有一定的片面性。

一些研究者认为，食物结合味受体的过程本质上属于松弛可逆反应，这个过程也是受体、食物之间彼此进行诱导的过程，二者为了满足匹配的要求将对构象进行调整，通过这种方式方可保证键合作用的适宜性，从而形成有效的味感信号。甜味剂结构具有一定的特殊性，其穴位主要为特定顺序氨基酸所构成的蛋白质，在受体极性和刺激物之间难以匹配的情况下将发生排斥作用。对于咸、酸味受体而言，主要和磷脂头部中的亲水基团存在关系，因此对于酸、咸味剂无需对结构要求进行较大的限制。后续很多学者关注味受体的构象以及受到刺激物的影响等，并为之展开了一系列工作，旨在揭示其机理。部分研究人员在研究过程中设计了不同的味细胞膜模型。

板块振动模型（味细胞膜）指出构型基本一致的蛋白质基于结构匹配形成板块，而且可以实现自由浮动，或者基于阳离子桥进行连接，具体如图 2-3 所示。作为典型的多相膜模型，相对于单层单尾脂膜具有明显的差异性，在脂质头部、颈部分别有亲水键键合、氢键键合；而 C9 前段、后段分别有疏水键键合、范德瓦耳斯力排斥。脂质板块与脂肪酸以及胆固醇密切相关。除了上述部分之外，无机离子同样会产生显著的影响，导致胶体脂块存在面数目以及尺寸等呈现出不同的特征。

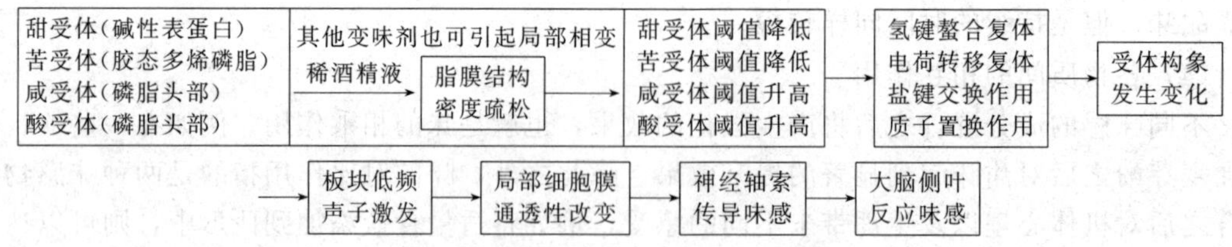

图 2-3　味细胞膜的板块振动模型

正是味受体、呈味物质之间的结合而形成了味感，此类因素的影响导致受体构象发生变化，激发受体发生跃迁，并达到低频振动，接着通过共振传导方式传输到神经系统内，在此基础上得到了多种类型的味感。

上述理论即为知名的低频振动理论，根据该理论可知，正是不同物质形成了相同的振动频率范围，导致它们出现了一致的味感。曾广植针对不同呈味物质的初始反应的振动频率进行计算分析，发现对于苦味剂、酸味剂、甜味剂、咸味剂分别是在 $200s^{-1}$ 以下、$230s^{-1}$ 以上、$230s^{-1}$ 上下、$213s^{-1}$ 上下。另外，通过该理论也可以对如下现象进行解释：

① 相对于钠离子，镁离子、钙离子处于溶液内的水合程度更高，导致味细胞膜内蛋白质-脂质之间的相互作用受到破坏，受到上述因素影响最终出现了苦味受体构象，导致它们形成更显著的苦味。

② 味盲属于先天性变异。对于甜味盲者而言，甜味受体处于封闭的状态，甜味剂仅仅能够对其他的受体产生激发作用，并形成味感。

③ 朝鲜蓟使水变甜，神秘果使得酸变甜，主要因为其导致了味细胞膜形成局部相变而保持了激发状态。部分呈味物质形成后味，同样是由于能够对不同的味受体进行直接或者间接激发。另外，该学说同样应用到其他现象的解释中，例如可以对生物膜中蛋白质-脂质之间作用对膜的分裂以及通透等的影响做出令人信服的阐释，因此也受到了较多的关注。

2.1.2　味感物质

2.1.2.1　甜味和甜味物质

甜味（sweet）是人们最喜欢的基本味感之一，甜味物质常作为糕点、饼干等焙烤食品的原料，用于改进食品的可口性。不少研究者分析了影响甜味的因素，探讨了各个因素所产生的影响，具体如下：

(1) 甜味学说

最初受制于技术以及理论等方面因素，人们对甜味的研究并未取得显著的成效，大多认为和糖分子内的羟基有关。然而研究显示，糖精等部分表现出甜味的食物中并不存在羟基。不少学者对此开展了研究，提出了不同的学说和观点。在 20 世纪 60 年代时，Shallenberger 的甜味学说受到了较多的关注，其指出，在甜味物质的分子内均存在电负性的 A 原子（O、N），通过共价键的方式和氢原子之间形成 AH 基团（如—OH、═NH、—NH_2），而在距离 AH 基团 0.25～0.4nm 之间必然存在其他的电负性原子 B（O、N），并基于双氢键偶合的方式带来了甜味。氢键的强度直接关系到了甜味强度，具体如图 2-4 所示。该理论后续得到了较多的应用，可用于对氨基酸等产生甜味的物质进行一定的解释。

然而，Shallenberger 甜味学说的应用仍然存在明显的不足，无法对部分常见的现象做出有效的解释，例如糖的 AH-B 结构是一致的，仍然可能在甜度上存在较大的差异性，这也导致该理论的应用受到了一定的限制，后来 Kier 对此进行补充和发展，他认为在甜味化

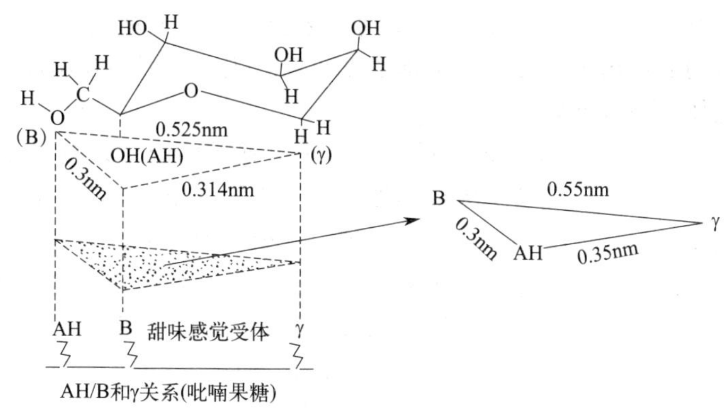

图 2-4　Shallenberger 甜味学说

合物中除了 AH 和 B 两个基团外，还可能存在着一个具有适当立体结构的亲油区域，即在距 AH 基团质子约 0.35nm 和 B 基团 0.55nm 的地方有一个特定的疏水基团 γ，它能与甜味感受器的亲油部位通过疏水键结合，产生第三接触面，形成一个三角形的接触面，如图 2-4 所示，由此可以达到更高的甜度。总之，在众多研究者的参与下，甜味学说持续发展，这为甜味物质研究以及探索提供了依据。

（2）影响甜味剂甜度的因素

当前一般通过甜度（sweetness）来定量描述甜味的强度，所采用的参考标准为蔗糖溶液，将其甜度表示为 100 或者 1，据此对其他物质的甜度进行描述。基于浓度关系对甜度进行确定，此时的甜度实际上是相对甜度（relative sweetness，RS）。通常情况下，依赖于个体的感官进行评价。大量的研究人员对此开展了研究，提出了不同评价甜度的标准或者方法，常用的主要是极限法、相对法，二者的原理明显不同。第一种方法是通过品尝得到不同物质的阈值浓度，和蔗糖进行对比，然后得到相对甜度；第二种方法是对蔗糖浓度（10%）进行合理设置，并得到在相同甜度下的甜味剂浓度，在此基础上可以对相对甜度进行计算。

① 糖的结构对甜度的影响

a. 聚合度的影响　单糖和低聚糖都具有甜味，但是甜度大小是不同的，其甜度顺序是葡萄糖＞麦芽糖＞麦芽三糖，而淀粉和纤维素虽然基本构成单位都是葡萄糖，但是并未表现出显著的甜味。

b. 糖异构体的影响　异构体之间的甜度不同，如 α-D-葡萄糖＞β-D-葡萄糖。

c. 糖环大小的影响　如结晶的 β-D-吡喃果糖（五元环）的甜度是蔗糖的 2 倍，溶于水后，向 β-D-呋喃果糖（六元环）转化，甜度降低。

d. 糖苷键的影响　如麦芽糖是由两个葡萄糖通过 α-1,4 糖苷键形成的，有甜味；同样由两个葡萄糖组成而以 β-1,6 糖苷键形成的龙胆二糖，不但没有表现出显著的甜味，甚至存在一定的苦味。

② 结晶颗粒对甜度的影响　甜度会受到结晶颗粒的影响，蔗糖的结晶颗粒存在尺寸上的差异性，总体可以划分为粗砂糖以及细砂糖等类型，它们之间的成分基本是相同的，但是甜度存在一定的区别。例如细砂糖往往相对于粗砂糖更甜。研究发现，这种甜度上的不同往往与颗粒的溶解速度有关。如果颗粒和唾液接触的接触面积越大，则可以达到更高的溶解速度，将给人们带来更显著的甜味。

③ 温度对甜度的影响　甜度大小会受到温度的影响，温度变化时将导致食物的甜度出现一定的变化，通常情况下二者表现为负相关的关系。其中在温度较小时，对于大部分糖的

甜度基本不会产生显著的影响，在小于40℃时，果糖相对于蔗糖达到更高的甜度，在超过50℃之后，则二者的甜度出现了变化，蔗糖甜度更高，主要是因为在温度较高时，果糖分子更多地转换为异构体（甜度低）。

④ 浓度的影响　浓度对于甜度的影响是显著的，通常情况下表现为正相关的关系，即某种糖类的浓度越高时，则对应着更大的甜度。对于不同的糖类而言，在甜度一致时，则对应的浓度往往存在差异性，由低到高依次是果糖、蔗糖、葡萄糖、乳糖、麦芽糖。

在混合使用不同的糖类时，存在一定的相乘现象。例如葡萄糖当量（DE）为42的淀粉糖浆（13.3%）、蔗糖（26.7%）之间进行混合之后得到的混合糖溶液，其甜度基本达到了40%的蔗糖溶液的甜度，可见二者混合之后甜度显著提升。

（3）甜味物质

当前市场中存在不同类型的甜味物质，总体可以划分为两大类，分别是人工合成类以及天然类，二者的来源是不同的。另外，可以分为糖类甜味剂、非糖天然甜味剂等类型。各个类型的基本介绍如下。

① 糖类甜味剂　糖类甜味剂包括糖、糖浆、糖醇。该类物质的甜度受到诸多因素的影响，主要与分子内的碳数和羟基数比值有关，其中在高于7、2～7、低于2时分别是淡甜味、苦味或甜而苦味、甜味。当前已经有多种类型的糖类甜味剂，常见的包括木糖醇以及果糖等。

当前仅仅少量可以形成结晶的单糖以及寡糖存在一定的甜味，而对于其他的糖类而言，甜度极易受到聚合度的影响，总体表现为负相关的关系，即在聚合度较高的情况下，则对应的甜度显著降低。对于单糖而言，不同的糖类同样呈现出不同的感觉，其中果糖难以在水溶液内结晶，可以直接在机体内进行代谢，适合于应用到一些特殊病症的治疗中。葡萄糖一般可以用于静脉注射或者直接食用，这些对于机体生长代谢活动均有重要的作用。对于一些高血压或者糖尿病患者而言，可以适当食用木糖，因为容易吸收，适合于补充机体内的养分。除了上述单糖之外，还有一些常见的双糖，其中蔗糖被广泛作为甜味剂使用，具备了较高的甜度。另外，还有乳糖以及麦芽糖等，适合于机体吸收，广泛应用到了食物加工制作中，可以改善食物的色泽和气味，受到了众多用户的认可。

淀粉糖浆主要包括低聚糖以及葡萄糖等成分。一般情况下在描述淀粉转化程度时会采用葡萄糖当量（DE）指标，该指标指的是淀粉转化液内含有的转化糖（以葡萄糖计）干物质占比，根据该指标取值可以划分为三大类，分别是高、中、低转化糖浆，分别是60以上、38～42之间、20以下。DE值存在差异性时，则它们在渗透性以及甜度等多个特性上存在明显的差异性。异构糖浆同样被称为果葡糖浆，指的是在异构酶的影响下，部分葡萄糖转换为果糖的现象。针对果葡糖浆的研究持续增多，形成了不同的制作工艺。有国外研究中通过一种微生物代谢的异构酶实现对高果葡糖浆的制作，达到了90%以上的转化率。异构糖浆体现出诸多优良的特性，受到了大量的关注，其发酵性以及渗透性均较高，同时具备了纯正的甜味，体现出广阔的应用前景。

当前在市场中已经使用了多种类型的糖醇类甜味剂，代表性的包括麦芽糖醇、D-木糖醇等，广泛用于心脏病以及糖尿病患者的护理和治疗中，在食用之后不会导致机体血糖升高，同时胰岛素对于其代谢的影响较小。

除了上述类型之外，D-山梨醇在多个方面也表现出显著的功效，可以提高各种味道之间的均衡性，避免食品中的糖分析出，使得食物具备了独特的风味，已经被广泛应用到了各种类型的食品中。一些国家将木糖醇等应用到了调味品以及食材加工生产中，木糖醇等具备较高的稳定性，基本不会受到微生物的影响，成为大量推广的甜味剂。

② 非糖天然甜味剂　总体属于天然类甜味物质，一般包括甘茶素、甘草苷、甜菊苷，三者的相对甜度分别是 400、100～300、200～300。具体如图 2-5 所示。

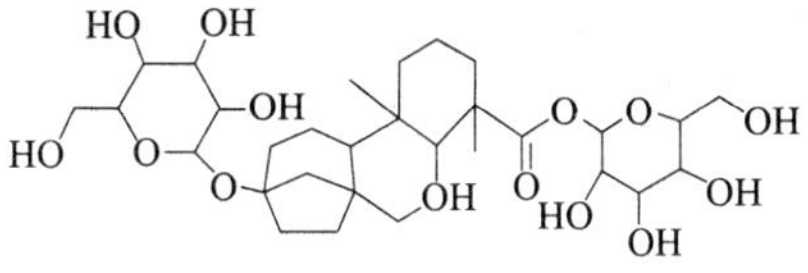

甘茶素

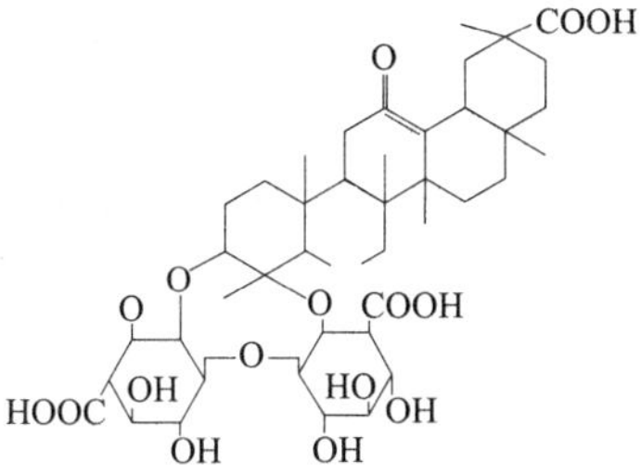

甘草苷

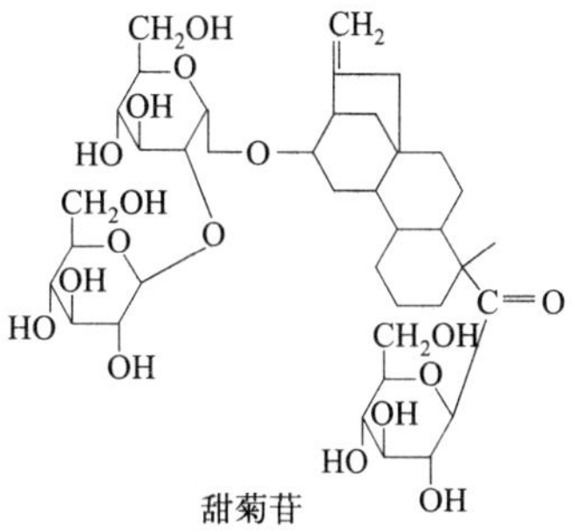

甜菊苷

图 2-5　甘茶素、甘草苷与甜菊苷

③天然衍生物甜味剂　主要是通过改性之后得到的甜味剂，改性之前一般不甜，但是改性之后发生了显著的变化，形成了较高的甜度。代表性的有二氢查耳酮衍生物（图 2-6）、氨基酸衍生物等。具体信息如表 2-2 所示。

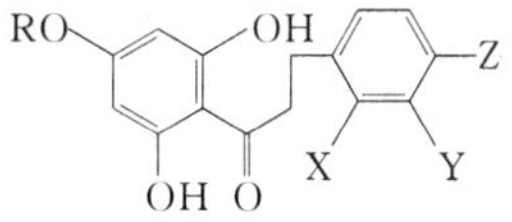

图 2-6　二氢查耳酮衍生物

表 2-2　具有甜味的二氢查耳酮衍生物的结构和甜度

甜味剂名称	结构	甜度
糖精(对照)	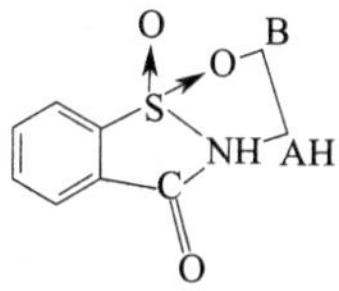	1
新橙皮苷二氢查耳酮	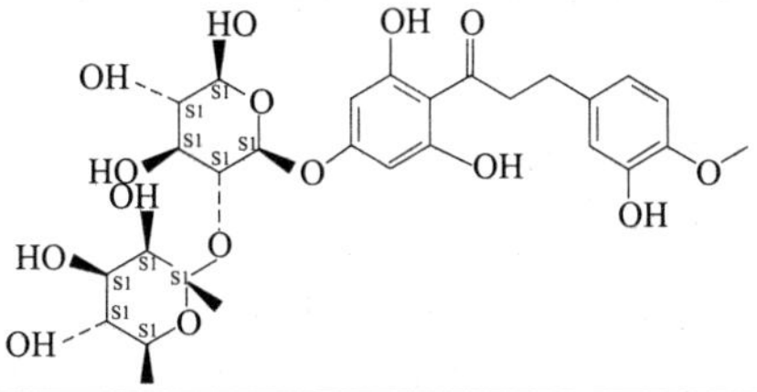	20
柚皮苷二氢查耳酮	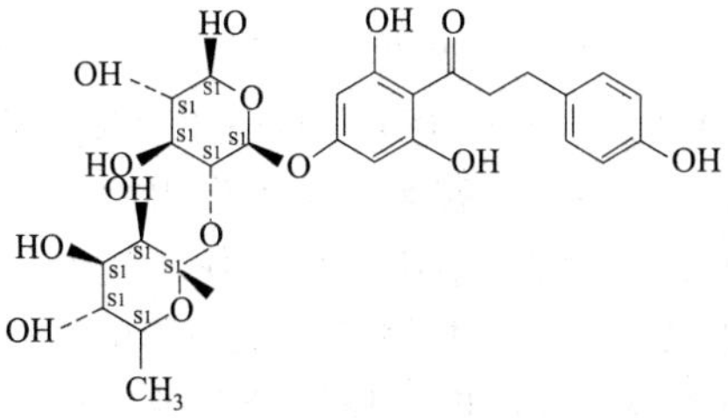	1

④ 合成甜味剂　目前市场中有较多类型的合成甜味剂，而邻苯甲酰磺酰亚胺钠盐属于一种典型的代表，也就是日常生活中广泛使用的糖精。该物质可以达到 300～500 的相对甜度。热稳定性较低，受热条件下亚胺键水解并得到邻磺酰胺苯甲酸，导致形成了一定的苦味。

在一些研究中认为该合成剂并未进入到人体生理代谢活动中，但是也有其他学者提出了不同的观点。有研究者发现，在大剂量饲养的情况下导致实验对象发生膀胱癌，但是处于正常用量时是正常的。因此对于该物质的应用受到了一定的限制。国内不允许将其应用到婴幼儿相关食品中，其他一些国家也禁止使用。

甜蜜素同样得到了广泛的关注，然而由于其在机体中容易降解生成环己胺，在国内已经不允许使用。将该物质和糖精混合使用时，在一定程度上降低了带来的苦涩感。

乙酰磺胺酸钾盐（$CH_3CO\text{-}NH\text{-}SO_3\text{-}K^+$）可以达到 200 的相对甜度，并且保持了较高的稳定性，即使处于高温条件下仍然不会发生降解。目前在一些国家中可以使用该产品，但是国内仍然不允许使用。

（4）甜味学说

很多学者对甜味形成机理开展了研究，提出了不同的学说。他们在研究中大多集中于分析物质的结构，探讨对于甜味所产生的影响。一些代表性的学说简介如下：

① AH/B 生甜团学说　在 20 世纪 60 年代时，Shallenberger 在研究过程中提出了 AH/B 生甜团学说。该理论后续得到了较多的应用，能够对氨基酸等产生甜味的物质进行一定的解释（图 2-7）。

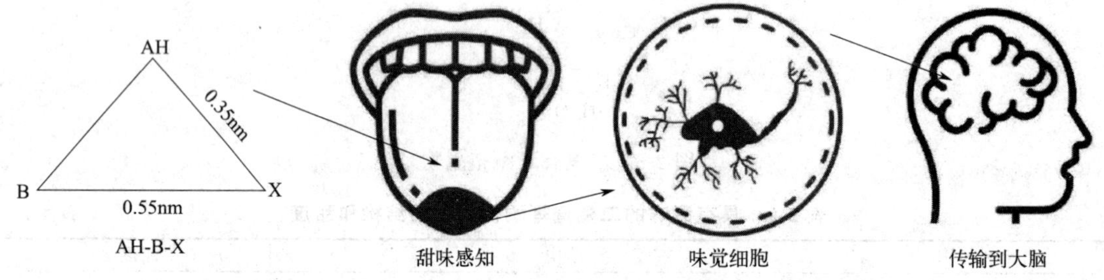

图 2-7　人体的甜味感受器结构单元

上述两种基团需要达到立体化学的要求，方可和受体对应部位保持匹配。对于味感受器而言，二者基本保持了 0.3nm 的距离，所以对于 B 基团、AH 质子的距离同样应该控制在 2.5～0.4nm 之间，此时可以通过氢键结合并形成对应的味感，而氢键的强度对于甜度产生了直接的影响。

不少学者在该学说的基础上开展了研究，一些研究者认为，吡喃糖中 C4 上的羟基对于甜味的解释至关重要，糖分子中存在特殊的邻二醇结构，在两羟基重叠的过程中容易形成分子内氢键，所以不会表现出甜味；但是对于对位交叉式的情况，由于两羟基之间的距离较大，同样不会出现显著的甜味。C4 上羟基和邻位羟基保持重叠或者邻位交叉式时，则和味感受器是一致的（图 2-8）。除了以上研究之外，在聚合度增大的过程中，多糖甜度减小，这主要与以下方面有关：首先是溶解度降低，其次是仅有一个糖残基能和味受体结合而得到氢键。

针对该学说的研究持续增多，部分研究者进行了应用和补充，但是也有一些研究者提出了自己的质疑，因为很多现象无法通过该学说进行解释，具体如下：

a. 在此学说内未考虑到亲水以及疏水基团所产生的影响，只是将 AH、B 考虑在内，所以对于结构相同的糖类之间所表现出的甜度差异性没有进行解释，例如半乳糖、果糖均含有

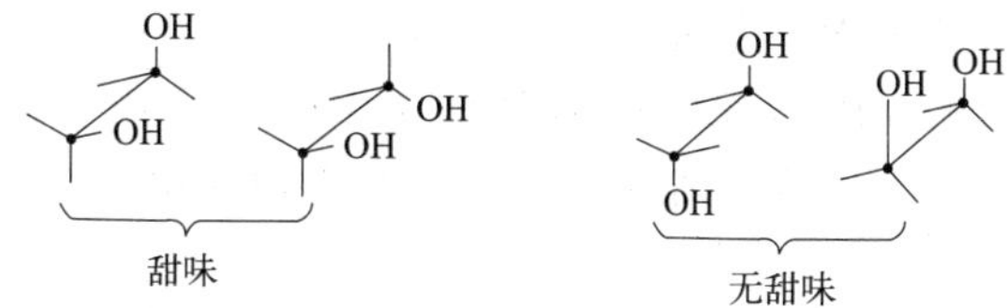

图 2-8　糖分子中相邻羟基的构象与其甜度示意图

一致的 AH/B 结构，然而两者存在较大的甜度差异性。

b. 在学说中认为是由于受体和刺激物之间采用了多种方式之后形成的味感，所以难以解释一些特殊的现象，例如含有相同 AH/B 结构的分子反而表现出一定的苦味。

结合以上学说可知，D 型、L 型分子之间的味感理论上是一致的，然而由于构型发生变化，表现出苦涩的味道，而不是应有的甜味。代表性的 L-缬氨酸、D-缬氨酸分别表现为苦味、甜味。

c. 该学说针对部分含有 AH/B 结构的物质仍然有苦味的原因进行了解释，认为主要与空间障碍的影响有关，导致无法满足甜味受体空间专一性的条件，但是这种解释仍然不能使人信服。

有很多实际的例子并不存在空间障碍。一些研究者指出，此类分子即使可以进入到甜味受体中，仍然不会导致后者的构象发生变化。

d. 在此学说中，指出甜味分子包括了氯仿以及苯甲醇等不同的成分。但是无法解释：氟仿形成氢键的难度较小，并未表现出较高的甜度，反而是碘仿难以形成氢键，但是具有一定的甜度。

e. 该学说忽略了分子通过卷曲折叠之后跨越空间的影响，氨基酸中甜度最高的是 D-色氨酸，可以达到 35 的相对甜度，但是其他有类似基团结构的化合物则可以达到 1000 的甜度。

f. 青霉胺可促进金属离子中毒病人排毒，但易使其失去味感，通过 Ca^{2+}、Ni^{2+}、Zn^{2+} 治疗之后则进行恢复，该学说对于此类现象仍然无法有效地解释，即可以认为该学说忽略了金属离子所导致的影响。

② 三点接触学说　Kier 针对 AH/B 生甜团学说进行了补充，指出在甜味分子内存在特殊的亲油区域，将其表示为疏水基团 X，和 AH、B 基团之间的距离分别是 0.35nm、0.55nm，由于和亲油部位进行结合之后形成了特殊的接触面（图 2-9）。X 部位对于甜度的影响，基本可以认为是对分子和味受体之间的接触关系产生影响而实现的，推测这属于导致

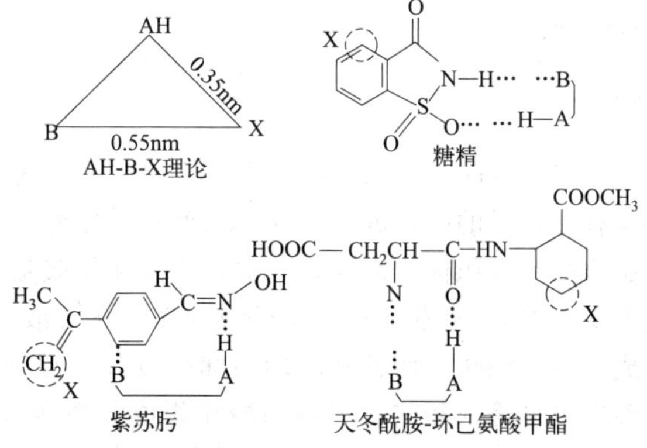

图 2-9　三点学说中 X 基团与 AH 和 B 基团形成三角形接触面示意图

甜味物质间甜味差异显著的因素。通常情况下，由于 X 部位的亲油特性显著，只是对于甜度较高的分子产生了有限的作用，而对于甜度较低的则无法形成显著的作用。除了上述因素之外，如果甜味剂的亲水性不显著，则 X 部位将同时影响到甜度大小以及持续的时间。

三点接触学说成功地解释了 2-取代-5-硝基苯胺系列化合物（p-4000 型）的甜度与分子中 2-取代基的极化率常数 α 之间存在的定量关系。具体可以表示为 log（比甜度）＝$0.325\alpha+1.543$。如图 2-10 是几种甜味物质的 AH/B 位点。

糖精　紫苏肟　天冬酰胺-环己氨酸甲酯

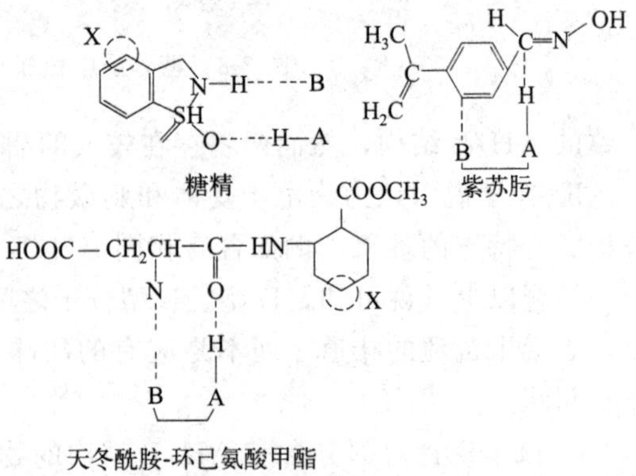

图 2-10　几种甜味物质的 AH/B 位点

除了对先前所述的现象进行解释之外，在此学说中同样涉及了其他现象的解释，例如对结构改变使得甜味分子发生甜度变化的现象进行了阐述，指出甜-苦味分子的结构可以实现与苦、甜味受体同步作用，导致形成了复合味感。在己糖伯醇基团、异头中心结构等因素的共同参与下，糖分子形成了一定的苦味。除了以上因素之外，甜味分子结构改变，同样会导致出现由甜变苦的味感。

尽管该学说基于 Shallenberger 学说建立，并且能够解释一些后者无法解释的现象，但是依然存在明显的不足，部分现象仍无法得到合理的解释。比较致命的地方在于在解释味感的过程中只是利用了单一的受体机制。

③ 诱导适应的甜受体学说　此学说在研究过程中设计了一种甜味受体模型（图 2-11），具体的特征如下所示：

a. 甜味受体对甜味剂产生吸引力之后方可保证二者之间的接近，二者在氨基酸顺序上保持匹配后方可有效结合，并形成能够改变受体构象的能量，最终可以将相关信息传输到神经系统中。

b. 甜味受体属于碱性膜表蛋白体。必须满足空间专一性的要求，位于膜表层以及内层的分别是带刚性骨架和带挠性骨架，二者分别和定味基、助味基结合，各自影响最高甜味浓度、甜味倍数。

在对甜味剂、受体分段顺序结合的反应机制研究中引入了诱导适应受体模型，对诸多现象进行了解释，如甜味剂甜感、甜味强度等，但仍然不完善。例如，反式紫苏肟被排斥于甜受体以外，显然违背于现实情况。

2.1.2.2　酸味和酸味物质

在很多食物中会添加一定量的酸味（sour）物质，例如在美食烹饪过程中适当添加此类调料，在一些饮料中也含有一定量的酸性成分，除了改变味道之外，也能够起到防腐败的效果，这对于保证食物的品质会产生积极的影响。一般认为酸味形成是由于味蕾的磷脂与质子（H^+）之间发生作用而形成了酸味味感，根据该机制可知，在溶液内的成分能够有效地析出氢离子时，则容易形成一定的酸味，而各种酸的酸味强度往往存在差异性。相同条件下，有机酸相对于无机酸表现出更显著的酸味，二者的酸味阈值分别是 pH3.7～4.9、pH3.5～4.0。针对该现象进行分析，发现在磷脂受体表面，有机酸的酸根表现出更显著的吸附性，减小了对质子的排斥性，因此促进了质子（H^+）与磷脂之间的相互作用。此外，不同类型

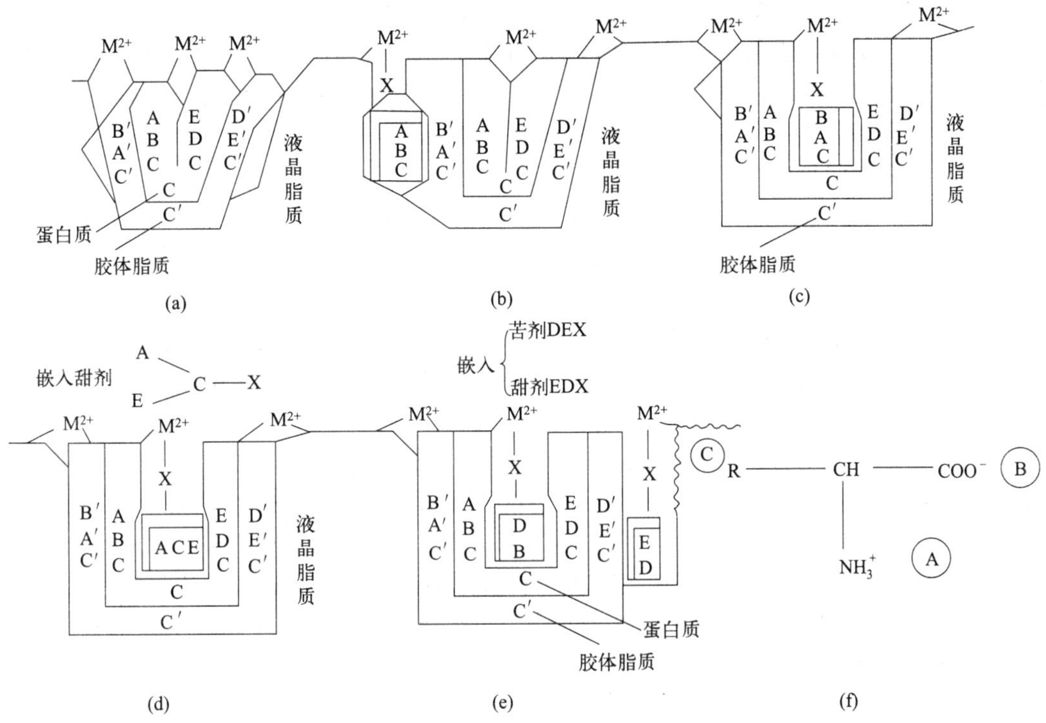

图 2-11　诱导适应的甜苦受体模型示意图

的有机酸，也会呈现出不同的酸味特征，例如三碳酸、二碳酸表现出刺激性的特征，六碳酸有良好的风味。

受到诸多因素的影响，酸味的品质还和共存物特性以及浓度等因素有关，导致表现出不同的酸味特征。在研究过程中一般设置一定的酸味强度基准，其中酸味强度以结晶柠檬酸（一个结晶水）为基准定为 100，其他如无水柠檬酸为 110，苹果酸为 125，酒石酸为 130，乳酸（50%）为 60，富马酸为 165。结合现有的研究可知，酸味强度与它们的阈值大小不相关（表 2-3）。

表 2-3　一些有机酸的阈值

有机酸种类	无水柠檬酸	苹果酸	乳酸	乙酸	琥珀酸	延胡索酸	酒石酸
阈值/%	0.0019	0.0027	0.0018	0.0012	0.0024	0.0013	0.0015

（1）酸味强度

针对酸味评价的研究越来越多，出现了较多的方法和指标，其中酸性强度一般可以通过主观等值点（PSE，point of subjective equivalence）进行表征，在该指标较大的情况下，则意味着其酸性更弱。该指标本质上代表个体感知到酸味情况下的酸味剂浓度大小，已被广泛应用到了研究领域中。

除了上述方法之外，可以根据在 10min 以内流出的唾液量（mL）进行描述，即根据唾液腺分泌唾液的流速进行确定，如果流速较高，则对应着较强的酸性；而在流速较低时，则酸性较低，二者保持了正相关关系。

（2）影响酸味的主要因素

结合现有的研究可知，有多种因素影响到了酸味剂的酸性，导致其出现了明显的变化。具体的因素简介如下：

① 氢离子浓度　各种类型的酸味剂均可以析出氢离子，这对于酸味的影响是显著的。

通常，在氢离子浓度较高的情况下，对应着更显著的酸性；在氢离子浓度过小、pH＞5.0～6.5 的情况下，基本无法感知到酸味的存在；但是在氢离子浓度过高，pH＜3.0 的情况下，则形成了非常剧烈的酸味。可见，二者之间表现出一定的正相关性，但是无法通过具体的函数进行描述，即函数关系不显著。对于苹果酸、醋酸溶液，二者的酸味基本是一致的，然而前者的氢离子浓度明显更高。

② 总酸度和缓冲作用　总酸度代表未离解、已离解的总分子浓度。缓冲作用代表弱酸（碱）、弱酸（碱）盐构成的体系在外加少量碱（酸）时对于 pH 值变化的抵制作用。一般在 pH 值一致的情况下，总酸度越高时，则酸味剂表现出更显著的酸味。例如，在 pH 值相同时，丁二酸的总酸度、酸味均明显高于丙二酸。不仅与负离子特性有关，还因为丁二酸的氢离子和酸受体发生作用之外，未离解的分子将持续离解氢离子，所以可以形成较长时间的酸味。

③ 酸根负离子的性质　酸味强度与酸味剂负离子密切相关。研究发现，在其他条件相同时，有机酸相对于无机酸往往表现出更显著的酸味强度。对于有机酸，如果采用唾液流速法进行评价，相同条件下一元酸酸味强度和烃链长度之间表现为负相关的关系，因此相对于品尝法（丁酸＞丙酸＞乙酸＞甲酸）得到的结果是不同的；对于超过 C_{10} 的羧酸则不存在酸味。对于二元酸，酸性强度和烃链长度之间表现为正相关关系，然而相对于一元酸有一定的差距。另外，在分别将亲水羟基、疏水不饱和键添加到负离子结构的情况下，酸性相对于同等条件下的羧酸分别表现为减弱、增强的变化趋势。

酸的风味会受到酸味剂负离子的影响，大部分有机酸表现出清爽的酸味，特别是在酸度较低时甚至可以表现出一定的甜味，但是盐酸等呈现出的是苦味。

在酸味剂结构存在其他味感物时，容易受到一些味受体的竞争吸附而形成其他的味感，在强度不大的情况下可以称作副味。

④ 其他物质的影响　酸味剂的酸味会受到诸多添加物的影响，例如在加入乙醇或者糖分的情况下，极易导致酸味的减小。正常情况下，无机酸阈值处于 pH 4.2～4.6，而在添加 3％砂糖的情况下，酸度将显著降低，降幅将达到 15％，pH 值基本是稳定的。在很多餐品或者调料中会采用将它们混合的方式。另外，将一定量的苦味剂添加到酸中，同样可以带来特别的风味。

(3) 酸味产生的模式

通过酸味剂分离得到的味蕾匀浆仅仅可以获得磷脂。从构-性关系方面来看，咸味以及酸味的复杂度均较低，这与正电荷的影响密切相关。在现有的研究中，酸味剂 HA 的定味基、助味基分别是质子 H^+、负离子 A^-。依据前文所述可知，有机酸相对于无机酸表现出更显著的酸味，一般与前者 A^- 所表现出的吸附性有关，有效降低了膜表面的正电荷密度。另外，对于二元酸，其酸味和链长之间表现为正相关关系，这与负离子 A^- 形成的金属螯合物等有关，在一定程度上影响到了表面正电荷。通过对 A^- 结构的调整，即可实现对酸味的改变；如果适量添加羟基，则可以弱化酸味；如果添加疏水基团，则会促进对于 H^+ 的吸附。

有研究者发现，采用先前所述两种方法（测唾液流速法、品尝法）得到的酸强度次序可能存在一定的差异性，推测与二者受到刺激部位的差异性有关。有研究者认为，在酸味受体膜中结合的质子大部分没有实质性的作用，难以改变局部构象。酸味受体可能处于磷脂烃链的双键，主要是由于其质子化之后的络合物存在显著的静电斥力。上述因素的影响，导致了脂膜构象发生了显著的变化。

以上酸味模式尽管能够对一些酸味现象继续解释，然而仍然不能准确地确定 H^+、A^-

和 HA 哪一个对于酸感的影响最高。除了上述问题之外，包括分子空间结构以及分子量等因素所产生的影响也是不确定的，因此有待于对其继续开展研究。

2.1.2.3　苦味和苦味物质

苦味（bitter）物质在生活中也比较常见，很多食物或者食材均存在这种特殊的味道。大部分消费者对于苦味是比较抵触的。但是，当用一些甜味食物进行混合调配时，则容易形成特殊的风味，可能受到消费者的喜爱。在生活中常见的莲子以及苦瓜均有一定的苦味，但是也受到了众多用户的喜爱。另外，在咖啡中也呈现出显著的苦味，同样得到了众多年轻群体的钟爱。所以人们对于很多苦味物质依然表现出较大的兴趣，通过与不同味道成分之间的结合而形成适宜的风味。苦味对于机体生理机能具有一定的影响，在消化道出现障碍的情况下，将导致味觉感受能力减弱，苦味则可以实现对味觉的刺激和恢复。人们在生病之后所服用的很多药物表现为苦味，这也是“良药苦口”的重要原因，此类药物可有效治疗各种类型的疾病，使得患者恢复健康。另外，毒肽、胺类等苦味物质存在显著的毒性，必须对此类物质进行防范，避免对自身健康带来不利的影响。

当前在很多食品中存在不同的苦味成分，包括动物性以及植物性食品等，其中苦味肽、生物碱类等苦味物质常见于各种类型的植物性食品内。另外还有一些无机盐（镁离子）等同样呈现出显著的苦味。

苦味物质的结构特点如下：生物碱碱性越强越苦；糖苷类碳/羟比值大于 2 为苦味［其中—$N(CH_3)_3$ 和—SO_3 可视为 2 个羟基］；D 型氨基酸大多为甜味，L 型氨基酸有苦有甜，当 R 基大（碳数大于 3）并带有碱基时以苦味为主；多肽的疏水值大于 6.85kJ・mol^{-1}（$Q=\sum\Delta g/n$）时有苦味；盐的离子半径之和大于 0.658nm 的具有苦味。

二盐酸奎宁（quinine dihydrochloride，图 2-12）一般作为苦味物质的标准。

生物碱类苦味物质有多种类型，代表性的是茶碱、咖啡碱、可可碱，它们属于嘌呤类的衍生物（图 2-13）。

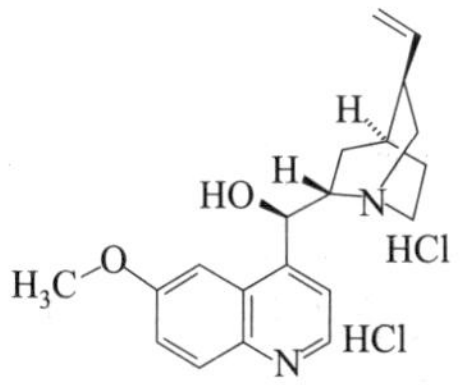

图 2-12　盐酸奎宁

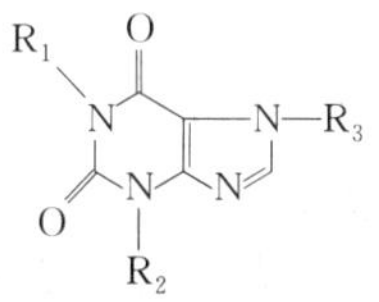

咖啡碱：$R_1=R_2=R_3=CH_3$；

可可碱：$R_1=H$，$R_2=R_3=CH_3$；

茶碱：$R_1=R_2=CH_3$，$R_3=H$

图 2-13　生物碱类苦味物质

在咖啡以及茶叶内含有较多的咖啡碱（caffeine），其熔点较高，总体处于 235～238℃之间；表现为白色结晶；溶解度不高，极易溶于热水，同时也可以在氯仿、乙醇等溶液中溶解；稳定性较高，在茶叶加工过程中基本不会出现显著的损失。

可可、茶叶内存在较多的可可碱（theobromine）；熔点较高，处于 342～343℃之间；表现为粉末状结晶，白色；难溶于乙醇以及水等溶剂。

茶叶内含有一定量的茶碱，但是其含量大约仅有 0.002%，相对于上述两种成分明显更低；在热水中比较容易溶解，但是在其他溶液中的溶解性一般；总体表现为针状结晶，熔点为 273℃。

另外，在啤酒内有多达三十多种苦味成分，一般和酿造过程中形成的成分有关，代表性的有甲种苦味酸（α 酸）等，正是在这些成分的综合作用下而形成了啤酒产品的独特风味。

α 酸实际上划分为较多的成分，包括蛇麻酮、葎草酮等（图 2-14）。此类物质广泛存在于啤酒花内，在鲜啤中的占比基本达到了 2%～8%，具备一定防腐效果。

异 α 酸主要是 α 酸异构化之后得到的，同样在啤酒中占据了较高的比例，也是影响味道的关键因素。

研究发现，在啤酒花煮沸达到 2h 以上等特殊的情况下，α 酸即可发生水解，由此可以得到对应的葎草酸、异己烯-3-酸。在上述反应完成之后，则原先的苦味将不复存在。

糖苷（glycoside）类苦杏仁苷等广泛见于各种类型的中草药中，它们均表现出一定的苦味，对于多种病症的治疗有良好的功效。另外，柚皮苷、新橙皮苷等成分较多地存在于柚子以及橘柑中，特别是在未成熟的果实内具有更多的苦味成分，总体属于黄烷酮苷类结构（图 2-15）。

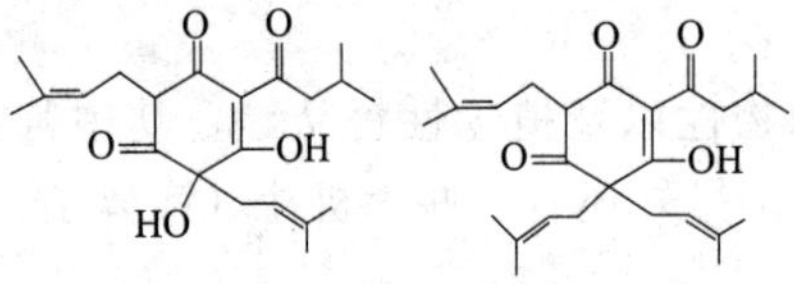

图 2-14　葎草酮（左）、蛇麻酮（右）结构

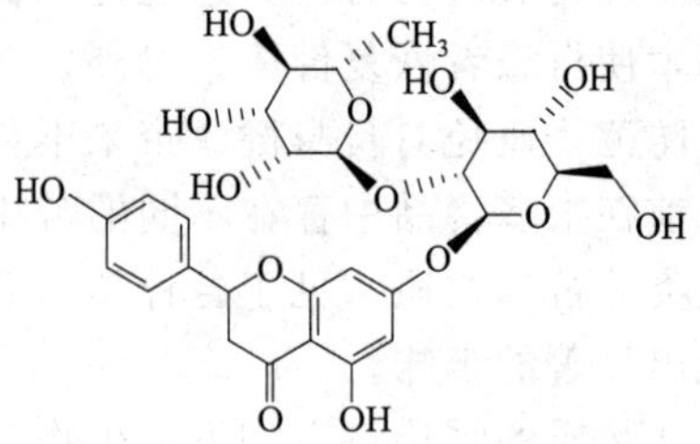

图 2-15　柚皮苷的结构

一些研究中指出，柚皮苷之所以表现为苦味，主要和连接的双糖（芸香糖）存在关系。该双糖具有一定的特殊性，在特定条件下通过处理之后即可去除这种苦味，一般将连接葡萄糖、鼠李糖的 1,2 糖苷键进行切除之后即可改变苦味。目前已经基于该原理来实现对葡萄柚果汁苦味的处理，可以得到特定味道的饮品，并受到了众多消费者的喜爱。

除了先前所述的几种苦味成分之外，包括苯丙氨酸、亮氨酸以及赖氨酸等在内的氨基酸也表现出一定的苦味，分子中的疏水基团是影响苦味大小的关键因素。通常情况下，分子量不超过 6000 时方可表现出苦味。

（1）苦味受体的性质

苦味受体对于天然毒物表现出较高的敏感度，可以对结构破坏离子等进行检测，特别是具有显著疏水性，同时代谢难度较高的生物碱以及萜类。结合以上分析可知，苦味受体不仅具有极性基团，同时具有疏水特性。部分研究者对此进行了大量的研究，并通过实验方法进行验证。研究结果显示，在舌头受到 Cu^{2+}、Ni^{2+}、Zn^{2+} 影响时，则可以达到更高的味感；而对于重金属离子中毒的情况，采用硫醇等进行治疗时，则能够有效消退所形成的味感。结合以上分析可知，金属离子对于苦味受体的影响是显著的。有研究者指出，对苦味剂匀浆进行提取之后即可得到磷脂，其中还含有一定量的蛋白质，可知苦味受体并非以蛋白质成分为主。针对磷脂进行研究之后发现，全脂含有较多的磷脂，但是胆固醇较少，结合以上分析可知，味蕾组织内的多烯磷脂占据了较高的比例。除了以上研究之外，有的研究者还发现，肌醇磷脂同样属于苦味受体中的重要组成部分。

（2）几种苦味学说

为了寻找苦味与其分子结构的关系，解释苦味产生的机理，曾有人先后提出过各种苦味分子识别的学说和理论。几种代表性的学说简介如下：

① 空间位阻学说　Shallenberger 等在提出的假说中认为苦味同样与刺激物分子的立体

化学有关，相对于甜味基本是一致的。一些分子可以同时形成苦味以及甜味，例如正是氨基酸中的味受体发生了空间障碍，导致形成了明显的苦味（图 2-16）。然而，由于将甜、苦受体认为是相同的，这相对于现实情况往往是不相符的，并且无法解释一些其他的事实。

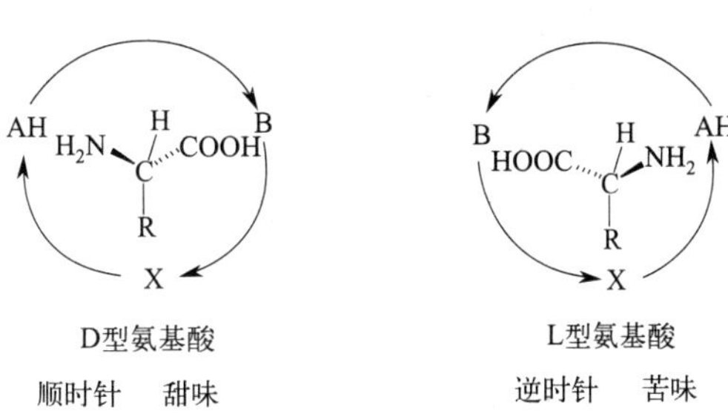

图 2-16　D-氨基酸和 L-氨基酸与味受体的作用示意图

② 内氢键学说　Kubota 针对延命草素二萜分子结构进行了大量的研究，在研究中发现，内氢键分子相距 0.15nm 以内时表现出显著的苦味。内氢键具备了一般苦味分子的结构特性，例如可以提高分子结构的疏水特性，同时可以和过渡金属离子构成螯合物。但是仍然受到了较多的质疑，例如将烷氧基 RO—CH、羧基—COOH 等均作为氢键供体，对于这一点很多研究者不认可。

③ 三点接触学说　Lehmann 认为一些氨基酸的 D 型甜味强度和 L 型异构体苦味强度存在线性关系，所以认为其以三点接触的方式形成苦味，这与甜味形成机制有一定的相似之处（图 2-17）。在甜、苦受体存在差异性的情况下，甜味剂、苦味剂的官能团未必是一致的。但是一些研究者对于是否需要三点接触持不同的态度，在有的研究中发现，甜、苦强度间没有明显的对应关系。

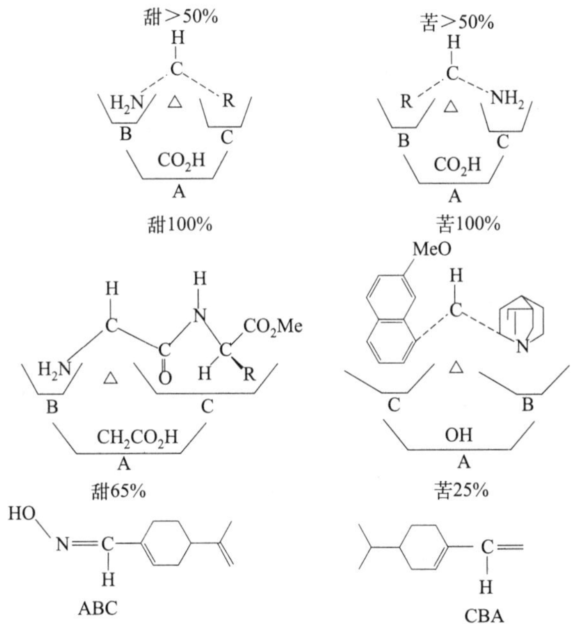

图 2-17　Lehmann 受体模型与甜和苦的分子的对应关系

结合以上分析可知，这些学说虽然可以解释一些现象，但只是从分子结构的角度进行分析，忽略了味细胞膜结构，因此仍然受到了较多的质疑，并不能完全令人信服。

（3）诱导适应学说

曾广植在研究过程中提出的苦味分子识别理论受到了大量的关注，具体的内容简介如下：

① 苦受体实际上属于膜表面中的“水穴”，其形成主要与多烯磷脂有关，磷脂酰肌醇（PI）在生成磷脂酰肌醇-4-磷酸（$PI\text{-}4\text{-}PO_4$）、磷脂酰肌醇-4，5-二磷酸[$PI\text{-}4,5(PO_4)_2$]之后，将继续与一些金属阳离子进行结合，代表性的有 Cu^{2+}、Ni^{2+}，由此得到了对应的“盖子”。对于苦味分子而言，为了能够和受体之间发生作用，则需先将这个特殊的盖子打开，然后方可顺利进入到穴中。而如果金属离子置换掉无机离子，则这个盖子无法受到苦味剂的影响，并形成一定的抑制效果。

② 多烯磷脂构成的受体穴具有一定的特殊性，其和苦味剂之间的作用与其所形成的多级结构有关。有学者通过实验方法开展了研究，发现个体在食用硫酸奎宁之后，不会对后续品味尿素的苦味产生影响，但是将二者同步食用，则会形成一定的协同效果，即形成了更显著的苦味。结合以上分析可知，二者的味受体存在不一样的作用部位。如果依次品尝奎宁、咖啡，则后者所带来的苦味得到弱化，据此可以认为二者在受体上的作用部位是一致的或者存在重叠性的，所以没有强化苦味，反而降低了苦味。

③ 结合前述分析可知，甜味剂必须严格满足专一性要求，但是苦味剂无须在极性基团位置分布等方面达到较高的要求。只要是进入到苦味受体中的刺激物，均容易导致“洞隙弥合”，一般可以基于不同的途径或者机制改变磷脂构象，并形成一定的苦味。具体的方式如下：

a. 盐桥置换　Cs^+、Rb^+、K^+、Ag^+、Hg^{2+}、R_3S^+、R_4N^+、$RNH\text{-}NH_3^+$、$Sb(CH_3)_4^+$等属于结构破坏离子，其可能导致烃链附近的冰晶结构受到破坏，在一定程度上提升了有机物的水溶性，易于通过生物膜。在进入到苦受体之后即可改变构象。尽管 Ca^{2+}、Mg^{2+} 属于结构制造离子，然而受到部分负离子的影响，可以有效地凝集磷脂，导致受体中有一些离子渗入，受到上述因素的影响将形成明显的苦味。

b. 氢键的破坏　研究发现，苦味受体主要是多烯磷脂孔穴，一些具备多极结构的成分即可将盖子打开并成功进入到受体中，继而通过产生的破坏作用而改变受体构象，由此形成了显著的推动力。

c. 酯类对于疏水键的刺激作用显著，特别是抗生素、酰胺以及内酯等，磷脂头部、盐桥表现出手性，导致受体表层对于疏水物形成了选择性，所以进入到受体的疏水物必然有极性基团。此类疏水物在进入到孔穴脂层之后无需满足空间专一性的要求，将基于疏水键使得构象发生变化。

诱导适应学说对于苦味理论产生了显著的推动作用，可有效解释一些关于苦味的复杂现象，具体如下：

a. 全面对比分析了不同类型的苦味剂，分析了味感与结构之间的关系，从不同的角度探讨了后者所产生的影响。

b. 尝试解释了甜味盲者无法感受甜味剂，苦味盲者只是难以感受部分存在共轭结构苦味剂的现象。由于 Cu^{2+}、Zn^{2+}、Ni^{2+} 和受体蛋白质的络合作用显著，这些苦味剂无法顺利打开盖子并渗入到穴内。

c. 针对苦味强度和温度之间的关系进行了分析和解释，阐释了二者之间表现为负相关关系的原因。主要因为苦味剂导致脂膜凝聚的过程表现出显著的放热效应，而甜、辣味剂使得膜膨胀属于吸热效应。

d. 脂膜表面张力会受到苦味剂凝聚的影响而增加，所以它们存在一定的对应关系，苦味强度和所形成的表面张力之间属于正相关关系。

e. 针对低聚肽、硫醇等苦味抑制剂的作用机理进行了解释，也尝试分析了苦味受到部分金属离子影响的机理。

f. 解释了麻醉剂对于不同味受体的作用，消失最快、恢复最慢的均为苦味。主要与多烯磷脂对于麻醉剂的溶解度较高有关，受体膨胀之后导致构象规律发生变化。

2.1.2.4　咸味和咸味物质

咸味（salty）属于一种基本的味感，属于重要美味佳肴中的必备成分，可以起到较好的调味效果。在炒菜过程中往往需要添加一定量的食盐，方可具备咸味，其中食盐中的成分主要是氯化钠，可以带来非常纯正的咸味，而在粗食盐内表现出不明显的苦味，这主要与其中的少量 KCl、$MgSO_4$ 等成分有关。对于中性盐而言，根据正负离子半径大小表现出不同的味道，在较大、较小时分别为苦味、咸味。除了这些物质之外，还有其他一些表现为咸味的成分，代表性的有葡萄糖酸钠等，同样被广泛用于医疗以及餐饮等领域中。

（1）咸味和咸味物质

盐分同样属于生物体必需的成分，部分动物在缺盐的情况下将主动寻求盐分，并对体内进行补充。而人体同样需要盐分，并通过添加食盐等方式进行补充，如果察觉饭菜没有咸味，则会产生食之无味的感觉。在部分研究中指出，维生素 A 是动物产生对盐嗜性的重要原因，如果机体中维生素 A 不足，则降低了对于盐的选择性。除了上述因素之外，内分泌激素同样影响到了人们对于盐的食欲。在食品中人们往往需要添加一定量的盐，否则难以形成咸味。

① 咸味产生的机制　由于鼓励逐步降低钠盐摄入量，很多研究者开始对新型咸味剂开展研究，尝试对咸味形成的机理进行分析，并逐步研制出新的钠盐取代物，以满足众多消费者对于咸味的需求。

中性盐将表现出显著的咸味，并且会受到正、负离子的影响。定味基 M^+、助味基 A^- 分别是碱金属和铵离子、硬碱性负离子。在食盐中的主要成分是氯化钠，但是该溶液在浓度不同时也会表现出不同的味道，在浓度较小、较大的情况下分别是甜味、咸味，并且所表现的咸味是非常纯正的。除此之外，部分其他的氯化物以及钠盐也有一定咸味，但是还掺杂苦味等其他的味道，无法满足纯正的要求。各种成分的相对咸度如表 2-4 所示。结合表中的信息可知，正、负离子半径均较低的盐表现出显著的咸味；半径均较高时表现为苦味；对于其他的一些则表现为两种味道混杂的现象。总体来看，这些盐的极化率以及离子半径等特征不同时，所表现出的味道具有显著的差异性。在极化率较高、离子半径大以及水合度较小时，则表现为苦味；对于相反的情况则表现为咸味，其中前者一般由软碱、软酸，后者由硬碱、硬酸所构成。除了上述两种类型之外，二价离子盐以及高价盐往往表现出咸、苦味混合的特性。

表 2-4　一些盐的总离子半径及其相对咸度

盐离子	Cl^-	Br^-	I^-	SO_4^{2-}	HCO_3^-	NO_3^-	Na^+	K^+	NH_4^+	Mg^{2+}	Ca^{2+}
离子半径/pm	181	196	120	230	67	126	1102	1138	143	272	2100
相对咸度	0.44	0.79	0.57	1.21	0.21	0.23	1.00	1.36	2.83	0.20	1.23

由于溶液内的 Li^+、NH_4^+ 等离子表现出较高的水合度，其盐往往只是形成单配位氢键和甜受体之间进行结合，由此形成了一定的甜味；$BeCl_2$、$Pb(OCOPr)_2$ 等则能够形成正式配位键，所以产生的甜味更显著，推测与甜受体的双配位螯合氢键有关。除了上述盐之外，KH_2PO_4 等酸性盐表现出一定的酸味，$NaHCO_3$ 等碱性盐将产生一定的苦味。部分研究者在研究中发现，大部分羧酸盐不存在咸味，仅有柠檬酸盐、乙酸盐存在不显著的咸味，推测

其与羧基负离子 A^- 的抑制作用有关。

基于咸味剂提取到的味蕾匀浆属于磷脂，因此在很多研究中指出咸味受体中同样主要是磷脂，相对于苦味、酸味受体具有一定的相似性，但是它们的磷脂特性存在较大的差异性。正离子和磷脂极性头部之间进行结合之后，将提高脂质单层的表面张力，而不同性质的离子所对应的磷脂受体存在差异性。这些离子总体划分为两大类，分别是结构制造离子、结构破坏离子，分别选择进入咸味、苦味受体。其中前者具备了较高的水合度，有助于提升水内的氢键结构，使得蛋白质-脂质结合力处于稳定的水平，代表性的有 Cl^-、Li^+ 等；后者则对蛋白质-脂质结合力产生了负面作用，降低了有机物的溶解度，代表性的有 Hg^{2+}、Cs^+ 等重金属离子。曾广植针对咸味以及苦味受体进行了对比研究，发现二者虽然均为磷脂，但是极性差异巨大，前者较低，后者较高，并且在结合蛋白质方面也存在显著的差异性。另外，Mg^{2+}、尿素、硫酸铵等可能同时存在有序水合层、无序第二水合层，受到诸多因素的综合影响，在一定程度上可能改变苦味受体的构象。

② 食用咸味剂　尽管一些中性盐均表现出显著的咸味，然而大部分咸味仍然难以达到较高的纯度，仅有氯化钠表现出纯正的咸味。在大部分食材中添加的食盐以氯化钠为主，而苹果酸钠等也应用到了医疗等特殊的领域中。与此同时，当前对于咸味剂的研究比较多，在长期的研究中获得了诸多实用性的成果，出现了一些新的产品和工艺。在部分研究中指出，将 5′-核苷酸钠（14%）添加到 86%的 $H_2NCOCH_2N^+H_3Cl^-$ 之后，将形成和食盐基本一致的咸味，显示出良好的应用前景。

在粗盐内通常会有一些 KCl 等微杂质，一般通过精制处理的方式剔除这些成分，在该处理方式结束之后即可有效地减少苦味。但是实际上此类微杂质的存在具有一定的积极作用，需要结合实际情况进行处理。

（2）酸咸调味模型

针对呈味强度和呈味剂浓度的关系开展研究，并构建对应的模型，然后用于食品调味等领域中。对于酸咸调味模型，酸味剂浓度不变、增大咸味剂浓度，则可以得到如下公式：

$$Y = AX + B$$

在上述公式中，X、Y 分别代表为咸味剂浓度、溶液呈味强度，A、B 属于常数。在调整酸味剂浓度以及咸味剂的情况下，即可获得对应的直线簇方程。

但是上述情况仅存在于理想条件下，在现实生活中只是能够用于呈味剂浓度极小的情况下。如果浓度比较复杂，则无法保证符合上述关系。此时针对二者之间关系的分析可以采用实验方法，结合品味实验获得的数据进一步明确咸味剂浓度对于呈味强度的影响，并绘制二者之间的关系曲线。在酸味剂浓度变化的情况下，即可获得二者之间关系的曲线簇。通常情况下，呈味剂浓度应该处于适宜范围内，一般为刺激最低值、刺激极限值之间。

结合上述分析可知，可以将部分食品的味感划分为两部分，分别是主味、辅味，并对其调味模型进行研究。例如对于果汁，其主味为酸、甜味，基于建立的模型即可对糖酸比进行研究，然后结合得到的结果进行配制，即可形成不同风味的饮料。

2.1.2.5　其他味感

除了先前所述的各种味道之外，在人们生活中也存在鲜味以及辣味等味感，它们不属于基本味，但是同样可以对食品的风味进行调节，并在调味领域发挥了重要的作用。具体介绍如下：

（1）辣味和辣味物质

辣味（piquancy）本质上是对机体进行刺激而形成的痛觉，一般与三叉神经以及口腔黏膜等部位受到的刺激有关。很多消费者对于辣味情有独钟，喜欢食用一些偏辣的食品。合理地食用此类食物有助于刺激消费者的食欲，改善消化水平。

在日常生活中有很多食材表现出显著的辣味，包括大蒜、辣椒以及大葱等，然而它们的成分以及风味仍然有显著的差异，具体可以划分为热辣味、刺激辣等不同的类型。其中胡椒碱（piperine）、辣椒素（capsaicinoids）是胡椒、辣椒内导致辣味的主要成分，分别属于酰胺化合物、不饱和脂肪酸香草基酰胺。

刺激辣则涉及了异硫氰酸酯类化合物、二烯丙基二硫化物等成分；辛辣味则包括姜酮（zingerone）、姜醇（gingerol）、丁香酚等成分。具体的结构如图 2-18 所示。

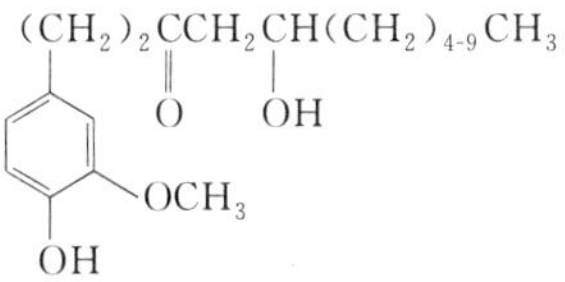

姜醇 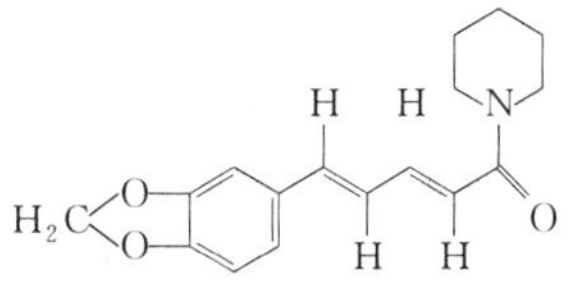　　胡椒碱

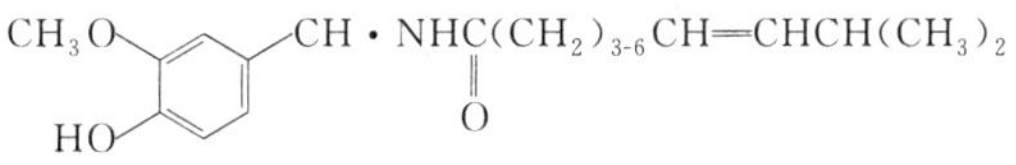

类辣椒素

图 2-18　几种辣味物质结构

（2）涩味和涩味物质

涩味（acerbity）主要与涩味物质和口腔蛋白质之间的疏水性结合有关，由此形成了干燥以及收敛的感觉。很多成分均表现出一定的涩味，代表性的有单宁以及明矾等，具体分析如下。

单宁（tannin）极易和蛋白质进行疏水结合，因此进入到口腔之后容易导致涩味的形成；除了该因素之外，有研究者指出，其内部存在特殊的苯酚基团（图 2-19），易于和蛋白质之间进行交联反应，在上述两种机制的综合影响下，此类成分进入人体之后将形成显著的涩感。涩味成分广泛存在于多种类型的食物中，包括石榴以及柿子，但是它们带来的涩感程度大小是不同的。例如柿子不成熟时的涩味是大部分人无法忍受的，而部分茶叶中的涩味是可以被人接受的。通过特定的方式可以对柿子的涩味进行处理；对于单宁，其在变为聚合物的过程中将无法保持水溶性，并且加工时可能出现褐变（图 2-20）。

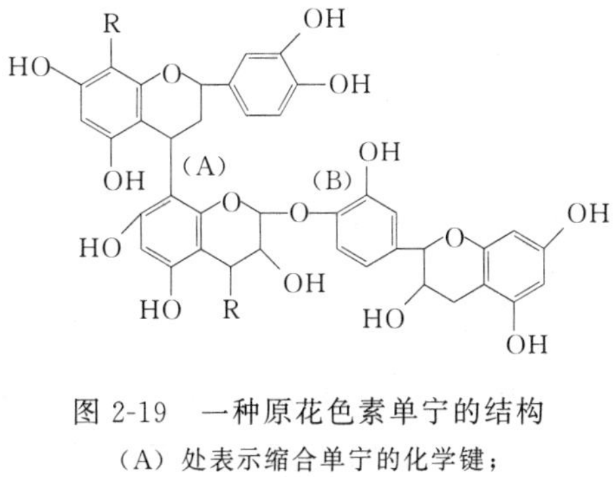

图 2-19　一种原花色素单宁的结构

（A）处表示缩合单宁的化学键；

（B）处表示可水解单宁的化学键

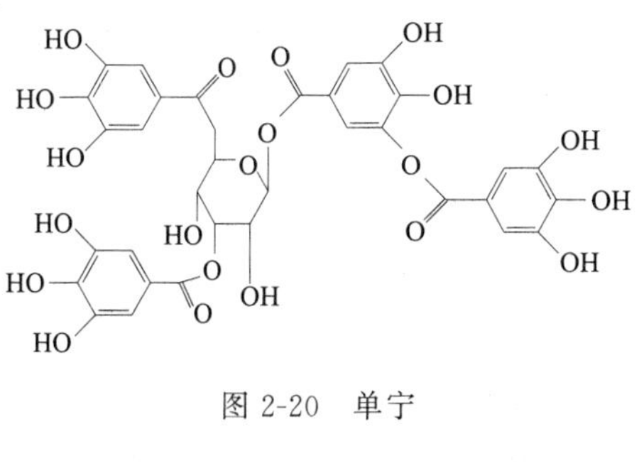

图 2-20　单宁

（3）鲜味及鲜味物质

鲜味（flavor enhancers）指的是呈味物质所形成的一种特殊味感，可以对食品风味进行调节，以满足消费者的个性化食用需求。很多国家已经将鲜味剂作为常用的增效剂，并广泛应用到了食品加工领域中。一般情况下，添加的鲜味物质含量不同时，所表现出的味道存在差异，如果低于阈值，则对于其他风味产生了增强效果；如果达到阈值以上，则表现出显著的鲜味。当前采用的鲜味剂主要有5′-黄苷酸（XMP）、5′-肌苷酸（IMP）等核苷酸类，同时还有水解植物蛋白、谷氨酸钠（MSG）等氨基酸。

核苷酸广泛存在于生物机体中，其中在动物肌肉内的含量较高，肉类的鲜味与内部含有的5′-肌苷酸密切相关，其主要源于ATP降解。在动物屠宰完成之后往往需要在一定时间之后方可进行烹饪，由此可以保证更鲜美的味道。但是在时间过长时，则无法保持较高的鲜味，主要由于5′-肌苷酸持续降解，最终形成了次黄嘌呤。因此对于此类产品新鲜度的检测往往利用了次黄嘌呤，结合检测的结果即可确定放置的时间以及新鲜程度等。

太平洋鳕鱼肉（0℃）内ATP以及降解产物的变化特征如图2-21所示。太平洋鳕鱼保藏过程中ATP是按照ATP→ADP→AMP→IMP→HxR→Hx途径降解的。太平洋鳕鱼的ATP在2d左右几乎完全降解；ADP在前2d略有下降，此后与AMP一直维持在较低含量水平，说明鳕鱼的ATP、ADP、AMP降解酶的活性均很高。太平洋鳕鱼的IMP经历了增长-蓄积-下降三个阶段，IMP在1d时积累至最高值5.43mmol/kg，并在3d完全降解。此后，太平洋鳕鱼的IMP降解为HxR并以HxR的形式累积，HxR在3d增至最高值6.64mmol/kg，此后HxR降解生成Hx。

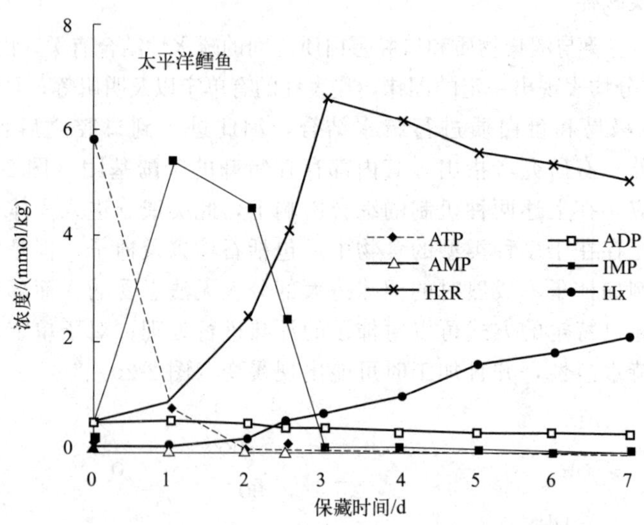

图2-21　鳕鱼肉中ATP关联化合物的含量变化（0℃）

ATP—三磷酸腺苷；ADP—二磷酸腺苷；AMP—腺苷酸；
IMP—单磷酸肌苷酸；HxR—次黄嘌呤腺苷；Hx—次黄嘌呤

除了以上介绍的鲜味物质外，常用的还有琥珀酸及其钠盐，并且应用到了不同的食品中。其中琥珀酸多用于果酒、清凉饮料、糖果；其钠盐多用于酿造商品及肉制品，此类成分的应用增添了食物的鲜味，为消费者带来了更鲜美的食品。

2.2　嗅觉基础和嗅感物质

2.2.1　嗅觉基础

嗅感的形成主要与挥发性物质对于鼻腔嗅觉神经的刺激有关，导致机体形成了一种特殊的感觉。图 2-22 是嗅觉的传导结构，不同挥发性物质对于机体产生了不同的影响，典型的包括香气、臭气，分别导致人们产生喜悦、厌恶的感觉。相对于味感而言，嗅感更为特殊，复杂度较高，通常情况下，在 0.2~0.3s 的时间里即可形成嗅感。

在日常生活中，食物散发出的气味往往与多种挥发性物质有关（表 2-5）。此处涉及了嗅感物质的概念，指的是具有某种结构并在食物内形成嗅感的化合物。

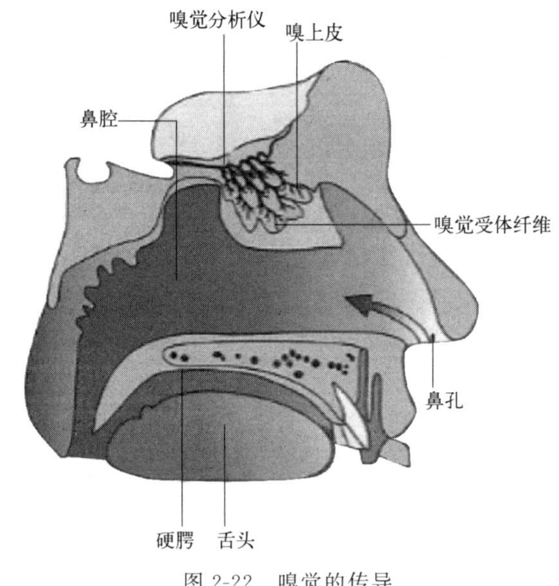

图 2-22　嗅觉的传导

表 2-5　橙汁中的挥发性风味成分

食物种类	主要挥发性风味成分
橙汁	3-甲基-4-氧代戊酸、3-戊酮、丙酸乙酯、丁酸甲酯、丁酸乙酯、己酸甲酯、己酸乙酯、2-己烯酸、1,3,5,7-环辛四烯、苏合香烯、柠檬醛、香芹酮、石竹烯、香叶烯、邻苯二甲酸二乙酯、壬醛、癸醛、罗勒烯、2-丁烯酸乙酯、蓝桉醇、蛇麻烯、绿叶烯、香橙烯、芳樟醇甲酸酯、二氢香芹酮、柠檬烯、4-乙酰基-1-甲基-环己烯、古巴烯、松油醇、乙酸辛酯

各种类型的嗅感物质所表现的气味存在一定的差异性。另外，即使嗅感物质所形成的气味相似，在嗅感强度上仍可能有巨大的差异性。表 2-6 列出了部分物质的嗅感阈值。

表 2-6　一些物质的嗅感阈值

物质名称	苯甲醛	硝基苯	异松油烯	吡啶	正丁酯	丁香油	丙酮	乙酸戊酯
嗅感阈值(T)	0.05	0.05	0.20	0.07	1.00	0.50	5.00	0.30

食物的嗅感风味往往与诸多因素有关，部分组分可能在食物内占据了较高的比例，同时其阈值较高，则对于总嗅感并不能产生显著的影响。例如，胡萝卜中的挥发性组分 2-壬烯

醛、异松油烯含量占比分别是 0.3%、38%，阈值分别是 8×10^{-5}、0.2，而在香气中起到的作用分别达到了 22%、1%，可见前者对于香气的影响更为显著。通常采用嗅感物质的浓度和对应阈值的比值表示嗅感值，基于该指标评价对于体系内香气的影响大小。其公式如下：

$$香气值(FU)=嗅感物质浓度/阈值$$

基于计算的香气值（FU）可以对是否能够导致嗅感进行评价。如果某物质组分的 FU 小于 1.0，说明该物质没有引起人们嗅觉器官的嗅感；FU 值大，说明它是该体系的特征嗅感化合物。

2.2.2 气味的分类

当下针对嗅感物质的研究已经非常多，发现了大量的气味类型，据统计已经超过了 40 万种。这些物质可以划分为不同类型，并且所产生的气味也是不同的。在现有的研究中主要划分为三种方法，分别如下。

2.2.2.1 物理、化学分类法

对于物理、化学分类法，知名度最高的是 Amoore 分类方法。Amoore 通过对 600 多种物质气味的描述、分析、归纳，发现有 7 种词汇使用最多，分别是樟脑臭、刺激臭、醚臭、花香、薄荷香、麝香和恶臭（腐败臭）。在之后的研究中进一步添加了甜香，这属于第 8 种。推测它们属于“原臭”，即最基本的臭味，而通过这几种进行混合之后将形成其他的气味。

Harper 等人根据气味的品质将其详细分成 44 类，代表性的有水果味、肥皂味、醚味、樟脑味、芳香味、香料味、薄荷味、柠檬味、杏仁味、花味、甜味、麝香味、蒜味、鱼腥味、焦味、石炭酸味、汗味、草味、腐败味、粪味、树脂味、油味、腐臭味等。

2.2.2.2 心理学分类法

心理学分类法需要先通过特定的基准来描述个体感知到的气体，并结合得到的结果来确定气味的特性。而基准对于分类的结果会产生直接的影响，常用的有描述法和轮廓法，二者的差异性在于是否使用语言作为媒介。Schutz 在研究过程中选择了特定的受试者（182 人），并对 30 种食物进行闻嗅，然后基于快适度基准进行评价。最后基于多变量解释法对得到的结果进行处理，由此得到了 9 种不同的因子，分别表示为字母 $A\sim I$，依次代表辛香味、香味、醚味、香甜味、油脂味、焦味、烧硫黄味、臭树脂味、金属味。

Wright 等人用 50 种气味与几种标准物进行比较，得出 8 个因子，分别如下：对三叉神经产生刺激的 A 因子；香料性的 B 因子；树脂样的 C 因子；药味样的 D 因子；苯并噻唑样的 E 因子；乙酸己酯样的 F 因子；不快感的 G 因子；柠檬样的 H 因子等。

2.2.2.3 按嗅盲分类法

嗅盲指的是只能够感知到一些气味，而无法感知某种特定的气味的现象。有学者认为，嗅盲者无法感知的应该是“原臭”。Amoore 在研究过程中总结了“原臭”（表 2-7），并指出还有一些并未发现，最终将达到 20～30 种。其提出的 8 种“原臭”，均属于致密的极性分子，并且有特殊的官能团结构。

表 2-7　8 种原臭的结构及基本参数

气味物质	结构式	原始嗅感	正常阈值/%		嗅盲率/%
			空气中	水中	
异戊酸	CH_3CHCH_2COOH | CH_3	汗酸味	0.0010	0.12	3
1-二氢吡咯	N	精液味	0.0018	0.020	16
三甲胺	$CH_3—N(CH_3)_2$	鱼腥味	0.0010	4.7×10^{-4}	6
异丁醛	CH_3CHCHO | CH_3	麦芽味	0.0050	0.0018	36
L-香芹酮	CH_3, $C═CH_2$, CH_3, O	薄荷味	0.0056	0.041	8
5-雄甾-16-烯-3-酮	O	尿臭味	1.9×10^{-4}	1.8×10^{-4}	47
ω-十五烷内酯	O, O	麝香味	麝香味	0.0018	12
L-1,8-桉树脑	O	樟脑味	0.011	0.020	33

2.2.3　嗅觉生理学基础

2.2.3.1　嗅感现象

嗅感指的是鼻黏膜受到挥发性成分刺激之后，刺激信号进一步传输到大脑中而形成的综合感觉，其中嗅黏膜属于关键的部分，总体处于鼻腔前庭，该部分集中了大量的嗅觉感受器，在结构上主要划分为嗅细胞、嗅纤毛等部分（图 2-23）。研究表明，在鼻腔一侧中的嗅细胞数目达到了 2000 万个，一旦鼻腔内有挥发性成分进入，嗅细胞则可以在极短时间内感知到这些气味，该时间基本处于 0.2～0.3s 之间。

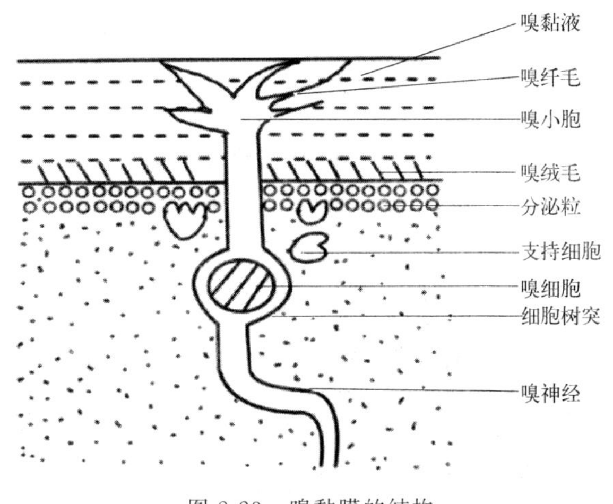

图 2-23　嗅黏膜的结构

嗅觉相对于味觉有明显的复杂性，涉及机体心理以及生理等多个层面。各种类型的气味对于个体的影响是不同的，即使是香气也会给个体带来不同的感受。例如各种花卉所散发的香气给人带来了不同感受，其中玫瑰花、菊花分别使人感觉心情舒畅、思路清晰。除了以上影响外，食物中所散发的香气则有助于提升机体的食欲，改善消化吸收水平，从而对人们的健康带来积极的作用。

嗅觉受体是影响个体对于气味感知的重要因素，其对于气味的灵敏度和受体数目保持了正相关的关系。如果缺乏特定的受体，则必然对于一些气味的敏感度不高，甚至出现失灵的情况，这也是导致嗅盲的原因之一。另外，身体状况同样会影响到嗅感灵敏度，在患有疾病或者身体状况不佳的情况下，灵敏度会降低。

2.2.3.2 嗅感信息分类

不同食品的化学组成存在显著的差异性，嗅感物质达到了数百种之多，不少研究中对羟基进行了总结与划分，在此过程中利用了化学分类等不同的方法，具体划分为花味、甜味、汗味等。有学者采用心理分类法开展了研究，由 180 人对 30 种物质进行嗅感评价，按各人的感觉，归纳嗅感因子，如辛香、香味、醚味等 9 种嗅感因子。当前应用较多的是基于物质分子的嗅感强度进行划分的方法，由此可以得到三种类型，分别是基本、综合以及背景特征类，各个类型的具体介绍如下。

① 基本特征类　此类风味已经超过了 30 种，代表性的有尿气味等，在食品领域中占据了较高的比例。尽管研究已经非常多，并获得了大量的成果，然而还有部分气味未对其分子结构特征进行准确的界定。

② 综合特征类　部分成分的特征嗅感不显著，但是可以和其他的物质复合作用，由此形成了复合气味，同样丰富了食品的风味。

③ 背景特征类　以多种低强度嗅感组合的方式为主，对于食品风味的影响不显著。

在研究食品风味时往往需要对食品的特征性香气成分开展分析，并为风味的调整和改进提供准确的依据。

2.2.4 原臭的概念

由于自然界内含有丰富的色彩，各种物质的色彩表现出不同的特征。很多学者进行了相关的研究，发现这些五彩缤纷的色彩实际上是在三原色基础上组合得到的。而现实生活中的气味类型较多，对于个体的刺激作用是不同的，其中嗅感指的是个体鼻腔受到食物刺激之后所形成的特定感觉。此处涉及了原臭的概念，指的是有的人对特定的气味不敏感，或者无法感知，该气味即为原臭。按照味盲发生率大小即可得到不同的气味内含有的 8 种原臭（表 2-7）。

为了强化对原臭的理解，此处以麝香为例进行分析。麝香主要是香獐（麝）香腺分泌之后形成的，具有显著的香气；在干燥之后总体表现为暗红色；该成分对于机体健康有诸多益处。研究发现，当前很多化合物存在麝香气味，据统计已经超过了百种，一般可以划分为大环、芳香化合物两大类，具体的介绍如下。

2.2.4.1 大环化合物

大环化合物中含有 15～17 个碳环分子，长椭圆形的分子构象，麝香气味好。典型的麝香大环化合物如图 2-24 所示。

研究发现，凡具有图 2-24 中类似结构的化合物，都具有麝香气味，麝香大环化合物的嗅感强度与成环的碳数有一定的关系，成环的碳数为 14～16 个碳的麝香气味强，11～13 个碳只有不纯的麝香气味，17～18 个碳麝香气味弱，19 个碳以上无麝香气味。

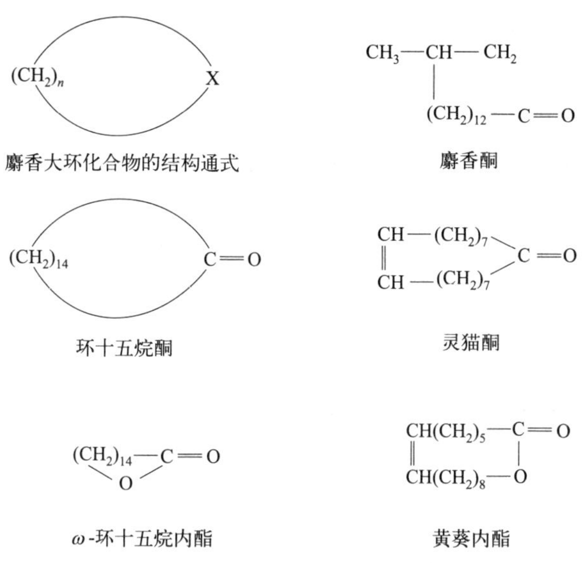

图 2-24　典型的麝香大环化合物

2.2.4.2　芳香化合物

芳香化合物的特征体现在存在苯环以及适当取代基，可进一步划分为硝基、非硝基芳香化合物，二者的差异性主要体现在取代基上，分别是硝基、季碳烷基。

非硝基芳香化合物包括间麝香、邻麝香，不同之处在于季碳烷基的取代位置（图 2-25）。

间麝香的嗅感强度取决于苯环上有两个季碳烷基，图 2-25 中，结构式(a) 和 (b) 都具季碳烷基取代基，因此嗅感强；(c) 结构只有一个季碳烷基，另一个为叔碳烷基，因而香气弱；(d) 结构没有季碳烷基，故无麝香气味。

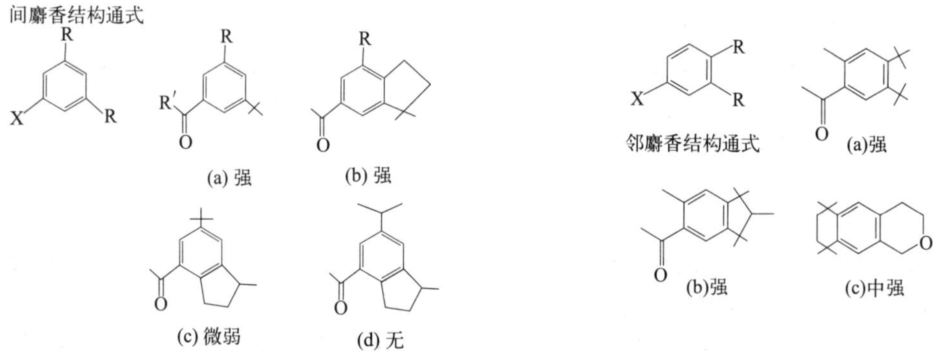

图 2-25　非硝基芳香化合物——间麝香　　　图 2-26　非硝基芳香化合物——邻麝香

邻麝香（图 2-26）和间麝香的嗅感规律基本是一致的，然而酰基可能受到亚氨基（—NH—）取代，在这种情况下其嗅感强度将发生变化，和基团极性之间表现为正相关关系。

对于硝基芳香化合物，同样可以划分为不同的类型，主要包括假间麝香、假邻麝香（图 2-27）。

2.2.5 嗅感的理论学说

2.2.5.1 有关气味本质的学说

很多研究者针对气味本质的嗅感学说开展了研究，提出了不同的学说，但是研究中内容主要局限于嗅感过程的第一阶段，即主要对嗅感物质和鼻黏膜之间的变化特征进行分析，但是缺乏对于嗅感和刺激传导之间关系的研究。现有的学说主要有以下 3 种。

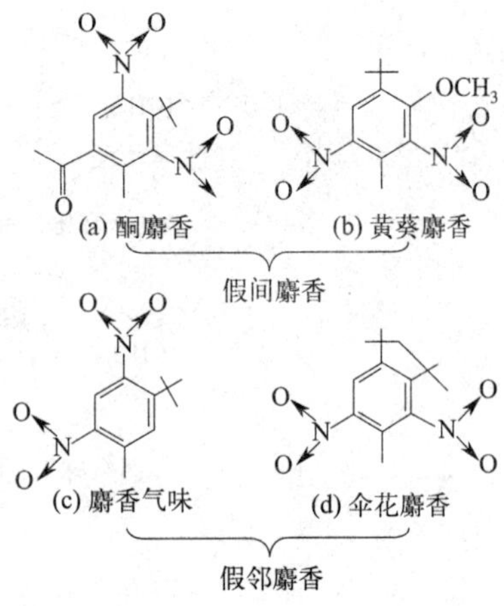

图 2-27　硝基芳香化合物

（1）振动学说

此类学说认为嗅觉和听觉以及视觉是类似的，即通过类似于光波等形式来实现气味的传递。有学者认为，受到外部刺激影响之后，嗅感分子发生振动，并且在其与受体膜之间发生接触的情况下将形成嗅感信息。还有的学者认为，嗅感物质的分子振动频率将对其气味产生显著的影响，如果和受体膜分子振动频率相同，则可以得到嗅感信息。总体来看，在上述学说中均认为嗅感和气味分子形成的振动频率有关。

（2）酶学说

此类学说认为，嗅黏膜中的特定酶受到气味分子的刺激之后改变了催化性能等特性，最终形成了不同的嗅感。各分子对于酶产生的作用不同，导致形成了不同的气味。

（3）化学学说

此类学说认为气味分子扩散到个体鼻腔之后和嗅细胞之间出现了特定的反应，并导致了嗅感的形成。代表性的学说主要有立体结构学说、渗透和穿刺学说、外形官能团学说。其中在第一种学说中指出嗅感由数种原臭构成，它们均存在对应的嗅细胞受体；在第二种学说中，提到气味的刚性分子将对嗅细胞进行渗透，定向双脂膜穿孔之后产生离子交换并形成特定神经脉冲；在第三种学说中，认为气味分子外观以及官能团特性的差异性，导致在嗅黏膜的吸附状态是不同的，由此表现出不同的嗅感。

尽管已经出现了较多的学说，然而这些学说仍然有多方面的问题，部分学说缺少准确的实验依据，并且难以对一些常见的现象进行解释，导致其应用受到了限制。下面重点介绍立体结构学说与外形-官能团学说。

2.2.5.2 立体结构学说

立体结构学说是由 Moncrieff、Amoore 等人提出和发展的，该学说受到了较多的关注，可有效对酶促反应机理等现象进行解释。

Amoore 等针对七种“原臭”进行了深入的分析，对比了各种原臭的气味分子外形。研究结果显示，当分子气味一致时，则在外形上存在一定的共性；嗅感还容易受到分子形状的影响，不同形状的分子所表现出的嗅感存在显著的差异性。例如苯环中的取代基位置改变时，则容易导致嗅感出现较大程度的变化。基于对以上现象的分析，其认为分子细节结构不会对气味产生直接影响，而是与整体形状有关。另外，分子电荷也会对原臭气味产生影响，依托于 X-射线衍射等技术设计了多种原臭的分子空间模型，并进一步开展了研究。在一些研究中显示，不同气味的分子在结构上是不同的，其中麝香、醚臭、樟脑气味的分子分别表现为圆盘状、近球形、棒状，在直径尺寸上也存在显著的差异。除了上述几种气味之外，在研究中还发现腐败臭、刺激臭分子中的电荷是不同的。在后续的研究中进一步提出了一种新的原臭，即甜香。

他们在研究中指出，嗅黏膜含有较多类似于“锁眼”的嗅细胞，而气味分子可以类似于“锁匙”插入到这些“锁眼”，在刺激这些嗅细胞之后将形成一定的嗅感。除了原臭之外的一些气味则与多种嗅细胞受到刺激有关，由此形成了复合性气味。

立体结构学说提出了一些比较明确的实验方法，同时已经通过了较多实验的验证。具体如下：

① 根据该学说可知，分子空间形状对于气味的影响显著，不同分子的形状差异导致了不同的气味。结合以上原理，判定气味时可以参考分子的几何形状。对于（a）分子而言，其所表现出的气味可能是醚臭、花香、薄荷香，分别对应着棒形、风筝形、楔形。据此可以认为化合物含有上述三种嗅感的水果香气。通过甲基对手性碳原子的氢进行替代之后将得到（b）分子，此时分子的空间形状难以再次进入楔形、风筝形的受体，但是仍然能够对棒形嗅细胞受体产生刺激。根据上述分析可知，（b）分子应该表现为醚臭，而这与实验的结果是一致的（图2-28）。

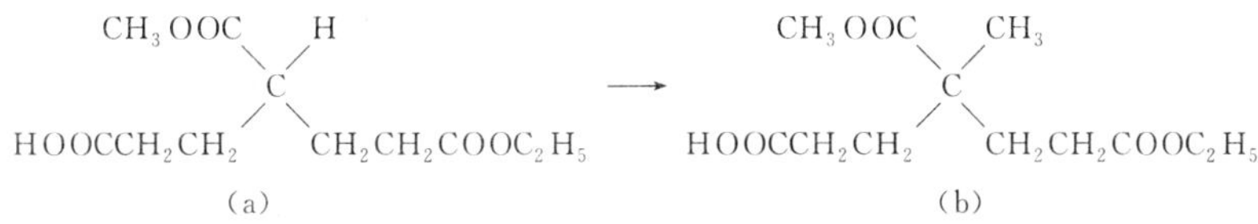

图2-28 立体结构学说示例

② 结合该学说的观点可知，不同原臭分子之间的同步作用产生了复杂的气味。例如，雪松油嗅感物质含有四种不同的气味受体，分别是薄荷臭、麝香、花香以及樟脑臭，尝试通过实验方法对四者进行适当组合，由此可以形成雪松油气味。而在多次试验之后成功得到了这种味道。

③ 为了验证在嗅黏膜中确定存在多种形状受体位置，R. C. Gestelard开展了电脉冲反应实验，在实验过程中针对青蛙嗅细胞对各种气味的电脉冲反应进行了测定分析，结果显示这些嗅细胞对于各种气味分子存在一定的选择性，进一步研究发现有五种嗅细胞受体和腐败臭、樟脑臭等原臭存在关系。另外，还有其他学者采用不同的方法进行了研究和验证，旨在证明立体结构学说的有效性。尽管获得了一定的成果，但有的研究人员仍然表示质疑，并从其他的角度进行研究和印证。

2.2.5.3 外形-官能团学说

外形-官能团学说主要是由Beets等人提出和发展的，其认为，嗅感实际上是嗅感分子和较多的细胞膜基于物理吸附方式而形成的，如果在细胞膜中有存在受体功能的部位，则可以实现嗅细胞对信息的传导，并使得嗅觉体系中感知到这些信息。

Beets认为，嗅觉过程不是直接形成的，而是涉及了较多的过程，具体分析如下：首先气味分子将逐步靠近嗅黏膜，在此类分子迁移的过程中表现出无序的向位，在接近到一定程度时发生吸附，此时的分子状态主要划分为两大类，分别是有序、混乱状态，二者对应的分子类型分别是极性、非极性分子，仅有前者能够与嗅细胞产生作用。

结合以上分析可知，正是嗅觉过程的多个步骤最终导致了特定气味的产生，而各个步骤均涉及嗅感分子对于嗅黏膜的作用，据此可认为相同类型的嗅感分子在与嗅细胞作用时形成类似的信息，这种模式被称为基本模式，该模式可以认为是信息图形的基因，正是由于不同模式之间的组合形成了所呈现的嗅觉。

根据以上分析，基本模式可以认为是一系列类似气味分子和嗅细胞末梢信息作用的基本单元，而嗅盲的形成与基本模式密切相关，特别是在受到一些因素的影响无法对某种基本模式进行感知时，即容易形成嗅盲。

气味分子和界面中嗅细胞膜之间的作用主要与它们之间的相互作用效率有关，由此形成的能量效应和相互作用效率之间表现为正相关关系，即在相互作用效率较大的情况下，将形成更显著的能量效应；但是在相互作用效率较小时，形成的能量效应不明显。正因此类因素的影响，对于嗅细胞激发会产生更显著的影响。研究结果显示，先前所述的相互作用效率与两方面的因素有关，分别是分子官能团特性以及分子外形。官能团存在缺陷，或者是由于分子外观的关系受到空间因素抑制，均难以达到较高的作用效率，在这种情况下将不会形成嗅感。相反的，当受体和分子之间有适应性良好的极性基团时，则可以达到最高的相互作用效率，在这种情况下也会形成显著的嗅感。

尽管已经出现了多种类型的嗅感学说，并且能够对诸多现实现象进行了解释，同时也通过实验方法进行了验证，然而这些学说也或多或少存在一定的问题，彼此之间存在矛盾或者争议，不少学者也提出了这些学说无法解释的现象，导致其应用受到了制约。对于此类问题，有研究者试图将这些学说进行有效的组合，可集成多种学说之间的优势，并有效解释更多的现象，但是对于部分现象的解释还是无能为力。有的学者则认为只是通过化学以及物理方法来阐释嗅感的形成机理是不够的，还应该结合其他的学科进行研究，包括神经学以及生物学等，由此能够得到更令人信服的结果。

2.3 从化学结构研究气味

近年来，研究者尝试通过不同的方法和理论来揭示化合物结构与气味之间的关系，虽说取得了一定的成果，然而仍然未形成统一的理论。主要与以下因素有关：第一，嗅觉难以通过特定的物理参数描述对应的信息类型，相对于听觉以及视觉存在显著的差异性。嗅觉的形成可以通过腐败臭或者水果香等词汇进行描述，无法通过准确的参数或者语言进行描述，呈现的往往是一种模糊隐秘的感觉。另外，个体主观因素也是影响气味描述的关键因素，不同的人对气味的评价存在显著的差异性，导致难以形成统一的观点。第二，气味极易受到嗅感分子的影响，在存在一些杂质的情况下，则容易导致气味发生变化。对于相同类型的化合物，在浓度改变时也会导致气味改变。第三，由于存在多种类型的嗅感物质，可以划分为不同的类型，划分的依据主要是官能团以及分子量等，但是这些划分方式依然有明显的不足，无法体现气味和性质之间的关系。

通常情况下，在无机物内有一些成分表现出强烈的气味，代表性的有 NO_2、NH_3、SO_2、H_2S 等气体，而除了这些成分在内的其他大部分成分则不存在显著的嗅感。研究发现，挥发性有机物所表现出的显著气味与多方面的因素有关，在这些因素改变时，其所表现出的气味将发生变化，这些因素包括立体异构、官能团特性以及数量等。具体的分析如下。

2.3.1 官能团（嗅感基团）

这里所说的官能团指的是一些可以形成特定功能作用复合物的结构特征，它可以是一个极性基团如—OH、—COOH，也可以是一个非极性基团如—CH_2、—R、—Ph 以及 N、S、P、As 等发臭原子。在现有的研究中已经发现了较多类型的官能团，代表性的有羟基、醛基、酮基、羧基、酯基、内酯基、亚甲基、烃基、苯基、氨基、硝基、亚硝酸基、酰胺基、巯基、硫醚基、二硫基、杂环化合物等。官能团并非必然对嗅感产生显著的影响，这种影响大小与其占据的比例有关，如果在分子中占据了较高的比例，同时分子量较低，则对于嗅感产生更突出的影响；反之，在占比不高，分子量较大的情况下，则基本不会形成显著的影响。

2.3.1.1　脂肪烃含氧衍生物

链状的醇、醛、酮、酸、酯等化合物，所表现出的气味强度主要与官能团占比以及分子量大小有关。在分子碳链增长的情况下，对应的气味发生变化，变化的方向为果实香型→清香型→脂肪臭型。对于中等长度碳链的化合物而言，大多表现为清香或者果香。在碳链长度较大时，则表现出一定的脂肪臭气味；如果达到 C_{15}～C_{20} 以上，则表现为无嗅感。研究人员针对该现象进行分析，发现官能团的影响由于分子量的变大而减小，所以对于嗅感的影响显著降低。下面将对各种化合物的影响进行分析，具体内容如下。

（1）醇类

对于饱和醇而言，在各个范围内的醇类表现出不同的香气，对于 C_1～C_3、C_4～C_6、C_7～C_{10}，分别表现为清爽香气、麻醉气味、芳香气味。其中第一类的代表是甲醇，具有清爽的香气，但是也存在一定的毒性；对于第二类，代表有丁醇等，香气醉人；对于第三类，代表有表现为蔷薇香味的壬醇等。而在碳数更多时，则气味不显著。不饱和醇的嗅感往往比饱和醇更强烈。多元醇通常情况下不会表现出显著的气味。

（2）醛类

通常情况下，各种类型的醛类所表现出的香气有差异性，对于甲醛等低级饱和脂肪醛表现出刺激性气味，但是这种气味的强度和分子量之间表现为负相关关系。对于 C_8～C_{12} 饱和醛，浓度较小时同样有令人舒适的香气，代表性的有表现为显著花香的月桂醛。但是在碳原子数较多的情况下则会弱化嗅感。研究表明，大部分不饱和醛能够为人们带来比较舒适的香气，但是也有一些例外，例如 α—不饱和醛、β—不饱和醛表现出较高强度的臭气。

（3）酮类

脂肪酮类表现的气味与分子量以及浓度等因素有关，丙酮等低级饱和酮一般表现出显著的香气；然而，脂肪族甲基酮（高于 C_{15}）则呈现出明显的臭气。代表性的是双乙酰，在浓度较高、较低的情况下分别表现出不同的气味，分别是油脂酸馊味、奶香气味。

有研究者指出，不饱和酮的分子量也会对气味产生较大的影响，在分子量较高的情况下，则基本表现出显著的香气，羰基化合物是影响香气形成的重要因素。

（4）羧酸类

低级饱和羧酸大多表现出刺激性或者令人不适的气味，例如己酸、丁酸分别表现出汗臭、酸败臭气。对于饱和羧酸（碳原子数较多），则表现出脂肪气味，在超过 C_{16} 时不存在显著的嗅感。不饱和脂肪酸大多会产生令人愉快的香气。

（5）脂类

脂类气味的形成与具体的成分以及分子量等有关，如果存在较多的不饱和单羧酸，或者不饱和醇，则表现出显著的果香气味。

内酯广泛存在于各种类型的水果中，代表性的有 δ-内酯等，相对于脂类同样可以表现出显著的水果香气。另外，有研究者指出，当脂类的分子量相同，并且表现出一致的香气时，酯基位置对于气味的影响不显著。

2.3.1.2 芳香化合物

芳香化合物一般有比较特殊的嗅感，一种典型的代表是苯，将烃基引入苯环之后，则嗅感将出现变化。邻位与对位芳香衍生物的分子形状改变时，也会导致嗅感出现一定的差异性。

除了上述因素之外，在苯环侧链取代基碳原子数改变时，对应的嗅感同样发生变化，如果持续增多，则同样发生果香→清香→脂肪臭的变化，最终不存在嗅感。

例如在仙客来醛侧链的 α-甲基分别被叔丁基、丙基取代时，则嗅感出现不同的变化，前者嗅感不复存在，后者则变为脂肪臭。

在苯环中连接极性官能团的情况下，则容易形成复杂的嗅感，推测可能是分子整体或者官能团发挥主要的作用，而且嗅感容易受到基团位置的影响。

另外，如果存在较多的官能团，它们彼此之间保持独立，则最终的嗅感复杂度较高，并非简单地将各个官能团的气味进行叠加，而官能团数目以及类型对于最终嗅感的影响也存在一定的差异性。

2.3.1.3 含氮化合物

低分子胺类往往有毒性，所带来的气味使人不适。不同含氮化合物的嗅感是不同的。其中氨基酸、酰胺类一般不存在显著的嗅感。亚硝酸酯一般表现为一定的醚气味。硝基化合物等大多有显著嗅感，并且表现出不同的气味。

除了以上类型之外，对于含氮杂环化合物而言，受到分子形状以及官能团等因素的影响，其表现出复杂度较高的嗅感。

2.3.1.4 含硫化合物

低级硫醇以及硫醚大多表现出刺激性的气味或者臭气。其中异硫氰酸酯类表现为刺激辛香气味；二硫、三硫化合物表现为葱蒜气味；含硫杂环化合物嗅感复杂度较高。

2.3.2 分子的结构参数

2.3.2.1 嗅感信息的分类

在 20 世纪 40 年代时，Panling 已经提出嗅感分子对于气味产生显著的影响，主要与这些分子的形状等特性有关。Beets 则认为组成嗅感信息图形的基本模式可归结于刺激分子结构的拓扑特性，然而对嗅感分子中的全部信息以及嗅感中信息之间的关系进行测定的难度较高。对于上述问题，常用的方法是一些简化方法，例如假设基本嗅感对应着占据优势的信息模式；仅仅将分子结构内的主要结构参数考虑在内，暂时忽略其他的参数。采用此类方法进行处理之后有助于降低分析的难度，提高应用的效率，易于解决一些复杂度较高的问题。结合信息图形结构主要划分为以下三种类型的气味。

（1）基本特征类

基本特征类指通过一种基本模式描述嗅感物质的主要气味，具有显著的嗅感，一般可以通过麝香味、樟脑味等进行描述。其基本模式已超过了 30 种，而已经可以确定的原臭则达到了 8 种，对于其他的基本模式有待于继续开展研究。

（2）综合特征类

综合特征类嗅感往往是较多的信息模式组合形成的，这些模式之间比较均衡，均未占据显著的优势。结合含有的基本模式数量进一步划分为两大类，分别是复杂综合型、简单综合型，前者含有的基本模式显著多于后者。尽管含有的基本模式较多，但是不存在占据主导作用的模式，因此一般通过“香辣型”“玫瑰型”等词汇描述对应的嗅感，便于对这种复合气味特征进行描述。

（3）背景（或本底）特征类

背景（或本底）特征类嗅感同样包含多种信息模式，但是强度均不高，具有复杂度较高的信息图形。所表现出的嗅感性质一般和“杂气味”关联，正是由于诸多微小作用进行结合之后而形成了最终的嗅感强度。

2.3.2.2　极性基团数目及构象自由度

气味分子和受体之间存在极性相互性、能量效应等作用，而嗅感与诸多结构参数有关，各个参数所产生的影响是不同的，其中官能团（极性）数量以及构象自由度均会产生较大的影响。如果构象自由度较高，则与受体的适用性更佳，因此对应着较小的能量效应。对于刚性分子而言，则能量效应较高。按照极性官能团的数量将其划分为三种类型，具体的分析如下。

（1）非极性分子及弱极性分子

非极性分子及弱极性分子具有明显的特殊性，在接触受体的过程中总体表现为完全杂乱的向位，无法显示出对应的信息图形。然而，部分柔性分子将可以通过调整向位的方式来适应受体的空间要求。如果这些分子和受体存在某种适应性，即刺激分子与受体将形成非极性基团之间的弱相互作用。对于非极性分子而言，在和嗅细胞膜作用的过程中存在不同的向位以及构象变化，所以只是存在低强度的信息模式。结合以上分析可知，此类分子可以形成一定的气味，并且属于背景特征类，表现出较低的嗅感强度。

（2）含单个极性官能团的分子

大部分嗅感分子存在在空间中可接近的极性官能团，在和嗅黏膜作用的过程中能够对相同极性端进行键合，二者结合的一致性以及形状将对作用效率产生决定性的影响。如果分子进入到适宜的向位，则分子和受体膜间的作用显著。在这种情况下，相对于非极性分子，单极性基团分子相互作用必然受到显著的限制，所以出现的概率较低，但是在出现时将表现出更高的作用效率。根据以上分析可知，此类嗅感分子的嗅感性质主要是基本特征或者综合特征类，其中前者以刚性分子为主，后者以柔性分子为主。在大部分情况下将表现出显著的嗅感强度。除了上述情况外，由于刺激分子处于其他向位等特殊情况的发生，也可能形成背景特征类气味。

（3）含多官能团的极性分子

针对多官能团的极性分子进行分析，例如极性官能团的数目为 2 时，必须满足一定的条件方可形成嗅感，即需要保证它们以及分子构型均与受体膜特征结构互补，这必然导致嗅感的形成受限。如果满足上述互补条件，则可以达到较高的作用效率。结合以上分析可知，此类刺激分子将形成嗅感强度较高的基本特征类气味。而受到遗传等因素的影响，极易导致嗅盲的形成。除了上述因素之外，在某些情况下也会导致背景特征类气味的形成，例如在分子极性基团无法达到向位，同时非极性基团和受体之间存在一定的弱相互作用时容易出现此类情况。

如果具有如下两种结构特征，第一是同时含有极性、非极性基团，二者的数目分别是 2、1；第二是均为极性官能团，数目为 3。这些结构特征均可以和受体作用，则有最高的概率形成基本特征类气味。然而此类情况的发生率是极低的，基本上不可能出现。另外，有研究者认为，甜味感的形成与高度选择性的相互作用有关。

根据上述分析可知，嗅感分子结构特征增多时，嗅感性质将发生一定的变化，即综合特征气味从复杂变为简单，最终将变为基本特征类气味。相对于刚性分子而言，柔性分子更易于从背景特征类变为基本特征类气味，而嗅感强度表现出由低到高的变化趋势。

2.3.3 立体异构现象

2.3.3.1 旋光异构

有研究者深入分析了旋光异构体和嗅感之间的关系，然而由于气味容易受到痕量杂质等因素的影响，在最初的研究中并未取得显著的成果。

Beets 认为对非极性分子的两种旋光体直接进行区分的难度是较大的，难以通过嗅感特性进行识别和判断。

如果只有一个极性基团，则通常无法准确判断二者在气味上的差异性，比如 α-苯基丁酸、2-己醇分别为玫瑰香、果香，但是二者基本不存在嗅感的差异性。部分只有一种极性或者可极化特征的刺激分子，某些情况下在嗅感强度上将存在一定的差异性。除了上述类型之外，桃金娘烯醛的两种旋光体具有不同的气味，分别是辛香、药香气味。

如果刺激分子存在两个极性基团，则两旋光体之间可能导致嗅感性质的显著差异。推测这种嗅感强度的差异性和信息模型的支配方式有关，当分别是单官能团、双官能团对信息模型进行支配时，旋光体在嗅感强度上分别表现为不显著、显著的差异性。对于诺卡酮的两旋光体，在嗅感阈值上存在明显的差异性，同时表现出不同的气味。

除了上述几种情况之外，对于有 3 个极性官能团的分子而言，旋光体只是在味感上观测到它们在相互作用时的质的强烈差别。

2.3.3.2 顺反异构

结合实验的结果可知，对于醛等化合物而言，它们的顺式、反式异构体在嗅感性质上存在显著的差异性，分别表现为清香、脂肪臭气味。

2.4 从气味研究化学结构

下面我们从另外一个角度去探讨气味与分子结构的关系。基本嗅感介绍如下。

2.4.1 麝香

当前针对麝香化合物的研究非常多，并通过不同的方法揭示了此类物质的特性。研究人员已经发现了此类物质较多的类型，据统计已经超过了百种，但是它们之间的化学结构存在显著的差异性。此类嗅感物质主要划分为两种类型，分别是芳香化合物、大环化合物，目前基本没有发现其他的结构形式。

(1) 大环化合物

有研究者对大环化合物开展了研究，并进一步总结了含有麝香气味类型的结构通式，见图 2-29。

在有的研究中指出，成环碳原子数 n 值会对大环化合物嗅感产生一定的影响，二者之间密切相关。详细分析如图 2-30 所示。

在图 2-29 所示的通式中，X 代表官能团以及对应的组合形式，如杂原子、草酰酯基、酮基等。

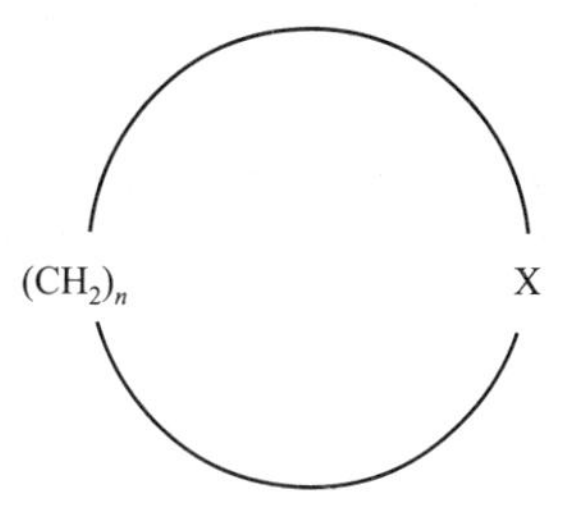

图 2-29　麝香大环化合物的结构通式

结合以上分析可知，麝香气味的形成与官能团性质之间的关系较小，而分子整体结构对其产生了更显著的影响。对于大环分子（原子数处于 15～17 之间），由于存在显著的柔韧性特征，其构象主要表现为长椭圆、球形外形，这两种构象对于麝香的形成产生不同的影响，前者的影响更为突出。8～10 元碳环与形成樟脑气味的分子具有一定的相似之处，草酸香茅基乙酯的麝香气味比较显著。

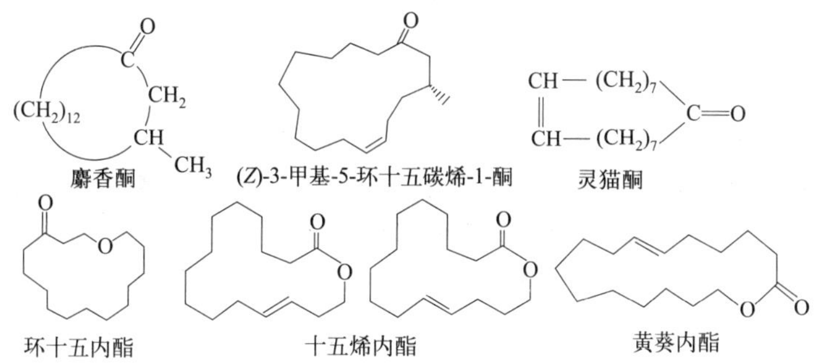

图 2-30　麝香气味的形成

（2）芳香化合物

芳香化合物主要包括非硝基芳香化合物和硝基芳香化合物，各个类型的基本介绍如下。

① 非硝基芳香化合物　又分为两类——间麝香和邻麝香。

a. 间麝香结构通式见图 2-31：式中 R 基为季碳烷基，相互处在苯环间位；X 基为酰基。在图 2-31 上（a）中的分子表现出非常显著的麝香气味。在一些研究中发现，分子结构是影响麝香气味的关键因素，并且二者之间有某种规律性。可以将这些规律总结如下：首先，麝香气味强度与分子酰基的 R′基碳原子数有关，二者总体表现为负相关的关系。R′基类型也是重要的影响因素，对于丙基、H 原子的两种情况而言，分别表现为微弱、强烈的嗅感，即在嗅感强度上有显著的差异性。其次，嗅感强度大小和苯环中的季碳烷基有关，图 2-31 中所示的（a）、（b）均表现出显著的麝香气味；叔碳基将（c）内的季碳基进行取代之后，

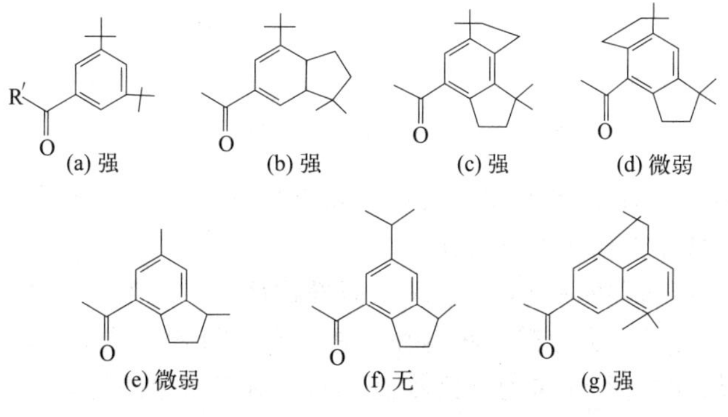

图 2-31　间麝香的嗅感

麝香气味变得非常微弱；如果均以叔碳基取代，则基本不会存在嗅感，具有代表性的是（d）分子。

b. 邻麝香结构通式见图 2-32：两个季碳烷基互为邻位，X 为酰基。例如图 2-30 中的（a）、（b）分子都有强烈的麝香气味。

同样地，上述三个规律也体现在邻麝香嗅感和分子结构的关系上。将甲基插入到酰基邻位时，则会对其空间可接近性产生影响，甚至引发嗅感的丧失。除了上述现象之外，在叔碳基完全取代季碳基的情况下，麝香气味也会消失。

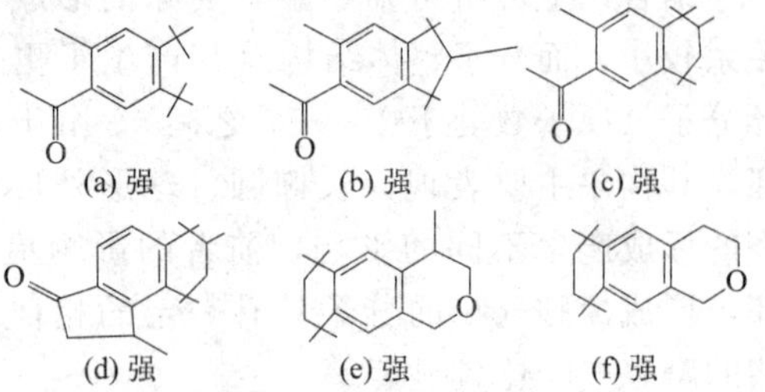

(a) 强 (b) 强 (c) 强

(d) 强 (e) 强 (f) 强

图 2-32 邻麝香的嗅感

有研究人员发现，邻麝香内的酰基同样有被取代的可能，而且被不同成分取代之后对于嗅感的影响存在明显的差异性。有的学者推测季碳基中的甲基同样属于影响气味强度的关键因素，因此在研究过程中也需要将这些因素综合考虑在内。

② 硝基芳香化合物 假麝香属于一类比较特殊的化合物，能够表现出显著的麝香气味，一般指的是芳香化合物（含硝基）。在现有的研究中将其划分为两大类，分别是假间麝香、假邻麝香，二者在结构以及特性等方面存在不同的特征。芳香族硝基化合物的嗅感如图 2-33 所示。

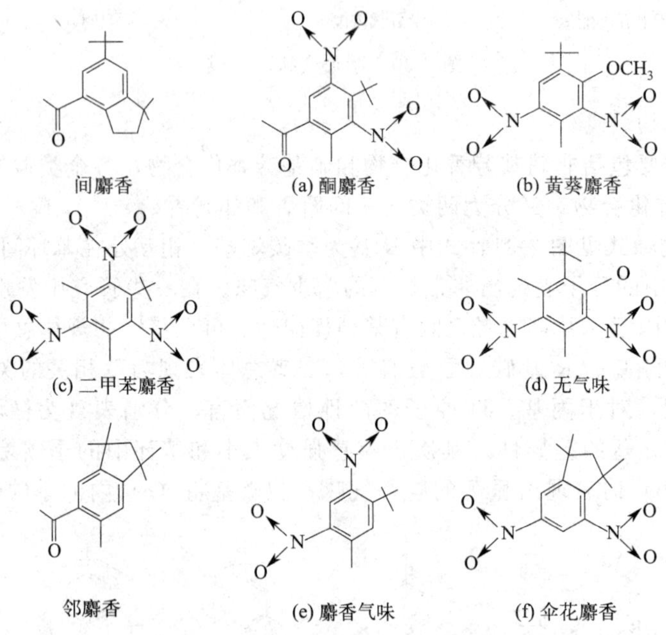

图 2-33 芳香族硝基化合物的嗅感

结合图 2-33 中嗅感分子结构可知，在这些化合物中，硝基属于重要的组成部分，并且起到了关键的影响，具体体现在如下方面。

首先，对于硝基、苯环共平面的无空间阻碍部位而言，所发挥的作用类似于乙酰基的极性官能团。在图 2-33 内即可认为存在间麝香、邻麝香，前者主要是（b）分子，后者主要是（c）分子，二者所形成的麝香气味均是比较显著的。对于其他的芳香分子（极性基团数目为 2），同样存在类似的情况，而极性基团之间的距离属于一个重要的因素，可能起到决定向位的官能团作用。

其次，在某些情形之下，硝基仍然有形成类似于局部分子外形的作用。在此类情况下往往会排除苯环平面内的氧原子，使得氮原子和季碳原子之间保持了较高的相似度。其中第一种情况指的是有硝基（1～2 个）存在于叔丁基邻位；第二种情况指的是有硝基存在于叔丁基间位，而且有合适的取代基存在于基团间，该取代基的作用在于将叔丁基空间影响传输给硝基。例如，第一种情况如下，（a）分子与（c）、（d）分子在叔丁基邻位的硝基数目是不同的，二者分别是 2、1。而第二种情况如下，对于（b）分子，硝基存在于叔丁基间位，同时有甲氧基存在于二者之间。甲氧基处于无空间位阻的情况下，可以实现自由旋转，然而（b）分子内受到了叔丁基的挤压，致使硝基无法和苯环实现共平面。在甲氧基无法对这种空间影响进行传输时，则可以实现硝基和苯环共平面的效果，此时不存在麝香气味。

（3）其他结构类型的化合物

除了先前所述的几种麝香气味化合物之外，在部分研究中同样提到了一些其他结构类型的化合物，然而数目相对较少，有待于后续继续开展相关的研究工作。一些已知的化合物总结如图 2-34 所示。

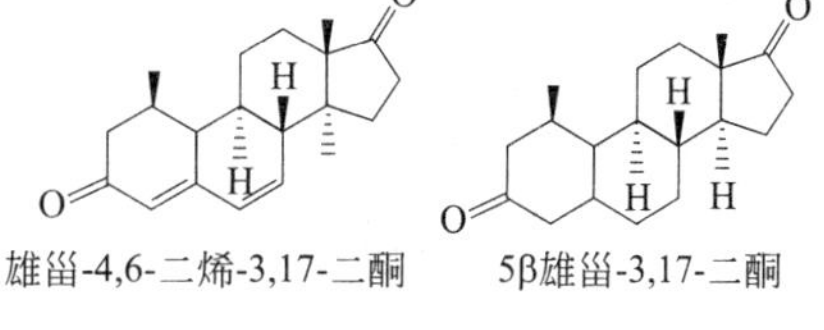

图 2-34　其他结构类型化合物嗅感

尽管发现了一些类似的化合物，但是对于其嗅感强度的研究并不多，缺乏足够多的资料，这也是后续值得继续研究的方向。

根据以上分析可知，虽然这些含有麝香气味的化合物属于不同的类型，但是仍然表现出一些相似度较高的结构特征，主要体现在如下方面：分子尺寸基本为 9nm×1.15nm；多表现出椭圆形，硬度和密度较高；除了以上特性之外，一个比较典型的特性是有一个特殊的极性官能团（空间上可接近）。

2.4.2　樟脑香、薄荷香和麦芽香

（1）樟脑香

Amoore 针对含有樟脑香的化合物进行了大量的研究，并总结了此类化合物的具体类型，据统计超过了 100 种。

在这些物质中存在不同的特征，而是否存在极性基团属于一个重要的区别，有的分子不存在，而有的分子存在这种基团。作为当前已知的在基本嗅感内唯一存在非极性基团的分子——饱和烃分子基本没有明显的嗅感。结合以上分析可知，樟脑气味与极性官能团之间的关系不大，分子外形才是影响嗅感性质的关键因素。Amoore 对此类分子的结构特征的总结如下：一般表现为卵形、球形结构，直径保持在 0.75nm 上下；刚性特征显著。除了这些特性之外，在研究中发现，其嗅感强度可能与极性官能团的存在有关。

（2）薄荷香

针对薄荷香物质的研究保持了增长的趋势，在长期的研究中同样获得了诸多成果，发现很多化合物存在此类气味，例如有小环酮类、单环萜类。

不少学者通过实验方法对于薄荷香类化合物开展了研究，在 20 世纪 70 年代时，Pelosi 在研究过程中设计了一种嗅感分子结构模型，然而受到了学术界的质疑，并未得到进一步推广和应用。后续尽管有一些研究人员陆陆续续从事相关的研究工作，但是在分子结构特征模式上尚未获得显著的成果。有研究者推测，薄荷气味的形成可能与某种未被发现的信息模式有关，因此对于此类物质的嗅感影响机理仍然值得继续开展研究，并逐步解释这些未解

之谜。

(3) 麦芽香

在20世纪70年代，有研究者已经发现异丁醛、2-甲基丁醛、异戊醛、2-甲基戊醛、正丁醛以及丁醇等均表现出一定的麦芽气味，但是它们的麦芽香气味在强度上存在显著的差异性。有研究者指出，将竞争性外形基团添加到异丁醛分子内时，则嗅觉缺失明显减小，代表性的有3-甲基丁酮。尽管在部分研究中印证了麦芽香模式的存在，但是仍然缺少足够有说服力的证据来支撑和嗅感分子结构特征有关的结论，对此同样需要后续继续开展相关的研究。

2.4.3 其他基本嗅感

(1) 尿臭

有研究者关注尿气味的研究，旨在于探索此类嗅感特征形成的机理以及影响因素。研究结果表明，部分分子的顺式、反式结构在嗅感强度上有较大的差异性。

有的学者重点研究了此类嗅感分子的尺寸以及外观特征，发现其体积外形总体保持在1nm×0.4nm×0.3nm范围内，而且普遍存在酮基。但是此类研究仍然不多，缺乏足够多的类似物质成分，难以得到相关的共同结构参数。

(2) 精液臭

结合现有的研究可知，具有这类基本嗅感的分子主要是1-吡咯啉和1-亚哌啶两种。

有学者指出，精液臭的形成和分子内的—N ═CH—基团有关，这属于一项必要的条件，如果处于黏液内，则该基团容易通过水解得到ω-氨基醛，导致了嗅感的形成。在部分研究中认为，包括四氢吡啶等在内的饱和杂环化合物以及席夫碱（Schiff 碱）对其嗅感产生了主导性的作用。

(3) 鱼腥臭（月经血臭）

现有的研究普遍认为，此类气味主要与叔胺类化合物有关。有研究者提到，在嗅感分子内完全被取代的氮原子是影响鱼腥臭的关键因素。在此类分子结构中，砷原子、氮原子（孤电子对、小烷基）均属于关键的特征。

(4) 汗酸臭

有学者对汗酸臭开展了研究，获得了诸多代表性的成果，其中此类物质的代表有异己酸、异戊酸等。同时在研究中发现，其与鱼腥味嗅感模式有相似性的特征，所以存在某种嗅觉缺失的情况时，也有较大的概率存在另一种嗅觉缺失。除了以上研究之外，有研究者指出，该气味的刺激分子基本局限于C_3～C_8且末端存在异丙基（1个）的柔性羧酸分子。

第3章

食品中风味物质的形成原理

食品风味主要与三个阶段有关，分别是食品原料的生产、储存以及加工阶段，各个阶段均会对风味带来不同的影响。良好风味的形成离不开适宜的生理以及生态条件，确保动植物原料均达到较高的质量。如果存储条件不佳，则受到微生物等因素的影响，极易导致风味物质的损失，甚至引发食物的变质问题。在加工过程中应该采用科学的加工工艺，如果加工参数不合理，则容易影响到加工的质量。在各个阶段发生的反应也存在差异性，其中生产、储存阶段以酶促反应为主，在加工阶段以非酶反应为主。

3.1 酶促反应类

酶促反应涉及不同的反应类型，在生物体内发生酶促反应过程中可以形成不同的风味，而且这种风味与果实的成熟度有关，如果达到了较高的成熟度，则香蕉以及桃子等果实的香气更显著。比较典型的反应如下。

3.1.1 以单糖、糖苷为前体的生物合成

水果中的味感和内部所存在的单糖密切相关，同时也属于酯类以及醇类等嗅感成分的前体物质。图 3-1 展示了生物合成的基本途径，首先是发生无氧代谢，以此实现单糖到丙酮酸之间的转换；接着是发生氧化脱羧，由此可以得到对应的乙酰辅酶 A；在以上过程结束之后将开始进行酯类合成的过程，具体可以生成乙酸某酯、某酸乙酯，其中前者与醇转酯酰酶的催化有关，后者需要先通过还原酶进行催化，在得到乙醇之后进一步转换得到最终的产物。

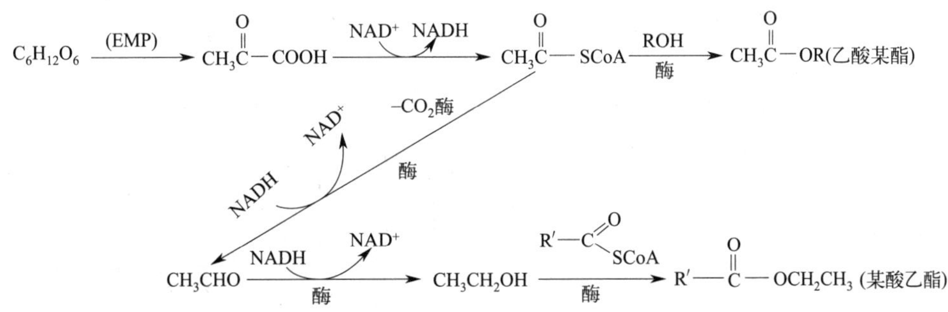

图 3-1 无 CO_2 酶参与的情况下以单糖为前体生物合成酯类的途径

3.1.2 油脂与脂肪酸的酶促氧化

水果、蔬菜风味内往往存在不同的脂类（C_6、C_9 的脂肪酸）等，这些风味物质的形成与脂氧合酶对脂肪酸物质的氧化有关。结合现有的研究可知，通过酶形成的化合物风味往往表现出特殊的芳香气味，其中前体物主要是亚麻酸、亚油酸（图 3-2）。

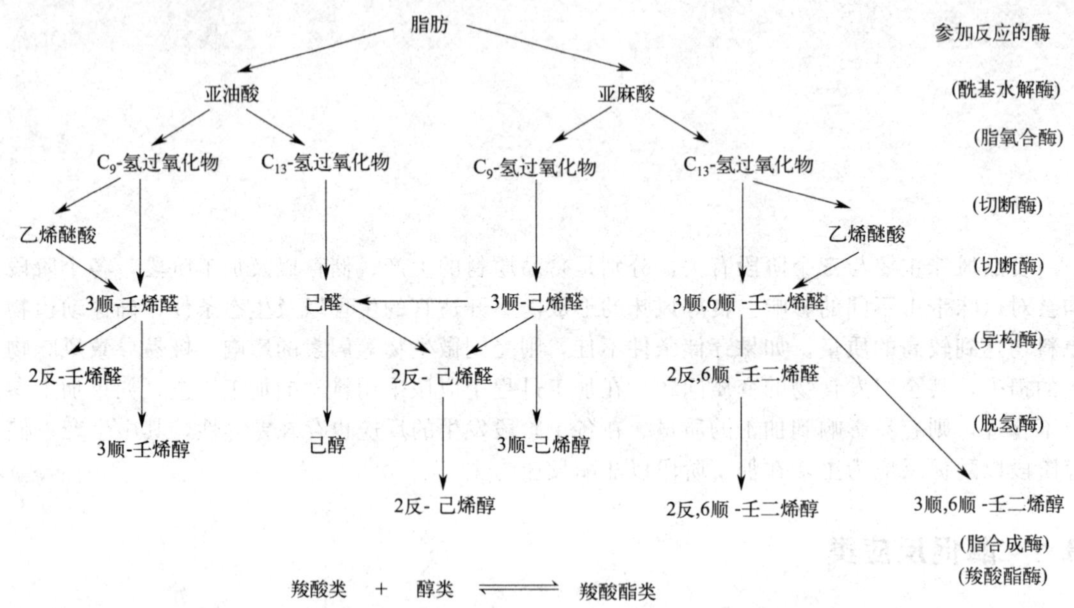

图 3-2 以脂肪为前体生成 C_6 和 C_9 的醛、醇类及相应酯类的途径

3.1.2.1 亚油酸合成途径

在香蕉以及苹果等水果中普遍存在不同的嗅感成分，其中己醛占据了较高的比例，而在此类嗅感物（C_6、C_9）合成的过程中所采用的前体主要是亚油酸，图 3-3 中展示了具体的途

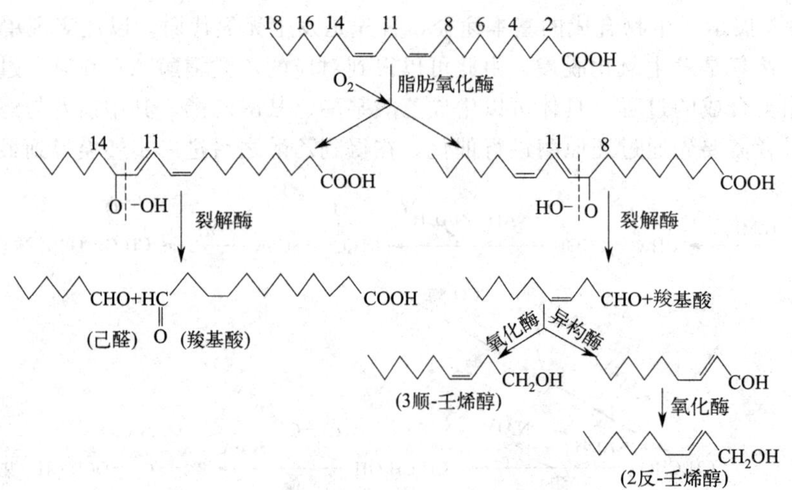

图 3-3 从亚油酸生成 C_6 和 C_9 醛、醇类的途径

径。另外，在脂肪酸发生断裂之后将形成一些其他的成分，其中羧基酸属于典型的代表，但是对于嗅感的影响是比较微弱的。研究发现，随着时间的变化，水果的香味同样表现出变化的趋势。通常情况下，不同化合物所形成的香气存在一定的差异性，其中 C_6、C_8、C_9 化合物分别表现出类似于青草、紫罗兰、甜瓜的香气。

3.1.2.2　亚麻酸合成途径

在黄瓜等蔬菜内均存在不同的嗅感分子，典型的代表是 C_6、C_9 化合物，在合成过程中所采用的前体一般是亚麻酸，并且可以通过不同的途径进行合成，如图 3-4 所示，除了先前所述的途径之外，图 3-5 也展示了一种合成的途径。结合现有的研究可知，番茄以及黄瓜的特征香气成分存在一定的差异性。产物（3*Z*）-己烯醇是番茄的特征香气物质，而（2*E*,6*Z*）-壬二烯醛是黄瓜的特征香气成分。

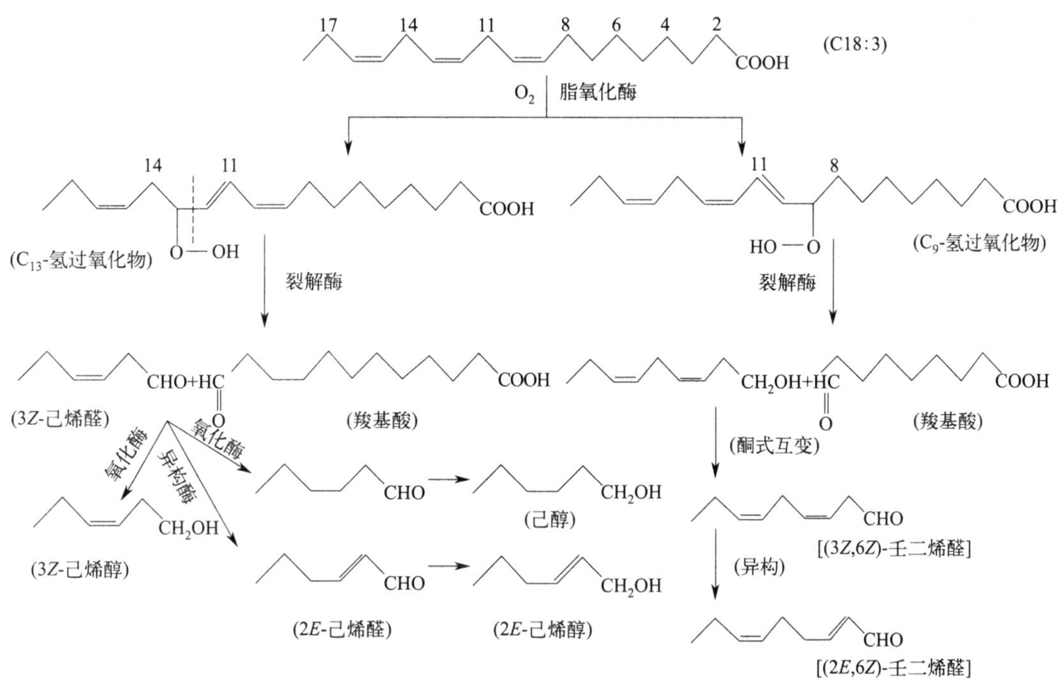

图 3-4　从亚麻酸生成 C_6 和 C_9 的烯醇、烯醛的合成途径

3.1.2.3　由 β-氧化产生的嗅感物

很多水果在成熟之后表现出水果芳香，这些香气不仅使得水果更甜美，更使人心情舒畅，因此这类水果深受广大消费者的喜爱。研究表明，这些香气成分主要是中碳链（C_6～C_{12}）化合物。例如由亚油酸通过 β-氧化途径生成的（2*E*,4*Z*）-癸二烯酸乙酯，就是梨的特征嗅感物质，具体如图 3-6 中所示。

3.1.3　芳香族氨基酸前体物

香味物质的前体包括酪氨酸等成分，受到酶的影响，酸途径将形成不同类型的酚醚类化

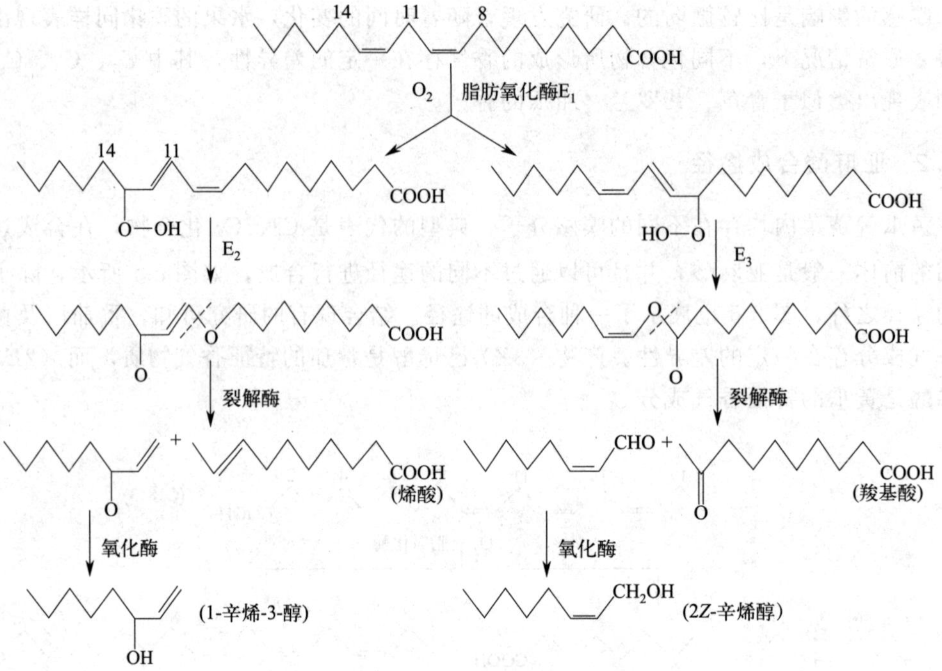

图 3-5　从亚油酸合成 C_8 及 C_{10} 醇、醛的途径

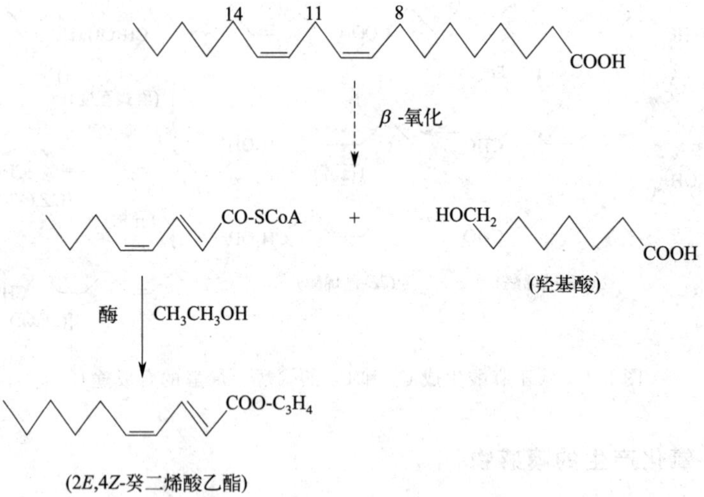

图 3-6　脂肪经 β-氧化产生风味物质

合物。图 3-7 中展示了丁香酚类合成的途径。

3.1.4　羟基酸前体物

在柑橘等水果中含有较多的萜烯类化合物，其形成主要与异戊二烯途径有关，前体物质以甲瓦龙酸为主。在具体合成过程中划分为两个阶段，首先是生成 2-异戊烯酯、焦磷酸等

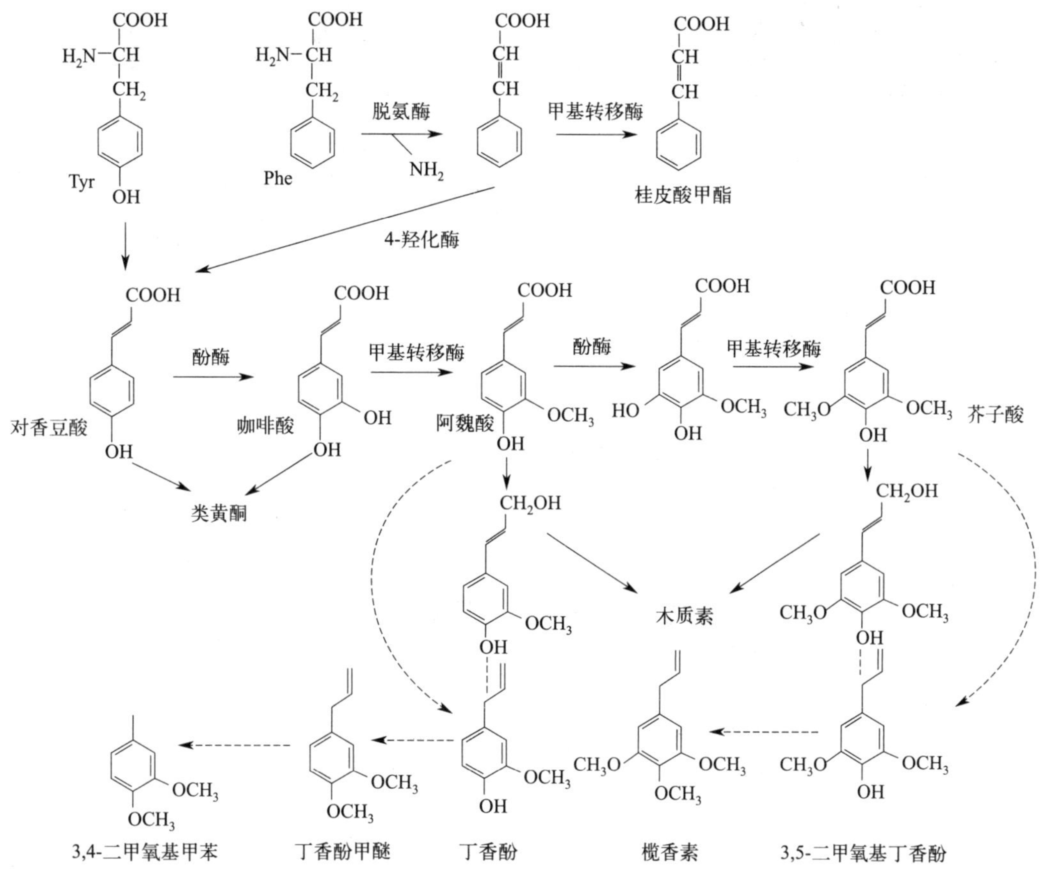

图 3-7　莽草酸途径产生的酚醚类化合物

成分，该过程必须在酶催化条件下完成；接着以两种途径继续进行合成，由此可以得到不同的芳香产物（图 3-8）。研究发现，不同水果的特征香气成分是不同的，例如柚子、酸橙、柠檬，其香气成分分别是诺卡酮、柠烯、橙花醛。

3.1.5　蛋白质、氨基酸的转化

受到特定酶的影响，蛋白质将发生水解得到氨基酸，在此基础上进一步分解得到其他的成分，例如可以得到酯类，具体的转化过程如图 3-9 所示。

3.1.6　其他物质的转化

在生物代谢活动中普遍涉及有机酸以及碳水化合物，通过糖酵解等过程将形成较多的中间产物，这对于食品质量会产生不同的影响。在高淀粉作物中普遍存在淀粉到糖之间转化的过程，这对于改善食品风味会产生显著的影响，从而使得食品的甜度有所增加，例如在甘薯中发生该变化之后将改善其色泽风味；而在马铃薯中发生该转换之后，则容易损失其油炸过程中的香气。淀粉在低温条件下的降解过程如图 3-10 所示。

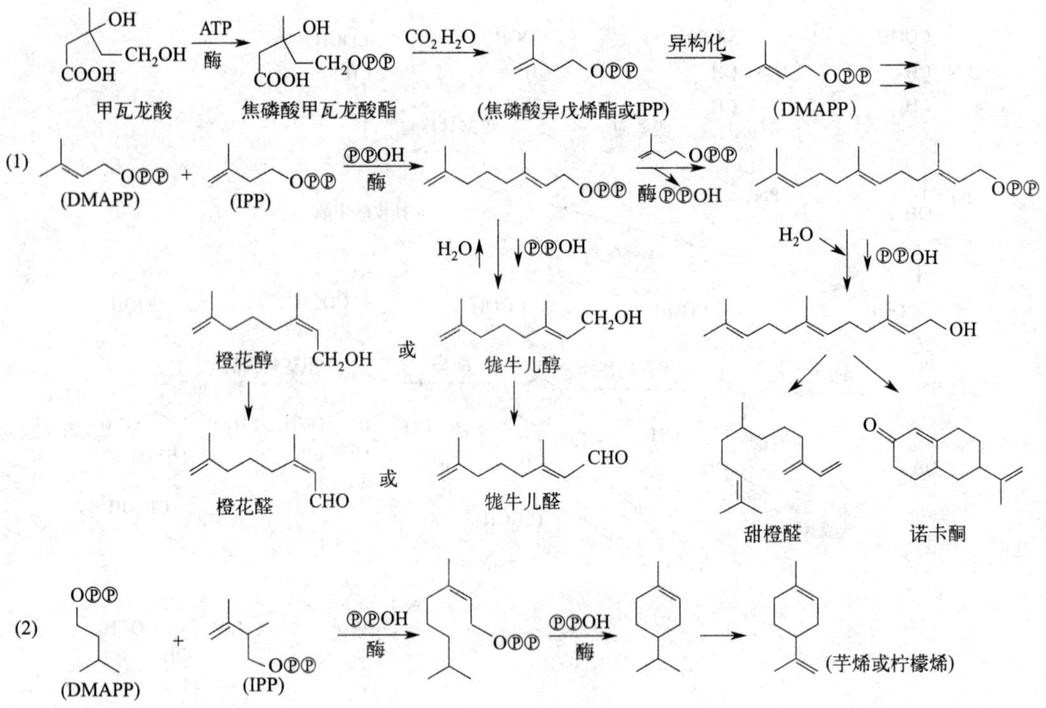

甲瓦龙酸　ATP 酶　焦磷酸甲瓦龙酸酯　CO_2 H_2O　(焦磷酸异戊烯酯或IPP)　异构化　(DMAPP)

(1) (DMAPP) + (IPP)　ⓅⓅOH 酶　酶 ⓅⓅOH

H_2O　ⓅⓅOH

橙花醇　或　牻牛儿醇

橙花醛　或　牻牛儿醛

甜橙醛　诺卡酮

(2) (DMAPP) + (IPP)　ⓅⓅOH 酶　ⓅⓅOH 酶　(芋烯或柠檬烯)

DMAPP—二甲基丙烯基二磷酸-三铵盐；IPP—异戊烯基焦磷酸；ⓅⓅ OH—环氧合酶抑制剂。

图 3-8　异戊二烯途径生物合成的某些萜类化合物

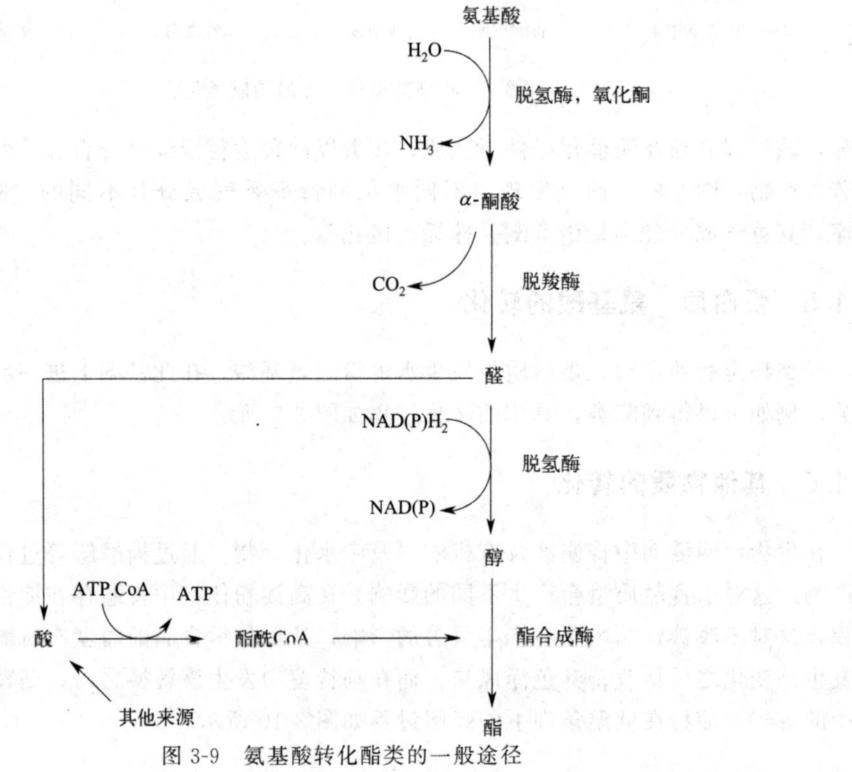

图 3-9　氨基酸转化酯类的一般途径

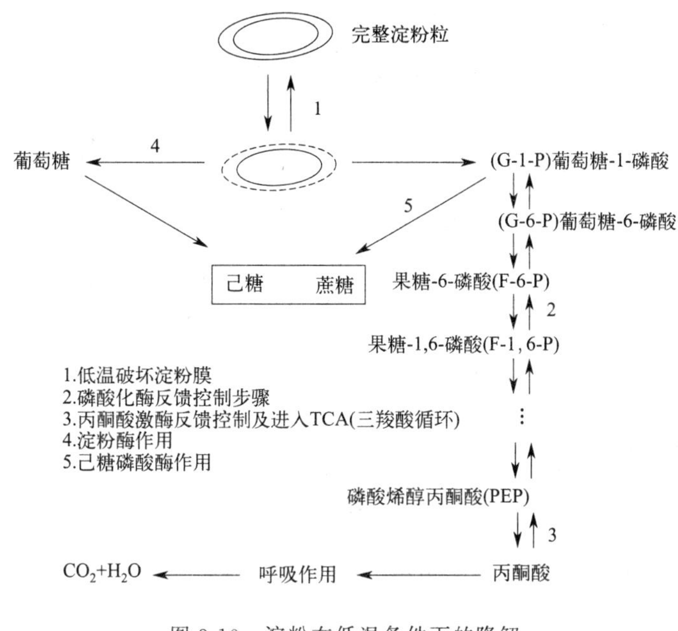

图 3-10　淀粉在低温条件下的降解

3.2　非酶反应类

在加工食品的过程中存在较多的工序和步骤，其中加热属于常见的过程，这对于食品风味的形成产生了较大的影响。前体物质能够发生不同类型的反应，导致出现多样化的风味特征。

3.2.1　基本组分的相互作用

这里所说的基本组分涉及油脂、碳水化合物等，这些成分均容易发生热降解，从而得到不同的风味成分。糖的热降解反应有：裂解、分子内脱水、异构，反应中单糖和双糖等产生低分子醛、酮、呋喃等；纤维素、淀粉等在 400℃以下生成呋喃、糠醛、麦芽酚等。针对反应的时间以及温度等条件进行合理的设置，则可以形成令人舒适的香气。不同成分的热降解反应是不同的，并得到了不同的产物。其中饱和脂肪酸热降解之后可以得到丙烯醛、内酯等产物；油脂热降解之后得到烃类、烯醛等产物；对于氨基酸，则涉及杂环氨基酸、含硫氨基酸的降解等过程，由此形成了不同类型的香气。

3.2.2　非基本组分的热降解

除了先前所述的基本组分之外，在食品中还有较多的非基本组分，其主要指的是在食品内含量不高的成分。例如在加工过程中存在维生素降解的情况，这是导致风味形成的重要因素。硫胺素、类胡萝卜素降解之后分别形成肉香味成分、紫罗兰酮成分，使得食品呈现出更优的风味（图 3-11）。

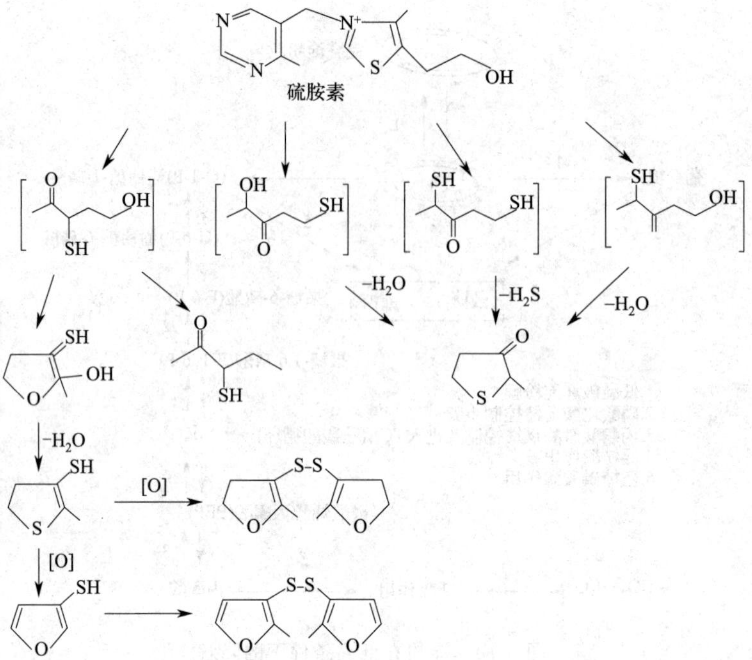

硫胺素

图 3-11 硫胺素的降解反应

3.3 几类典型食品的风味

3.3.1 植物源食品的风味

3.3.1.1 水果的风味成分

水果味感总体表现为甜酸味，然而各种质量的水果也存在一定的差异性。在水果内存在各种类型的味感成分，这些成分带来的气味变化是不同的。其中糖苷、单宁均导致水果有苦涩味。

研究发现，酶促反应是形成水果香味的重要机制，在果实成熟的过程中香气逐步增加，但是相对于自然成熟的果实，采用人工催熟技术得到的果实香气相对较少。水果香气在贮藏期会不断减弱，热加工时一般会使原有香气被破坏，形成加工后的嗅感物质。在水果内含有多种香气成分，代表性的有萜烯类、有机酸酯类、醇类等。另外，各种水果香气的成分之间往往存在显著的差异性（表 3-1）。

表 3-1 几种水果中主要呈香物质

水果名称	香气种类数/种	主要香气物质
苹果	250	邻氨基苯甲酸酯、2-甲基-3-丁烯-2-醇、芳樟醇、香叶醇
桃	70	2-甲基丁酸乙酯、2-己烯醛、丁酸乙酯、乙酸丁酯
香蕉	350	C_6、C_{11} 内酯和其他酯类，如 γ-十一烷酸内酯
葡萄	280	乙酸异戊酯、异戊酸异戊酯、丁酸异戊酯
香瓜	80	烯醇、烯醛、酯类
菠萝	120	己酸甲酯、乙酸乙酯、3-甲硫基丙酸甲酯

3.3.1.2　蔬菜的风味成分

相对于水果而言，蔬菜风味相对较少，但是不少蔬菜也表现出特殊的风味。如葱、蒜、姜、芫荽（俗称香菜）风味突出，萝卜、黄瓜、甘蓝具有浓厚的特殊气味，青椒、西红柿、芹菜、韭菜各具不同风味。

葱、蒜的辣味物质大多属于含硫化合物，主要基于蒜氨酸合成，前体物质为半胱氨酸。例如，洋葱的组织在破裂之后，将有效激活细胞中各个区域内的蒜氨酸酶，水解风味前体物质［S-(1-烯丙基)-L-半胱氨酸亚砜］，生成次磺酸中间体、丙基氨与丙酮酸，次磺酸能进一步重排，产生具有强穿透力的、使人流泪的挥发性硫化物，如烯丙基二硫化物、二烯丙基二硫化物、氧化硫代丙醛（$CH_3CH_2CH=S=O$），另外还有硫醇、三硫化合物及噻酚等，此类成分的存在，致使其表现出特殊的气味。另外，在实际生活中也发现，加热葱、蒜之后可能形成一定甜味，而辣味不再存在。针对该现象进行分析，发现主要与该过程中的酶失活有关。

有研究者发现，在大蒜中，通过酶分解可以实现蒜氨酸到蒜素的转换，这是影响其风味的重要因素，其风味的形成途径如图 3-12 中所示。

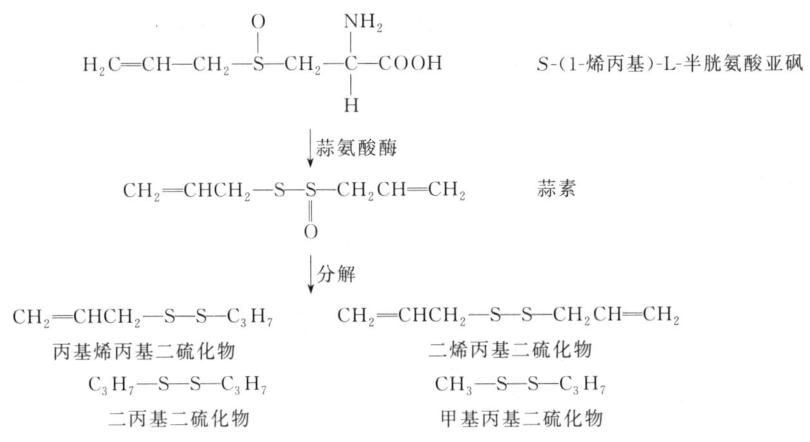

图 3-12　大蒜风味产生的途径

在萝卜中存在甲硫醇以及黑芥子素，其中后者在水解之后形成异硫氰酸丙酯，导致其表现出一定的辣味。蛋氨酸属于甘蓝等蔬菜的重要成分，在加热之后产生二甲硫醚（清香气味）。

3.3.1.3　茶叶的风味成分

茶叶属于众多消费者喜爱的饮品，喝茶、品茶成为国内众多消费者享受生活、放松心情的重要方式。市场中存在不同品质的茶叶，其品质一般可以通过香型等特征进行评价。茶叶所表现出的香气一般称为茶香，各种类型的茶叶在茶香方面存在差异性，其所表现的茶香受到诸多因素的影响，包括原料品种、生长环境以及炒制方法等，通过对这些因素进行合理控制即可得到不同茶香的茶叶，满足了广大消费者的个性化需求。

茶香物质涉及不同的类型，常见的有酚类、醇类、羰基化合物类等，根据沸点的差异性主要划分为两大类，分别是 200℃以上、200℃以下，二者分别表现为显著的香气、青草味。其中，香气也划分为玫瑰香（苯甲醇）以及玉兰花香（芳樟醇）等类型。

（1）绿茶的香气成分

绿茶香气主要与如下因素有关，①首先，在“杀青”时，受到温度升高等因素的影响，青叶醛（3-顺-己烯醛及 2-顺-己烯醛）等沸点较低的成分将率先逸出；而苯乙酮、苯丙醇等沸点较高的成分同样显露。除了上述特性之外，在加热过程中，一些青叶醇将形成反式青叶醇，带有清香的气味，加之其他香气的共同影响，致使绿茶表现出独特的香气。②加热之后所形成的香气物质进一步增添了绿茶的香气。绿叶内含有的胡萝卜素，通过氧化裂解之后形成紫罗兰酮，体现出显著的紫罗兰香气；茶叶受热时，内部的甲基蛋氨酸硫盐将生成二甲硫醚、丝氨酸。绿茶的“新茶香”与两方面的因素有关，分别是二甲硫醚、青叶醇，其中前者的含量较低，仅有 0.25mg/kg。然而，这种茶香并不是稳定的，受到诸多因素的影响可能发生变化，例如在贮存期延长时，这种茶香将逐步消失。

（2）红茶的香气成分

红茶制作涉及较多的工艺，包括萎凋、发酵等，各项工艺的质量将直接关系到最终的产品质量。鲜叶内的酶系复杂度较高，水解酶等在萎凋时表现出较高的活跃度，导致类胡萝卜素等前体成分出现显著的变化。特别是在发酵过程中，茶叶成分变化复杂，将导致多种香气成分出现。在这些香气中含有不同的成分，各种成分的含量也存在显著的差异性，含量最高的主要是醇、醛、酸、酯，这些成分对于香气将产生较大的影响；而一些含量较低的成分所产生的影响一般较低。

多酚类物质的占比较高，对于红茶品质的影响显著，可以被多酚氧化酶氧化，最终通过反应可以得到产物茶黄素等。除了这些因素之外，红茶色泽也会受到美拉德反应所得产物的影响。

3.3.1.4 大米风味

人们习惯于通过不同的指标来对大米的品质进行评价，主要涉及甜度、光泽、硬度以及香气等。在大米内含有较多的成分，不同成分的含量以及影响存在一定的差异性，主要涉及淀粉、蛋白质，二者的占比分别是 90%、7%，各自会影响黏性、吸水性。另外，还有一定量的脂肪，这也是导致大米陈化味的重要因素。在部分研究中指出，米饭蒸熟之后表现出清香的气味，这与酮类以及醇类等有关。

3.3.2 动物源食品的风味

3.3.2.1 畜禽肉类的风味

在熟肉中表现出显著的香气，并且其类型非常丰富，达到了千种之多。结合现有的研究可知，很多因素对肉类风味产生了影响，主要划分为两大类，分别是宰前、宰后因素。其中前者可以进一步划分为年龄、畜禽类型等不同的因素，这些因素的影响主要体现在宰杀之前。例如在公猪未成年的情况下将形成显著的尿味（甾体激素 5α-雄甾-16-烯-3-酮）；畜禽宰前在有精神压力的情况下，则会导致 ATP 分解异常，最终会对风味产生一定的影响。后者则主要涉及冷藏等宰后处理方式，或者是采用的加工方法不同等。在现实情况下，往往是这些因素综合影响之下而形成了畜禽肉类独特的风味。

研究发现，前体物质是影响肉香的重要因素，特别是水溶性低分子量化合物的存在，对于风味的形成产生了显著的影响。如果肌肉内含有较多的低分子量物质，则可以达到更佳的风味。除了上述因素之外，在高温条件下对含硫氨基酸进行处理，同样可以得到特定的风味。畜禽肉所表现出的具体风味与脂肪有一定的相关性，特别是在脂肪酸以及脂溶性成分存在差异性时，均容易影响到肉制品的风味。

结合当前的研究可知，在畜禽肉内含有较多的肉香成分，对于熏肉而言，肉质主要与腌料质量有关，在腌料内含有羰基化合物（甲醛、乙醛、丙酮）、醇类、酚类（甲酚）等不同的成分，这些成分之间的作用也会受到温度的影响；对于煮肉，主要是苯环型化合物、硫化物影响所呈现的香气；对于烤肉，主要是吡啶、吡嗪等成分所呈现出的香气。除了上述因素之外，对于腌肉而言，所呈现的风味直接受到腌料配方的影响。

牛脂肪加热时产生的烃类达到了25种，羰基化合物15种，酯类2种，醇类11种，内酯类9种，吡嗪类5种。$C_5 \sim C_9$的饱和醛类、2-壬烯醛、2-癸烯醛另加微量硫化氢，就有明显的牛油臭味。猪脂肪亦有与牛脂肪类似的成分，含$C_5 \sim C_9$的饱和醛类、2-庚烯醛、2-癸烯醛、2,4-癸二烯醛、戊醇、辛醇、1-辛烯-3-醇等化合物。

3.3.2.2 乳及乳制品

鲜乳中的脂肪酸、盐类类型较多，并且主要表现为溶液或者胶体形态，它们均容易发生酶促以及非酶促反应。在鲜乳内含有不同的成分，其中酸成分类型基本达到了140多种。另外还有硫化氢等硫化物，$C_1 \sim C_{10}$脂肪酸甲酯等酯类化合物，4-顺-庚烯醛等低分子醛类物质等，在这些成分的综合影响下形成了特殊的风味。

受到诸多因素的影响，新鲜乳制品的品质或者风味极易发生变化，因此对于贮存条件提出了较高的要求。在未进行妥善管理的情况下，将形成异常嗅感，导致变质。具体的因素如下。

① 温度达到35℃更易于吸收外部异味。

② 脂肪酶发生水解之后形成脂肪酸。

③ 乳脂肪通过自氧化形成壬二烯醛。

④ 受到光照因素的影响，内部的蛋氨酸将产生β-甲硫基丙醛。具体反应如下：β-甲硫基丙醛的甘蓝气味非常显著，在浓度极小的情况下仍然可以被感知，肽类、维生素B_2等因素的存在均对于日晒味产生了一定的影响。

⑤ 细菌增殖之后将对亮氨酸产生作用，导致形成了有麦芽味的异戊醛。具体过程如下：

奶粉加工过程将形成明显的香气，这主要与发生的美拉德反应等过程有关。除了上述因素之外，部分脂肪受到氧化，将形成苯甲醛、糠醛等不同的产物，受到此类因素的影响，可能导致奶粉出现一定的异味，影响奶粉的品质。

当前市场中的发酵乳制品较多，代表性的有酸奶、奶酪，它们均呈现出不同的香味。其中酸奶风味与乳糖甜味以及乳酸味等有关，异戊醛等属于乳酸菌香气的重要因素。由于不同的加工工艺，出现了多种类型的奶酪，基本上已经超过了400种。不同微生物产生的作用以及影响不同，其中乳酸菌容易形成一定的乳酸香气，部分微生物则容易形成脂肪酶等成分。有研究者还发现，奶酪所呈现的风味与采用的加工方式有关。奶酪主要味感物质包括乙酸、丙酸、丁酸，香气物质有甲基酮、醛、甲酯、乙酯、内酯等。

3.3.2.3 水产品的风味

当前市场上出现了各种的水产品，常见的有贝壳类以及鱼虾类等，还有一些海带等产品，这些水产品的风味存在不同的特征，特别是由于存在显著的海鲜风味，受到了广大消费者的喜爱。

动物性水产品如鱼类、虾类以及贝类等，其风味一般包括鲜味、嗅感香气。

（1）新鲜鱼类和海产品的风味

有研究指出，最新捕获的海产品存在明显的清香味道，这主要与 C_6、C_9 的醛类以及醇类化合物有关，一般是长链不饱和脂肪酸在反应之后得到的，对于风味产生了显著的影响。研究发现，受到脂肪氧化酶的影响，花生四烯酸将发生裂解反应，最终会形成顺-3-己烯醛等成分，这是其表现为香气的重要原因。另外，酮类、醇类（C_8）等广泛存在于各种类型的海产品内，致使部分鱼类表现出显著的香味。

各种类型的海产品在新鲜度上表现出显著的差异性，这也是导致风味改变的重要原因。在先前的研究中大多认为三甲胺是导致鱼腥味的主要因素，但是纯三甲胺并不会导致这种腥味的形成，往往与酶成分的作用有关，三甲胺氧化物发生降解之后形成了三甲胺等成分，在改性之后将表现出更显著的鱼腥味。

在鱼新鲜度减小的情况下逐步会表现出腥臭的味道，导致消费者产生厌恶的情绪。在鱼皮黏液中存在六氢吡啶、α-氨基戊酸等成分，在这些物质的共同影响下使其表现为显著的鱼腥味。对于海水鱼以及淡水鱼，它们中的此类物质在成分以及含量等方面均表现出显著的差异性，特别是在淡水鱼内含有更多的六氢吡啶类化合物，为了消除这些腥味，在食材制作的过程中可以添加适量的食醋。另外，现有的研究指出，鱼臭主要与硫化氢、甲硫醇、四氢吡咯以及腐胺等成分有关。

在鱼油内往往含有较多的不饱和脂肪酸，占比最高的三种分别是二十二碳六烯酸、花生四烯酸、亚麻酸，导致了显著的鱼腥味。

（2）冷冻鱼和干鱼的呈味成分

冷冻鱼和干鱼的呈味成分存在一定的差异性。其中冷冻鱼中含有的脂肪酸、羰基化合物显著高于鲜鱼；而干鱼所表现出的清香霉味与多种成分有关，涉及丁酸、丙醛等，它们的形成往往与脂肪的自动氧化过程有关。鱼死亡之后，在极短时间内鱼肉将发生显著的变化，特别是由于含有足够多的不饱和脂肪酸，其更容易发生氧化酸败，因此在极短时间内将发生腐败变质，无法保证较高的质量。因此在加工新鲜鱼的过程中应该尽量在短时间内进行处理，否则无法保证较高的品质。

（3）熟鱼和烤鱼的香气成分

相对于鲜鱼而言，熟鱼肉含有较多的含氮化合物、挥发性酸，所以形成了一定的香味。研究表明，这种香气的形成与多方面的因素有关，在此过程中发生了多种反应，涉及脂肪酸热氧化降解、美拉德反应等。实际上这种香气也与具体采用的加工工艺等条件有关，所以会形成独特的香气，受到了众多食客的喜爱。

当前广泛采用的烹饪方法可以制作出精美的烤鱼、熏鱼，但是二者在气味等方面相对于烹调鱼存在显著的差异性。在进行烤制的过程中，往往无法直接形成显著的香气，因此一般需要添加一些必要的调味品。在添加这些调味品之后进行烤制，则调料中的酱油等成分参与到了受热反应中，将显著提升羰基化合物等成分的含量，由此形成了浓厚的香气。

（4）其它水产品的香气成分

非挥发性味感成分对于甲壳以及软体类海产品的风味将产生较大的影响。例如通过氨基酸以及核苷酸等成分进行混合的方式即可获得蒸煮螃蟹的鲜味，如果继续添加适量的羰基化合物，则所形成的食品将与螃蟹保持较高的相似度。另外，海参所特有的风味与诸多成分有关，包括辛醇、壬醇、2,6-壬二烯醇等，这些成分一般是脂肪以及氨基酸在特定条件下反应之后生成的，它们的类型以及含量直接决定了海参产品的品质。

3.3.3 发酵食品

当前在人们生活中已经出现了多种类型的发酵食品，常见的有酸奶以及酒类等，并且形成了特殊的风味。具体与以下因素有关：首先，有一部分风味成分存在于原料之中；其次，在特定微生物的作用下，部分氨基酸等成分将发生转化而形成一定的风味成分；第三，在熟化等阶段也会产生。正是所采用的原料以及发酵条件存在显著的差异性，致使此类产品表现出不同的风味，能够迎合不同口味消费者的需求。

3.3.3.1 白酒

白酒属于我国的特色酒水饮品，自古以来就受到人们的喜爱，适度饮酒对于机体健康也会产生积极的影响。其中白酒含有多达三百种的芳香物质，在成分上涉及醇类以及羰基化合物等，正是由于这些成分之间的组合与应用带来了酒中不同的芳香味道。按照这些成分的组成以及含量大小，白酒香型主要划分为五种类型（表 3-2）。

表 3-2　白酒的香型

香型	代表酒	香型特点	特征风味物质
浓香型	五粮液、泸州大曲	香气浓郁、纯正协调、绵甜爽净、回味悠长	酯类占绝对优势，其次是酸，酯类以乙酸乙酯、乳酸乙酯、己酸乙酯最多
清香型	山西汾酒	清香纯正、入口微甜干爽微苦、香味悠长	几乎都是乙酸乙酯、己酸乙酯
酱香型	茅台、郎酒	幽雅的酱香、醇甜绵柔、醇厚持久、空杯留香时间长、口味细腻、回味悠长	乳酸乙酯、己酸乙酯比大曲少，丁酸乙酯增多。高沸点物质、杂环类物质含量高，成分复杂
米香型	桂林三花	香气清爽	香味成分总量较少，乳酸乙酯、β-苯乙醇含量相对较高
凤香型	西凤酒	介于浓香和清香之间	己酸乙酯含量高，乙酸乙酯和乳酸乙酯的比例恰当

（1）醇类化合物

醇类物质在白酒香气中占据了最高的比例，特别是乙醇含量达到了最高的水平，其他的还有异戊醇、正丁醇以及甲醇等。它们统称为高级醇（高碳醇），对于白酒风味产生了决定性的影响。由于高碳醇主要源于氨基酸发酵，蛋白质属于酒类发酵中的重要组成部分，对于啤酒以及白酒，可以直接通过亮氨酸来转化得到高碳醇。果酒由于氨基酸不多，所形成的高碳醇同样处于较低的水平。通常情况下，需要对高碳醇含量进行合理的控制，在含量过高的情况下容易导致风味异常。

（2）酯类化合物

酯类化合物属于白酒内的重要组成部分，一般与化学合成以及发酵等过程有关。白酒的香气和酯类具体类型以及含量密切相关，其中香型主要是根据酯类类型以及含量进行确定的。酯类物质在浓香型白酒内占据了较高的比例，这也是导致其香气形成的主要因素，特别是己酸乙酯相对于其他酯类的含量更高，因此对于所形成的香气产生了显著的影响。对于清香型白酒而言，主要是乙酸乙酯导致了香气的形成。酯类的来源有多种，主要划分如下。

① 酯类形成主要与酵母生物合成过程有关。

② 蒸馏过程中的酯化反应也是酯类物质重要的来源，但是速率极小，在多年之后方可平衡。正因如此，在酒贮存期较长的情况下，将形成更多的酯类（表 3-3）。所以陈酿酒表现出更显著的酒香，品质往往更高，也对应着较高的价格。

表 3-3 蒸馏酒贮藏时间与酯化率的关系

贮藏期	8 个月	2 年	3 年	4～5 年
酯化率/%	34	36	62	64

(3) 酸类化合物

在白酒内还有不同类型的酸类化合物，它们对于酒香并不存在显著的影响，相对于酯类的影响明显更低，但是仍然属于酯化反应中的重要原料，可以实现对香气的调节。研究发现，各种酸的含量大小是不同的。其中己酸、乙酸等含量较高；C_3、C_7 脂肪酸含量中等；棕榈酸、油酸等含量较低。总体来看，此类酸类物质的形成与微生物发酵密切相关。α-酮酸脱羧可以生成带侧链的脂肪酸，而氨基酸生物可以合成带侧链的酮酸。

(4) 羰基化合物

除了先前所述的几种成分之外，白酒内还有一些羰基化合物，主要与微生物的发酵有关，涉及糠醛、丁二酮、丙醛等。特别是在茅台酒中，此类成分占据了相对更高的比例。

酒内乙醇、乙醛缩合反应之后将形成缩醛，形成了柔和的香气。另外，在发生美拉德反应的过程中也会形成一定的羰基化合物。酵母代谢过程中将形成双乙酰、2,3-戊二酮，这对于白酒风味的影响比较显著。但是含量必须控制在适宜范围内，一般处于 2～4mg/kg 之间，有助于提升酒的香气。在浓度过高时会影响到品质，导致出现异常的气味。双乙酰的生成方式如下所示：

① $CH_3CHO+CH_3COOH \longrightarrow CH_3COCOCH_3+H_2O$

② 由乙酰辅酶和活性乙醇缩合而成

辅酶 A＋乙酸⟶乙酰辅酶 A

乙酰辅酶 A＋活性乙醇⟶双乙酰＋辅酶 A

③ α-乙酰乳酸的非酶分解

丙酮酸＋活性乙醛⟶α-乙酰乳酸＋双乙酰

④ 2,3-丁二醇氧化为双乙酰

(5) 酚类化合物

在白酒中形成的 4-乙基苯酚等酚类化合物主要与两方面的因素有关，首先是木质容器内的特定成分，其次是原料发酵形成的。

3.3.3.2 果酒的香气

葡萄酒一般分为红葡萄酒、白葡萄酒两大类，二者所采用的制作原料不同，并且表现出不同的颜色。除了上述划分方式之外，还可以分为甜葡萄酒、半甜葡萄酒、半干葡萄酒、干葡萄酒，它们的含糖量是不同的，分别是 50g/L 以上、12～50g/L、4～12g/L、4g/L 以下。

葡萄酒存在花香以及芳香两种香气，二者的形成机制不同，前者主要是在发酵以及陈化过程中形成的，后者则来源于果实自身。其香气特征如下。

(1) 醇类化合物

葡萄酒内的高级醇以异戊醇为主，它们一般是在发酵过程中受到特定微生物的影响而形成的，这对于葡萄酒的风味会产生显著的影响，特别是高级醇的含量以及类型不同时，则容易导致葡萄酒形成不同的风味。另外，其在发酵过程中会形成一定的副产物，代表性的有甘油，这对于风味的影响是显著的。由于在麝香葡萄内存在萜烯类化合物等特殊的成分，以此酿制的葡萄酒将产生特殊的麝香气味。

（2）酯类化合物

葡萄酒内的酯类化合物包括乙酸乙酯、己酸乙酯等类型，含量总体并不高，显著低于白酒，但是高于啤酒。除了存在上述酯类之外，还有 γ-内酯等内酯类，这是导致其呈现出花香的重要原因。目前一般通过 4,5-二羟基己酸-γ-内酯含量来判断其是否发生陈化，主要因为在此过程中该物质的成分会发生显著的变化。

（3）羰基化合物

在葡萄酒内含有较多的羰基化合物，特别是乙醛与乙醇反应之后将产生一定的乙缩醛，这使得其具有了柔和的香气。除了上述成分之外，其所含有的 2,3-戊二酮同样是导致气味变化的重要因素。

（4）酸类及其他化合物

葡萄酒中含有多种有机酸，如酒石酸、葡萄酸、乙酸、乳酸、琥珀酸、柠檬酸、葡糖酸等，含酸总量相对于白酒明显更高，各种酸的含量大小是不同的，相对于其他类型的酸而言，酒石酸的含量更高一些。葡萄酒酿造时，其酸度有降低的现象，主要与多方面的因素有关，例如酒石酸将发生沉淀的现象，具体形式为酒石酸氢钾；同时受到乳酸菌的影响，将出现苹果酸转变为乳酸的现象。另外，对乙基苯酚等酚类化合物的存在，使得葡萄酒呈现出多样化的风味。由于葡萄酒酿造时含有较多的多酚类物质，其表现出一定的苦味，针对此类问题可以通过对生产工艺的调节进行控制，尽可能将多酚物质控制在较低的水平，可以减少苦涩味，保证良好的风味。

葡萄酒之所以表现出一定的甜味，与其内部含有的糖类成分密切相关，同时由于存在酸味以及香味成分，其表现出独特的风味，受到了众多消费者的喜爱。市场中已经有多种类型的葡萄酒，但它们在颜色以及风味等方面有不同之处。其中，白葡萄酒圆滑爽口，澄清透明，酒味清新，受到了众多爱酒人士的喜爱。红葡萄酒则散发出浓郁的花香和酒香，一般呈现为深红色。

3.3.3.3　酱油

在酱油中一般存在醇类、糖类、氨基酸等不同的成分，在制备过程中采用的原料主要是小麦、大豆等，通过酵母等在食盐溶液（18%）发酵以及加热之后即可得到不同风味的酱油产品。正是由于具备了酸类以及醇类等不同的成分，其才能表现为一定的香味，并被应用到了众多美食的制作中。

酱油内含有多种醇类成分，不仅含有乙醇（1%～2%），同时还有一些高级醇类，如丙醇、丁醇、异丁醇、异戊醇、β-苯乙醇等；酱油中约含 1.4%的有机酸，其中乳酸最多，其次是乙酸、柠檬酸、琥珀酸、乙酰丙酸、α-丁酮酸（具有强烈的香气，是重要的香气成分）等；酯类物质有乙酸乙酯、丁酸乙酯、乳酸乙酯、丙二酸乙酯、安息香酸乙酯等；美拉德反应之后得到了 C_1～C_6 的醛类、酮类以及麦芽酚等成分，形成了独特的香气。除了上述因素之外，二甲硫醚、甲硫醇等同样对香味带来了显著的影响。

总之，酱油所表现出的独特风味是在多重因素影响之下形成的，涉及有机酸（酸味）、肽类（鲜味）等。

第4章 风味物质的制备

4.1 概述

食品风味损失是食品加工生产中的一个不可避免的问题。在保证食品安全和营养的基础上，添加风味物质可以改善食品风味，满足消费者的需求。因此，风味物质的制备是未来食品行业发展的重要方向。

风味物质的发现历程漫长而又不断进步，风味物质的分离纯化历程可以追溯到19世纪，化学家们不满足于通过天然资源来获得食品或植物的香气，开始使用科学的方法探究风味物质化学基础。1834年分离出肉桂醛（cinnamaldehyde），为探索风味物质奠定了基础，1855年第一次合成肉桂醛，为风味物质的合成提供了一种新的思路，随后1883年苯乙醛的合成明确了复杂芳香性质的风味物质的合成机制。20世纪60年代以来，人们对风味物质的理论研究进入了一个新阶段，随着气相色谱（GC）、核磁共振（NMR）、气相色谱-嗅闻技术（GC-O）等检测技术的应用，逐步形成了风味物质科学的体系和模型。

风味物质的化学合成始于19世纪，由于从自然资源中获取风味物质的丰富度和稳定性不可控、产量受限和成本昂贵，科学家开始尝试用化学合成的方法来制备风味物质。在这个背景下，许多化学家开始投入到风味物质的研究中，通过化学合成来模拟天然香料、调味品和甜味剂等人工合成风味物质。20世纪，化学合成技术的发展和科技的进步，使得人工合成风味物质成为了一种热门的研究方向，这些化学合成风味物质被广泛应用于食品、饮料、日化等行业，以增强产品的风味特性。在过去的数十年中，随着科学技术的不断发展和完善，风味物质的化学合成也得到了极大的进展，风味物质合成的内在酯化、羧化机制逐渐被揭示，研究人员试图合成更多更优质的风味物质。人工合成风味物质必须符合国家相关的标准和法规，保证产品安全。

风味物质可以通过自然资源提取和人工合成两种方式进行制备。自然资源提取是目前制备风味物质的最主要方式之一。例如，从玫瑰花中提取花中的香气成分，从水果中提炼出果香，从薄荷中提取薄荷脑等。虽然这种方法制备的风味物质来源于自然，有着纯天然、绿色安全等优点，但其提取工艺比较复杂，容易受到环境和污染物的影响，而且产量不可控。因此，研究人员试图通过人工合成的方法制备具有稳定性高、成本低、产量高的风味物质。人工合成风味物质的制备方法根据不同的化学性质和功能需要，主要有化学合成法和生物法。化学合成法是通过将化学原料经过一系列的化学反应合成目标风味物质，生物法则是利用微生物、植物或酶催化制备出一些天然风味物质。

4.2　食品加工过程风味物质产生途径

4.2.1　美拉德反应

美拉德（Maillard）反应又称羰氨反应或非酶褐变反应，是指氨基化合物和羰基化合物之间发生的反应，是食品风味的主要来源之一。通常发生在还原糖与氨基酸、肽链或蛋白质之间，在许多食品中影响其风味、色泽和香气。

在特定加热条件下，还原糖（如核糖和葡萄糖）和含有游离氨基的化合物（如氨基酸、胺、肽和蛋白质）会发生反应，形成一系列美拉德反应产物。图 4-1 显示了美拉德反应的过程，反应通常分为三个阶段：反应的初始阶段是还原糖和氨基酸之间的缩合反应，当体系中存在醛糖，则可形成 *N*-糖基化合物，然后发生重排生成阿姆德瑞（Amadori）重排产物；当体系中存在酮糖，则会形成海因斯（Heyns）重排产物，通过分子内重排形成亚胺化合物 Amadori 重排产物（或 Heyns 重排产物）；中间阶段，从 Amadori/Heyns 重排产物开始，导致糖的裂解产物和氨基的释放；最后阶段，氨基化合物发生各种脱水、裂解、环化和聚合反应，生成许多不同的中间产物，形成一系列芳香化合物，如酮、醛、杂环化合物等。美拉德反应的过程中生成各种具有特定香气的化合物，如肉类、奶茶、焦糖、焙炒坚果等不同食品类型的特色香气成分。

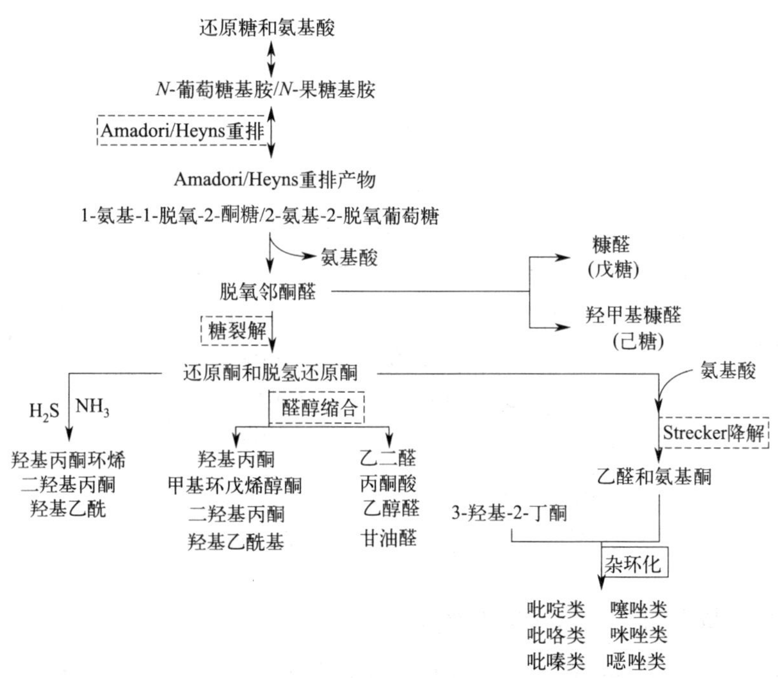

图 4-1　美拉德反应生成风味物质过程

美拉德反应中风味化合物的形成取决于：①糖和氨基酸的类型；②反应温度、时间、pH 值和含水量等因素。一般来说，第一个因素决定形成的风味化合物的类型，而第二个因素影响动力学。例如，与肉类相关的风味化合物主要是含硫化合物，主要来自半胱氨酸和核糖（来自核苷酸），而脯氨酸产生典型的面包、大米和爆米花风味。如表 4-1 所示列举了部分美拉德反应生成的各种反应产物及其风味特性。

表 4-1　美拉德反应生成衍生风味化合物

化合物类别	相关风味/香气	食品示例	备注
吡嗪类	烹饪、烤制、烘烤的谷物风味	一般加热食品	—
烷基吡嗪类	坚果、烘焙风味	咖啡	—
烷基吡啶	绿色、苦味、涩味、焦味风味	咖啡、大麦、麦芽	一般认为不愉快
酰基吡啶类	类似饼干风味	谷物制品	
吡咯类	类似谷物风味	谷物、咖啡	
呋喃类、呋喃酮类、吡喃酮类	甜味、焦味、刺激性、焦糖味风味	一般加热食品	
噁唑类	青草味、坚果味、甜味风味	可可、咖啡、肉类	
噻吩类	肉味	加热肉类	典型的加热肉类，由核糖和半胱氨酸形成

4.2.1.1　初始阶段——风味前体物质形成

还原糖与氨基酸之间羰基和氨基进行亲核加成，形成 α-氨基糖酮或 α-氨基糖醛中间体，与此同时结合产物会迅速失去一分子的 H_2O 转化为亚稳定化合物（席夫碱）。醛糖和酮糖中间体进一步重排和异构化为 1-氨基-1-脱氧-2-酮糖（Amadori 化合物）和 2-氨基-2-脱氧-1-醛糖（Heyns 化合物），但这些反应不会产生风味物质，而是产生非挥发性风味物质的前体物质，过程如图 4-2 所示。

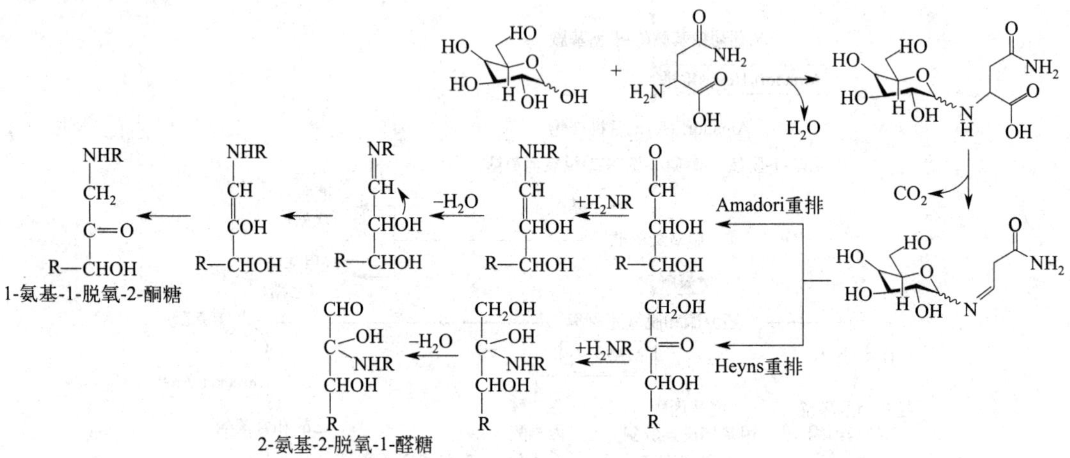

图 4-2　美拉德反应的羰基和氨基结合、Amadori 和 Heyns 重排

4.2.1.2　高级反应阶段——风味物质形成

随着反应的进行，缩合反应变得更加复杂多样。Amadori 化合物和 Heyns 化合物等中间体不再只是参与单纯的亲核反应，而是涉及多种反应类型，包括加成、杂化、分子重排、氧化还原、水解等反应。这一系列反应在进一步的美拉德反应中发挥着关键作用，如加成反应导致结构的复杂化；杂化反应生成亲核试剂、亲电试剂和自由基；分子重排使得产物之间相互转化，这一阶段会产生醛类、糠醛、呋喃酮等羰基化合物（图 4-3）。

在此阶段脱氧糖酮脱水生成呋喃类风味化合物，例如鼠李糖在美拉德反应初级阶段形成

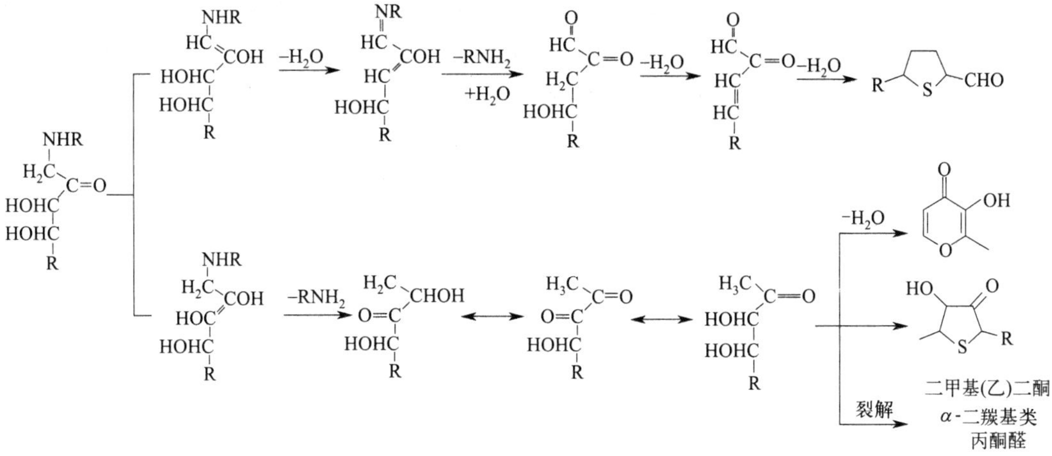

图 4-3　美拉德反应的羰基化合物生成阶段

1-脱氧糖酮，接下来转化为 1,6-二脱氧糖酮，其再脱水转化为 4-羟基-2，5-二甲基-3（2*H*）-呋喃酮（HDF）；麦芽糖通过 1-脱氧糖酮转化为麦芽酚（图 4-4）。

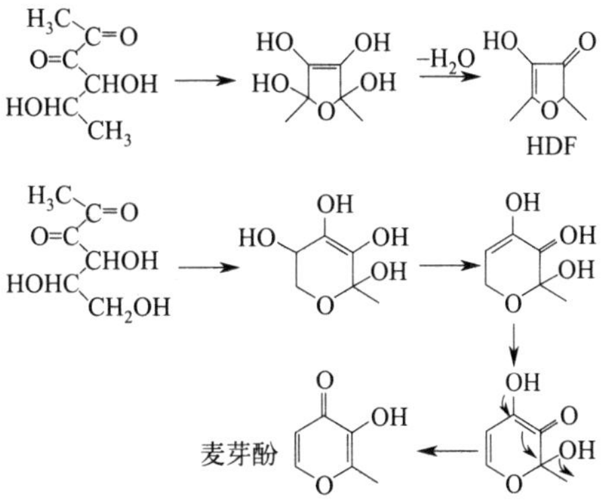

图 4-4　脱氧糖酮脱水形成 HDF 和麦芽酚

4.2.1.3　氨基酸的 Strecker 降解

氨基酸的 Strecker 降解是美拉德反应在氨基酸上的重要反应，热反应体系下 α-二羰基化合物与氨基酸反应，如图 4-5 是半胱氨酸的 Strecker 降解及热降解，氨基酸的羰基结合氨基酸的氨基形成脱氢肽键，氨基酸氧化脱羧生成比原来氨基酸少一个碳原子的醛，生成的醛类化合物与 α-二羰基化合物结合，经过缩合反应，生成具有特定结构的吡嗪类化合物。

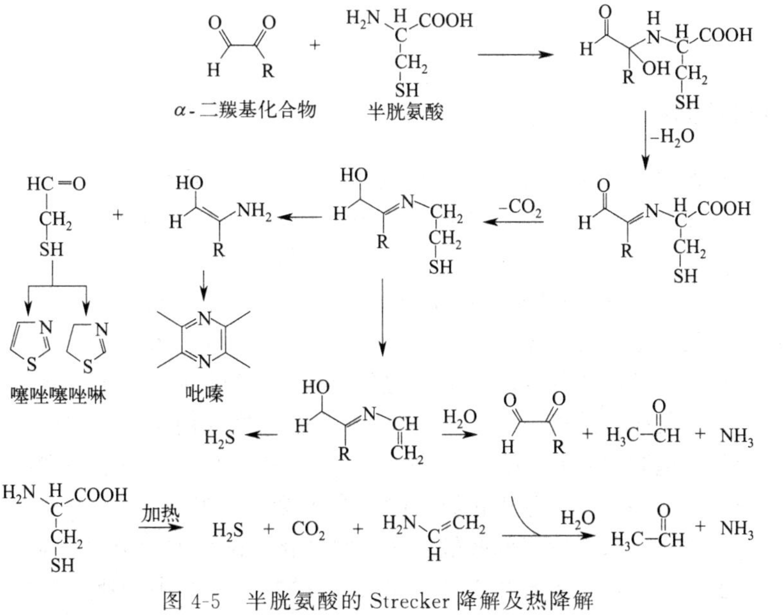

图 4-5　半胱氨酸的 Strecker 降解及热降解

通过构建美拉德反应体系制备风味化合物，例如在加热的半胱氨酸-木糖甘氨酸体系制备噻吩类风味化合物，不同化合物的反应过程如图 4-6 所示。1-脱氧戊酮通过还原生成 2-甲基四氢噻吩-3-酮，3-脱氧戊酮糖通过环化和脱水生成呋喃，糠醛和硫化氢（H_2S）反应生成 2-呋喃硫醇，糠醛还原后可生成 2-甲基呋喃。2,3-戊二酮与 H_2S 反应后，可生成 3-巯基-2-戊酮。类似地，在用 H_2S 环化和脱水后，形成 3-噻吩硫醇，并进一步通过脱水和还原形成 2-乙基噻吩；当芳构化发生时，形成 2,5-二甲基噻吩。

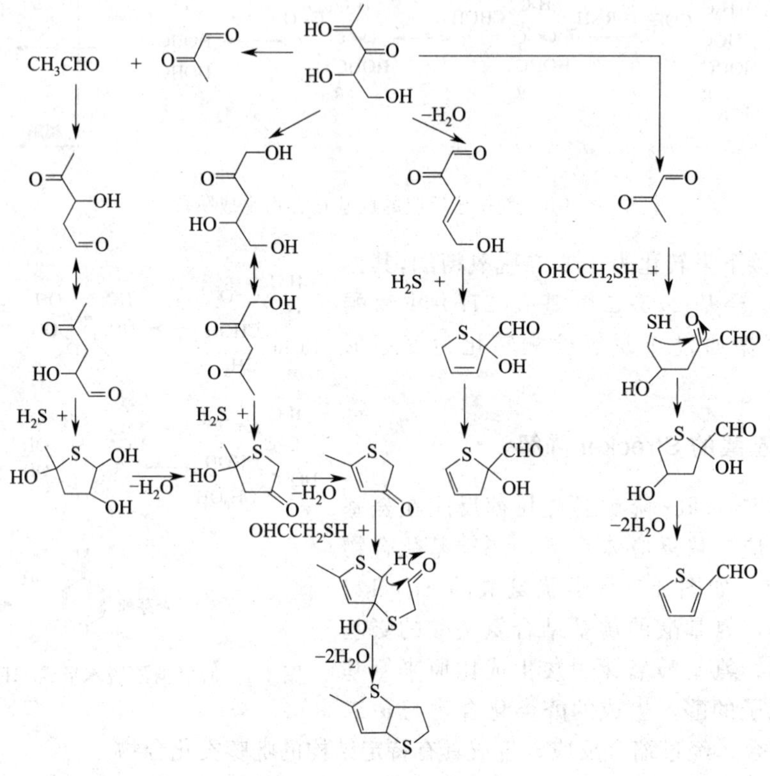

图 4-6　木糖-甘氨酸美拉德反应体系生成噻吩类化合物路径

4.2.2　脂肪酸降解

脂质的酶促降解过程是风味化合物形成的重要途径。脂氧合酶（LOX）是参与酶促氧化的主要酶，大量存在于各种植物、动物和鱼类中。如图 4-7 是植物亚麻酸酶促氧化过程，脂氧合酶将游离脂肪酸从酰基甘油中释放出来，脂肪氧化酶通过链内氧化、α-氧化和 β-氧化产生挥发性物质。LOX 促进羟基和环氧脂肪酸的生成，并参与形成多官能团的脂肪酸。β-氧化过程导致脂肪酸在重复的 β-氧化中完全降解，然而，α-氧化似乎仅限于长链脂肪酸，并使其缩短不超过 C_{12} 链长，这些反应的中间物和产物可以被代谢，形成若干化学类别的挥发物，如直链醇、醛、羧酸、酯或酮类。LOX 是脂质氧化途径的重要组成部分，在植物中把不饱和脂肪酸转化为饱和和不饱和的挥发性 C_6-、C_9-醛和醇，这是水果和蔬菜的风味的主要来源之一。例如，C_6-醛、C_6-醇和它们的酯被命名为“绿叶挥发物”，是叶子被压碎时产生独特香味的主要物质；果蔬中亚麻酸被脂氧合酶氧化，随后发生裂解反应，在黄瓜中产生反式-2，顺式-6-壬二烯醛，在番茄中产生反式-2-己烯醛；鱼类中的脂氧合酶可与脂肪酸发生反应，产生顺式-4-庚烯醛和 2,4,7-癸三烯醛异构体，从而产生腥味。脂质的酶促氧化形成氧化产物，为食品提供了丰富的风味来源。

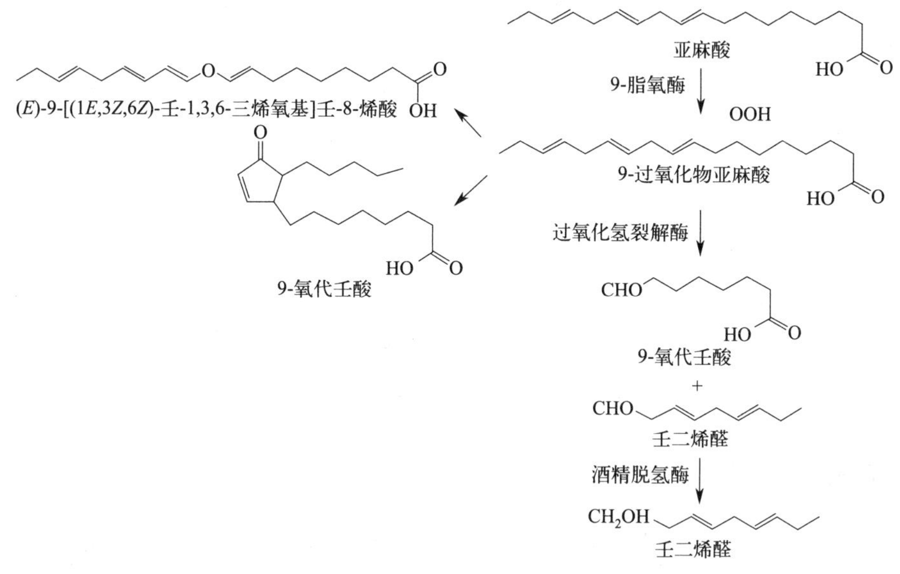

图 4-7　植物亚麻酸酶促氧化过程

脂质的非酶氧化也是风味物质的主要来源，氧化的脂质可分为三酰甘油和磷脂。三酰甘油由饱和脂肪酸和甘油组成，而磷脂则由较高含量的不饱和脂肪酸组成。由于不饱和脂肪酸的存在，β-裂解通常会产生较短的烷烃链。脂质氧化降解发生时，首先从脂肪酸分子中减去一个质子，形成一个烷基自由基，该自由基在氧化过程中形成过氧自由基，进一步从另一个脂肪酸分子中去除质子，形成链式反应，中间的脂肪酸自由基进一步氧化后形成不稳定的氢过氧化物，β-裂解后产生醛、酮、烷和醇，这些化合物会产生特定的风味物质。例如，亚油酸在氧气的作用下会产生 9-氢过氧化物和 13-氢过氧化物，并最终产生各种挥发性物质，包括 2,4-癸二烯醛、2-辛烯醛和己醛等，通过氢过氧化物产生的烷氧自由基导致 C—O 键裂解（图 4-8）。

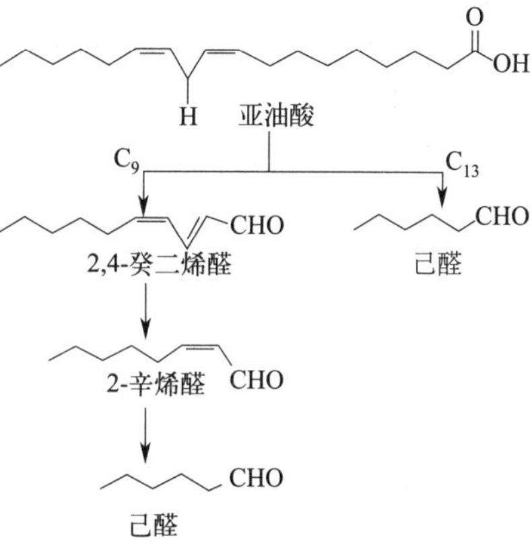

图 4-8　亚油酸自氧化过程

脂质氧化降解产物与美拉德反应生成的氨基酸氨基发生反应，在热诱导下促使油脂氧化，从而产生大量的反应性长碳链羰基化合物，如醛和酮等，这些羰基化合物极易与美拉德反应产生的氨基或胺类化合物反应。其中，杂环芳香化合物含有 4 个或更多碳的侧链 R 基团，这些基团的潜在来源就是脂质氧化降解产物。如 2,4-癸二烯醛是一种典型的脂肪降解产物，含有共轭的二烯醛部分，可以和硫化氢及氨发生迈克尔（Michael）加成反应，形成中间体，最终形成嘧啶、噻吩以及其他含硫和含氮的杂环化合物，最常见的就是脂质（亚油酸）和美拉德反应副产物的相互作用形成 2-戊基吡啶（图 4-9）。

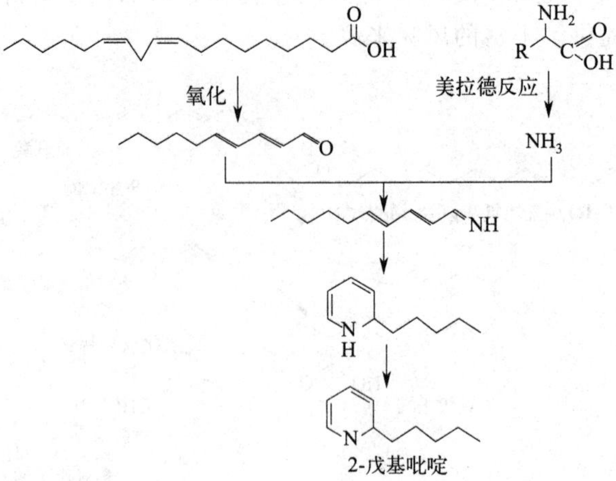

图 4-9　脂质-美拉德反应副产物相互作用生成 2-戊基吡啶

4.2.3　硫胺素降解

硫胺素（维生素 B_1）在热降解过程中会产生多种硫化合物，如硫醇、硫化物和二硫化物，这些低浓度的化合物对肉的香味有很大的影响。2-甲基-3-呋喃硫醇和 2/3-巯基-3/2-戊酮是硫胺素降解过程中产生的重要挥发性物质，如图 4-10 显示了硫胺素经由 5-羟基-3-巯基-2-戊酮形成 2-甲基-3-呋喃硫醇的降解途径。值得注意的是，这些硫化合物也可能来自其他途径，例如半胱氨酸和核糖之间的 Maillard 反应、含硫氨基酸的 Strecker 反应以及它们之间的相互作用。

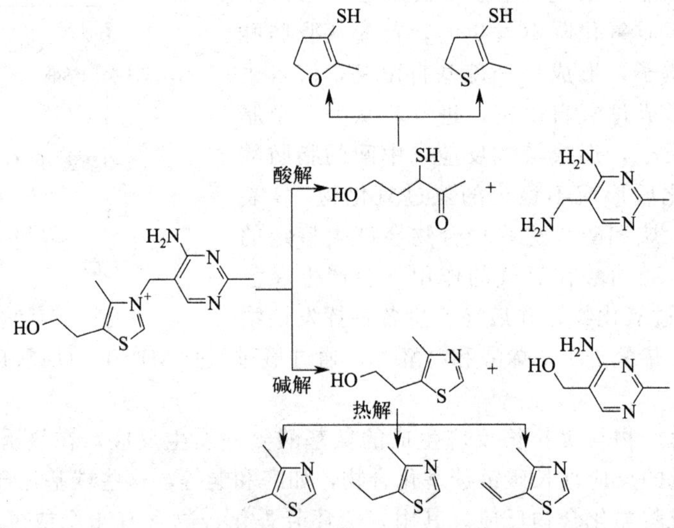

图 4-10　硫胺素降解生成含硫类风味物质

4.3　风味物质的制备

风味化合物有很多种类，它们可以根据化学结构和官能团进行分类。表 4-2 是一些主要的风味化合物种类。

表 4-2　风味物质的主要种类

种类	分类	种类	分类
烷烃	直链烷烃	酯	多元醋酸酯
	支链烷烃		芳香酯
	环状烷烃		环状酯
	烷基卤代物	醚	脂肪醚
醇	一元醇		芳香醚
	二元醇		螺环醚
	多元醇		环氧醚
	萜醇与萜醇酚	杂环类	噁唑类
醛	脂肪醛		呋喃类
	芳香醛		噻吩类
	环烷醛		嘧啶类
	乙缩醛		氮杂环类
酸	脂肪酸	酸酐	环己酸酐
	氨基酸		香橙酸酐
	成环二酸		邻苯二酸酐
	芳香酸		顺酐
酯	脂肪酸酯		丁二酸酐

4.3.1　烷烃类风味化合物

4.3.1.1　烷烃类风味化合物的风味特征

烷烃类风味物质是一类由碳和氢原子组成的简单有机化合物，广泛存在于各种食物中，因其密度均低于水，所以通常是具有挥发性的，能够快速带来特定的香气。烷烃类风味化合物的碳骨架为饱和直链（线性或分支链）或环状结构，没有其他官能团。烷基（—C_nH_{2n+1}）是烷烃类化合物的基本结构单元，烷烃类风味化合物的风味强度相对较弱，对风味的贡献度微乎其微，通常在较高浓度下才能分辨出香气。短链烷烃化合物有时具有油膜油脂般的气味，而长链烷烃化合物则呈现出较弱的蜡状气味。不饱和烷烃化合物具有特殊气味，例如，辛烷具有类似汽油的味道，2,4-二甲基庚烷具有类似糖果的甜味（图 4-11）。

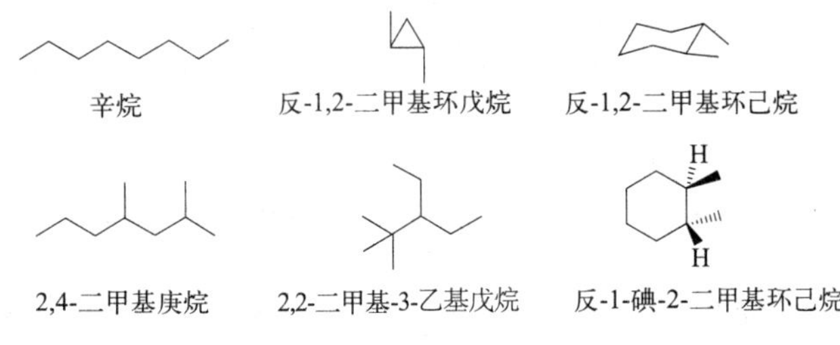

图 4-11　烷烃类风味物质代表

4.3.1.2　萜烯类风味化合物的风味特征

烷烃类化合物中类异戊二烯化合物最为重要，类异戊二烯化合物又称萜烯类化合物或萜类化合物，是一类包含多个异戊二烯或类似异戊二烯结构单元的有机化合物。其结构复杂多样，包含 5 万多种结构不同的化合物，包括单萜烯、双萜烯、三萜烯、息萜烯和聚萜烯，具

体的包括 C_5 半萜、C_{10} 单萜、C_{15} 倍半萜和 C_{20} 二萜等（图 4-12）。

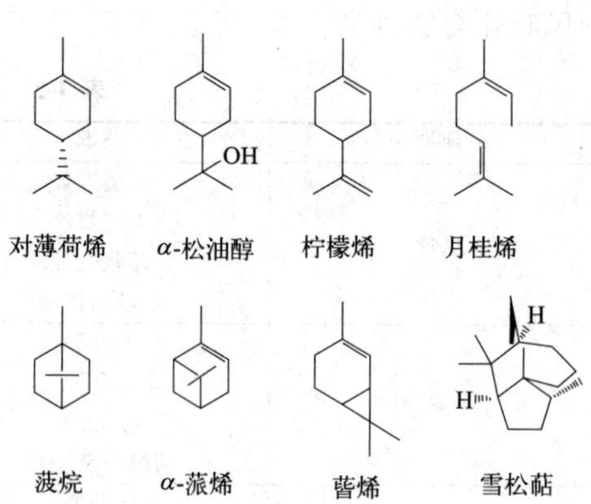

图 4-12 萜烯类化合物或萜类化合物风味物质代表

4.3.1.3 萜烯类风味化合物的合成路线

（1）植物源类萜类化合物的合成途径

植物源类萜类化合物主要通过两条合成途径产生（图 4-13），甲羟戊酸途径（MVA 途径）和 2-*C*-甲基-D-赤藓糖醇-4-磷酸途径（MEP 途径），这两条途径生成了类萜合成的两个关键前体分子：异戊烯基焦磷酸（IPP）和二甲基烯丙基二磷酸三铵盐（DMAPP）。MVA 途径：主要在细胞质和质体中发生。首先是通过乙酰辅酶 A（acetyl-CoA）合成羟甲基戊二酰辅酶 A（HMG-CoA），再通过减酸酯酶的连续催化，将产物分解成异戊烯基焦磷酸（IPP）。异戊烯基焦磷酸异构酶（IDI）把 IPP 中的二烯键进行异构化转化为 DMAPP。MEP 途径：主要在质体中发生。2-*C*-甲基-D-赤藓糖醇-4-磷酸途径的起点是 1-脱氢-赤糖酸（GDP），通过脱氧木酮糖-5-磷酸在解酸二磷酸内来源合成，一系列酶催化反应将 GDP 转化为 IPP 和 DMAPP。IPP 和 DMAPP 在这两个途径产生后，它们进一步通过种类繁多的酶生成多种类型的类萜化合物。根据类萜单位的个数，类萜可以分为：单萜烯、倍半萜烯、倍半双萜烯、三萜烯和四萜烯等。这些类萜骨架在形成之后，会经历一系列酶催化反应的修饰，这些修饰包括环化、异构化、氧化、还原、甲基化和糖基化等。通过这些反应，植物中最终生成了多种具有广泛生物活性以及生态功能的类萜类化合物。植物源类萜类化合物代谢路径的确定，也为萜类化合物的生物合成提供了思路。

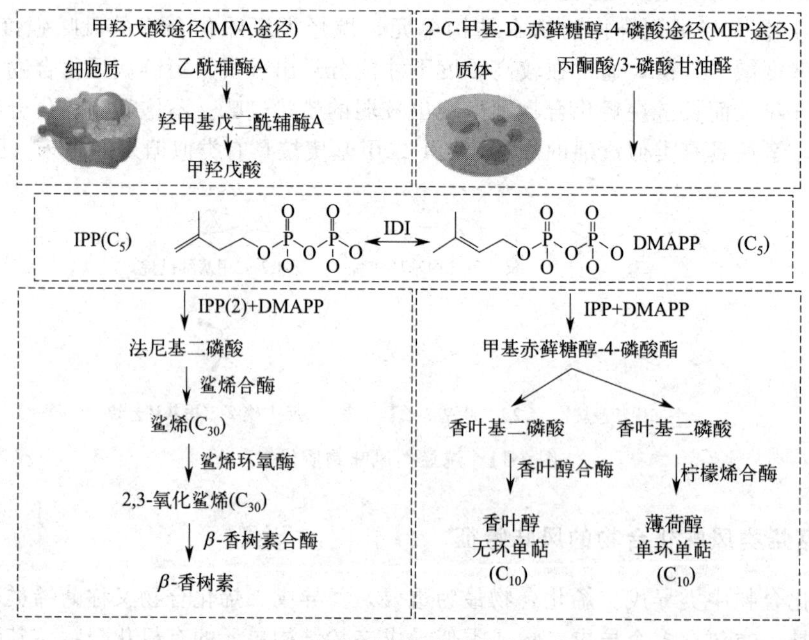

图 4-13 植物源萜类的生物合成途径

（2）单萜类萜类化合物的微生物合成途径

单萜合成通常使用生物法，以香叶基焦磷酸（GPP）为底物，通过微生物（酿酒酵母）甲羟戊酸代谢途径转化为目标底物。目前，利用代谢工程手段通过酿酒酵母实现单萜类化合物的高效便捷生产，图 4-14 是酿酒酵母通过甲羟戊酸代谢合成单萜代谢途径。

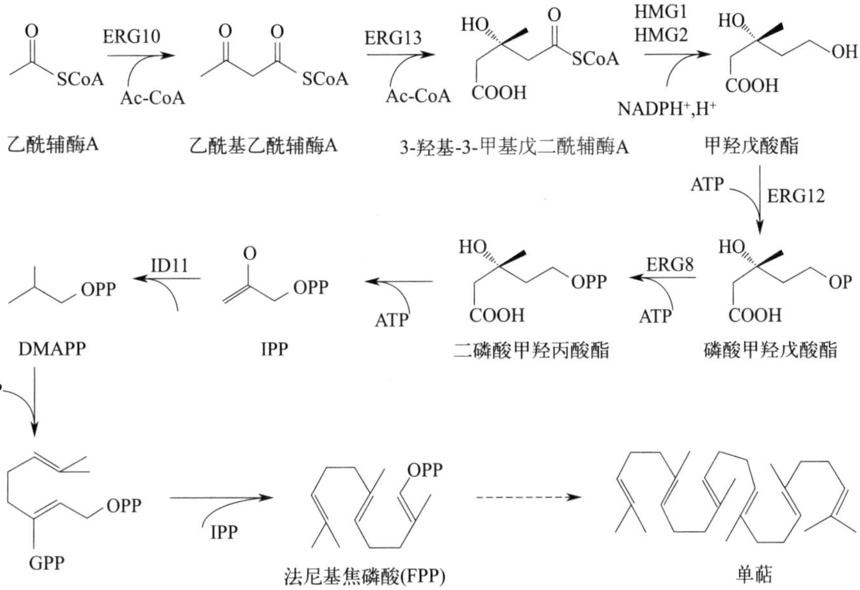

图 4-14　酿酒酵母通过甲羟戊酸代谢合成单萜代谢途径

ERG10—乙酰基乙酰辅酶 A 硫解酶；ERG13—HMG-CoA 合成酶；HMG1，HMG2—HMG-CoA 还原酶；ERG12—甲羟戊酸激酶；ERG8—磷酸甲羟戊酸钠激酶；IDI1—异戊烯二磷酸异构酶；IPP—异戊烯基焦磷酸

（3）松油醇的化学合成途径

α-松油醇（α-terpineol）是一种典型的单萜烯醇类化合物，具有特殊的芬芳气味，其独特的香气表现为花香、柑橘香和松木香，其具有杀菌作用，广泛应用于香料、防腐等领域。α-萜醇主要通过化学和生物方法合成，生物法利用 α-萜烯合酶或萜类化合物对照基因重组植物体系，通过代谢工程和生物催化合成 α-松油醇。化学法目前较为成熟，主要通过一步法蒎烯水合制备 α-松油醇，松节油在 H_2SO_4、H_3PO_4 等无机酸的催化下水合生成水合萜二醇，水合萜二醇脱水生成 α-松油醇（图 4-15）。

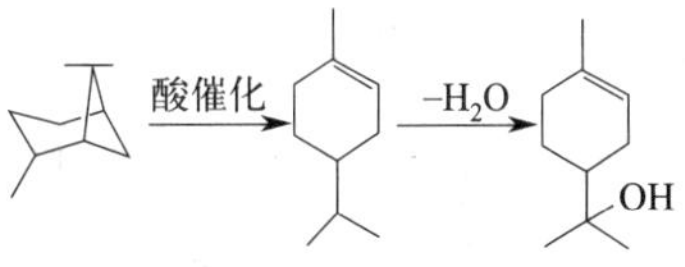

图 4-15　α-松油醇一步法水合反应过程

一步法合成 α-松油醇简单快速，但可能产生多种亚结构同分异构体（如 γ-萜醇等）副产物。图 4-16 是 α-松油醇的两步法水合反应过程。在实际生产中发现两步法合成 α-松油醇，第一步，将 α-松油醇在过氧化氢和酸性共催化剂（如硫酸）的作用下，通过自由基氧化机制转化为附生氨基羟基萜烯类中间体，如 α-双羟萜烯。然后，在酸性条件下，对 α-双羟萜烯进行环内质子转移，打开环状醚键，使环内氢过氧化物弯头形成甲烯基，最终形成 α-松油醇化合物。两步法通常具有较高的产率和选择性，能够较好地控制生成物的生成率与副产物的产率，但其操作较为繁琐，可能涉及多个过渡态与中间体，但其中间体可进一步催化合成萜二醇类、其他结构松油醇和桉叶素等风味物质。

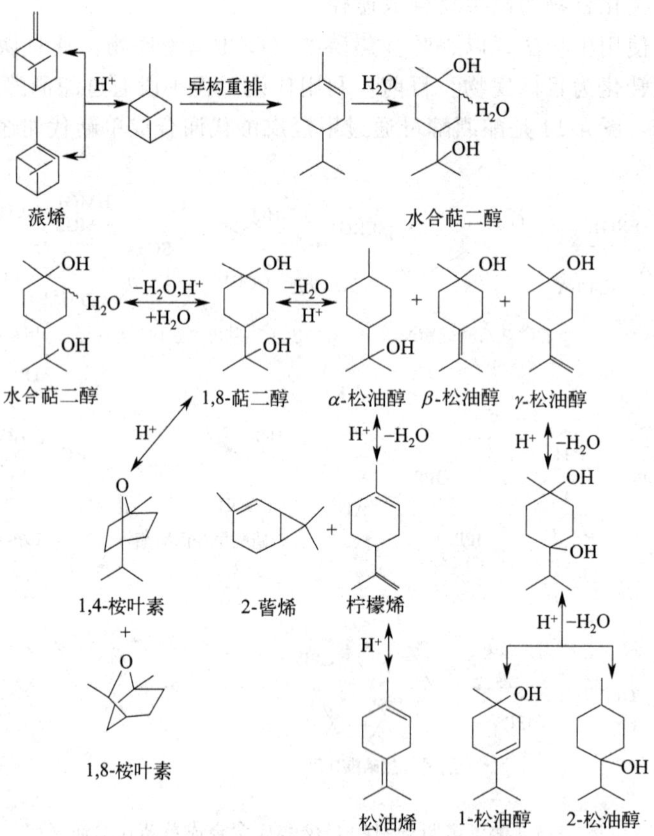

图 4-16 α-松油醇的两步法水合反应过程

4.3.2 醇类风味化合物

4.3.2.1 醇类风味化合物的风味特征

醇类风味化合物是一类具有羟基（—OH）官能团的有机化合物，可能含有一个或多个羟基（—OH），饱和或不饱和碳链，因此，其结构可以是线性、分支链或环状结构。根据碳骨架的结构和羟基的数量，醇类风味化合物可以分为一元醇、二元醇、三元醇等。一元醇具有一个羟基，二元醇具有两个羟基，以此类推。

醇类风味化合物具有多种风味类型，如酒精香、果香、花香等。不同类型的醇类化合物具有不同的风味强度和香味。例如，乙醇具有酒精味，而丁醇则具有清爽的果香味。醇类风味化合物中，结构对其风味影响最大的部分是羟基（—OH）官能团。羟基的数量、位置、构型、手性以及其他官能团的存在，都对醇类风味化合物的香气、风味和口感产生影响。具体来说，醇类化合物中羟基数目与其风味呈正相关。例如，乙醇和异丙醇都有浓重的酒精味，但异丙醇的酒精味要比乙醇强，因为后者只含有一个羟基，而前者含有两个羟基。醇类化合物中羟基的位置也会影响酒精味的浓淡程度。一元醇中，羟基被连接在碳骨架的端部，因此对香气和风味的影响较大。另外，同一分子内，只有同种或相似羟基的协同出现才能产生更丰富的芳香或风味。对于二元醇和三元醇，它们内部羟基的构型会对香气和口感产生影响。这些化合物的不同构型所形成的分子呈现出不同的风味特征，尤其在有着多个不同手性的羟基时尤为显著。一般来说，醇类风味化合物具有一定的挥发性，其中低分子量的醇具有较高的挥发性，容易传播，同时也意味着它们的风味并不持久。

醇类风味化合物因含有极性官能团，具有一定的溶解性，可在水中以及多种有机溶剂中溶解。但其化学稳定性较差，醇类风味化合物在一定条件下易氧化为相应的醛、酮或酸。因此，需要注意其在生产和储存过程中的稳定性（图 4-17）。

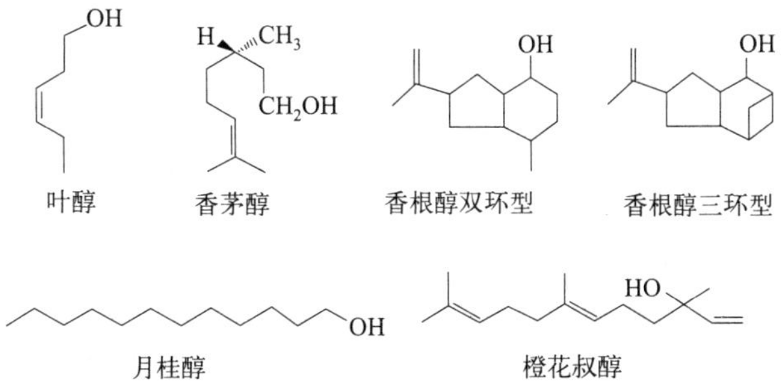

叶醇　香茅醇　香根醇双环型　香根醇三环型

月桂醇　橙花叔醇

图 4-17　醇类风味物质代表

4.3.2.2　醇类风味化合物的合成路线

（1）发酵法合成醇类的技术路线

自古以来，人们就懂得利用发酵生产醇类物质。历史上《齐民要术》记载禾本科植物中酿造酒的方法，体现了古人最早生产醇类物质的智慧。关于通过发酵生产醇的理论基础，可以追溯至 19 世纪，当时提出了葡萄糖的酵解产生酒精这一化学反应。随后，通过进一步的研究发现，不仅葡萄酒中含有酒精，而且也可以利用其他植物素材，如玉米、大米、甜菜、苹果等进行酒精酿造。20 世纪起，随着生物学和微生物学研究的不断深入，使得发酵生产醇类物质更加高效、有序。此外，在现代工业和高科技的驱动下，醇类产业也得到了快速发展。

乙醇是生活中最常见的醇类物质，最常见的是发酵法制备。发酵法是在酿酒的基础上发展而来的，在相当长的一段时期内，作为生产乙醇的唯一工业方法。其过程是将含糖或含淀粉的植物物料等原料进行破碎、混合，利用糖化酶进行糖化处理，与微生物（如酵母）接种，进行发酵反应。在无氧条件下，微生物将糖分解产生乙醇和二氧化碳，最终采用蒸馏、膜分离等方法进行浓缩与提纯，制得高纯度的乙醇产品，如图 4-18 是乙醇的发酵合成路径。

$$(C_6H_{10}O_5)_n + nH_2O \xrightarrow{\text{糖化酶}} nC_6H_{12}O_6$$

$$C_6H_{12}O_6 \xrightarrow{\text{酵母菌}} 2CH_3CH_2OH + 2CO_2$$

图 4-18　乙醇的发酵合成路径

但在醇类化合物中，高级醇（三个碳原子以上一元醇的混合物）类物质是构成食品风味的特殊微量物质，在酒类食品中具有较高含量，包括乙醇、异戊醇和正己醇等，如表 4-3 所示。

表 4-3　发酵醇类化学结构和气味特征

代表醇类	结构简式	气味特征
乙醇	CH_3CH_2OH	酒香和刺激气味
正丙醇	$CH_3CH_2CH_2OH$	与乙醇有相似的香味
异丁醇	$(CH_3)_2CHCH_2OH$	刺激性气味
正丁醇	$CH_3CH_2CH_2CH_2OH$	茉莉香气味
仲丁醇	$CH_3CH_2CH(OH)CH_3$	较强芳香味

续表

代表醇类	结构简式	气味特征
异戊醇	$(CH_3)_2CHCH_2CH_2OH$	典型醇类味
正戊醇	$CH_3(CH_2)_4OH$	略有奶油味气味
2-甲基-1-丁醇	$CH_3CH_2CH(CH_3)CH_2OH$	似异戊醇香味，带汗臭味
正己醇	$CH_3(CH_2)_5OH$	芳香味，似椰子

(2) 高级醇合成的代谢途径

高级醇的代谢主要有两种途径，分别是氨基酸降解途径（Ehrlich 途径）和糖代谢合成途径（Harris 途径）。Ehrlich 途径是氨基酸代谢合成高级醇的过程，在该途径中氨基酸首先被脱羧酶作用生成对应的羧酸，羧酸再被脱羧酶作用产生酰基辅酶 A 并释放出 CO_2，酰基辅酶 A 与醛在选择性的反应下，生成相应的酯类化合物，即高级醇。例如，苏氨酸可降解生成正丙醇，缬氨酸可降解生成异丁醇，亮氨酸可降解生成异戊醇，苯丙氨酸可降解生成 β-苯乙醇等。Harris 途径是葡萄糖经糖酵解生成丙酮酸，在一系列酶的作用下，生成多种高级醇的过程（图 4-19）。

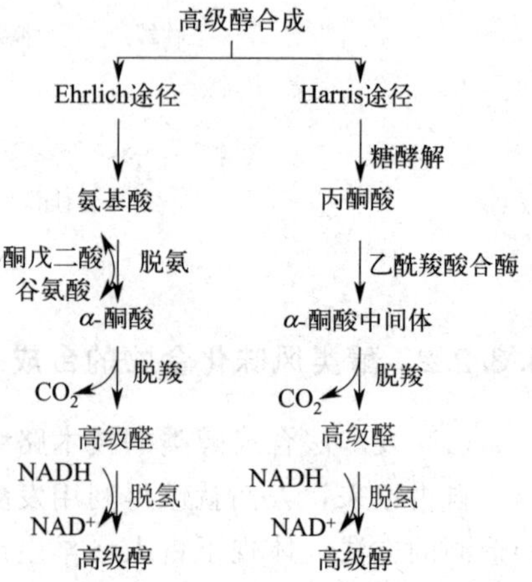

图 4-19　高级醇代谢形成机制

微生物的 Ehrlich 途径和 Harris 途径具有先后选择性，当体系中可同化氮源较多时（如蛋白质含量较高），糖代谢合成途径受到抑制，通过氨基酸降解代谢途径生成的高级醇较多；当可同化氮源不足时，氨基酸降解代谢途径相关酶活性被抑制，糖代谢合成途径代谢流被增强，促进更多的糖类转化为高级醇，这种情况在白酒发酵过程中尤为明显。

(3) 化学法合成醇类的技术路线

羧酸的氢化是合成醇的重要有机反应，因此选择性地将羧酸氢化为醇是醇类风味物质合成的重要途径。酯类通过与氢之间的反应，选择性地切断与羰基相邻的 C—O 键，生产醇类化合物，也是醇类生成的重要途径（图 4-20）。

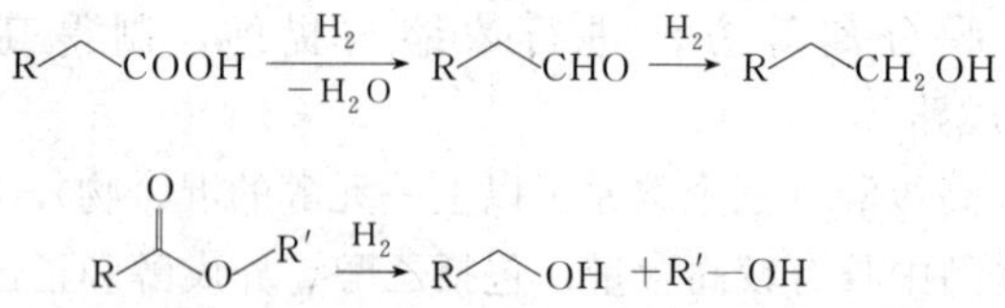

$$\mathrm{R\diagup\!\!\diagdown COOH \xrightarrow[-H_2O]{H_2} R\diagup\!\!\diagdown CHO \xrightarrow{H_2} R\diagup\!\!\diagdown CH_2OH}$$

$$\mathrm{RC(=O)OR' \xrightarrow{H_2} R\diagup\!\!\diagdown OH + R'{-}OH}$$

图 4-20　羧酸和酯类加氢合成醇类机制

环氧化物催化加氢还原为醇是有机反应中的一种重要反应类型，催化加氢是通过加氢过程中的催化剂加速环氧化物分子中的环氧开环反应，还原生成相应醇的过程。其中，催化剂在反应中发挥核心作用，催化剂有助于加氢在较低温度、较低压力下进行，降低反应的活化能。具体来说，金属催化剂如钯、铂、铑、钌等与氢气结合，形成能吸附氢原子的活性金属表面。在金属催化剂表面氢的作用下，环氧化物的氧原子吸附氢原子，形成含氧氢键的中间体。此时环氧烷环被打开，环氧化物中的碳与氧之间的键断裂，形成碳-氢键。当环氧烷环完全打开后，中间生成的醇就能从催化剂表面脱附，生成最终的醇产物。生成物脱附后，催化剂表面腾出位置，可以重新吸附加氢气体。这一过程循环进行，使催化剂得到再生，继续促进加氢反应。这种方法可以实现高效、选择性地将环氧化物转化为具有实际应用价值的醇类物质。由于催化剂的作用，反应中产生的副产物减少，环氧化物催化加氢还原为醇的高效、绿色方法显得尤为重要（图 4-21）。

脂肪醇是一类重要的醇类，主要通过脂肪酯的氢化化学合成，已经开发出了用于将脂肪酯转化为醇的有效的均相和非均相催化剂，Cu 基和 Ni 基的非均相催化剂已在工业中得到应用。从甘油三酯生产醇的另一种可能途径是通过形成羧酸，即甘油三酯脱甘油、水合成脂肪酸，然后脂肪酸氢化生成醇类（图 4-22）。

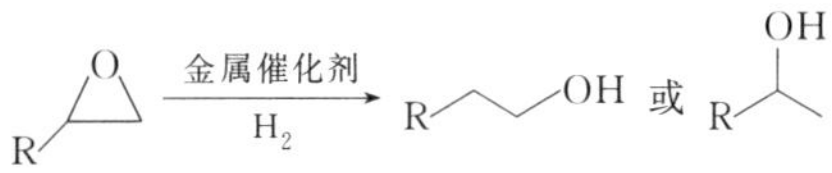

图 4-21　环氧化物催化加氢合成醇类机制

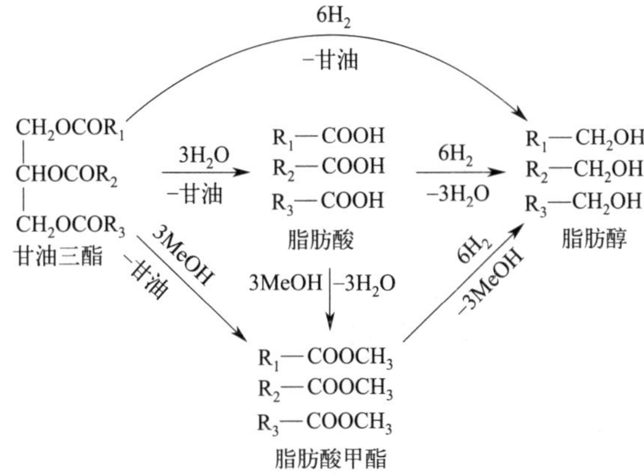

图 4-22　甘油三酯合成脂肪醇的技术路线

4.3.2.3　薄荷醇的风味特征

薄荷醇（menthol）是一种单萜类化合物，其分子式为 $C_{10}H_{20}O$，图 4-23 是薄荷醇的异构体。薄荷醇具有一个环状羟基和一个异戊烯基。薄荷醇的化学结构使它具有光学活性，存在多种异构体，其中 D-薄荷醇和 L-薄荷醇最为常见。薄荷醇具有清凉的感觉和强烈的薄荷香气，这种清凉感和草本香气使薄荷醇成为食品、饮料、口腔护理产品等领域中广泛应用的风味化合物。薄荷醇不仅可以从薄荷植物中提取，还可以通过化学合成等方法进行大规模生产。

4.3.2.4　薄荷醇的合成路线

最早合成薄荷醇以月桂烯为原料，经过胺化得到香叶胺，香叶胺再在手性配体的存在下，经过不对称氢转移的重排得到中间产物手性烯胺，该产物经过水解可得到手性香茅醛，香茅醛再经过路易斯酸闭环氢化即得到手性 L-薄荷醇（图 4-24）。

该方法存在一些不足，例如胺化过程中需大量二乙胺，而香茅醛环化制备异薄荷醇过程中对溴化锌的需求量很大，且需要严格控制体系中的水含量。以柠檬醛为原料，吡咯烷首先与柠檬醛结合生成烯胺中间体，该中间体再经活性较弱的钯-硫酸钡（$Pd/BaSO_4$）催化氢化得到手性香茅醛；此外，还可以铑与 chiraphos［2,3-双(二苯基膦)丁烷］配体形成的化合物为手性催化体系催化还原香叶醛生成香茅醛，如图 4-25 所示。然后，通过图 4-24 所示月桂烯催化合成 L-薄荷醇。

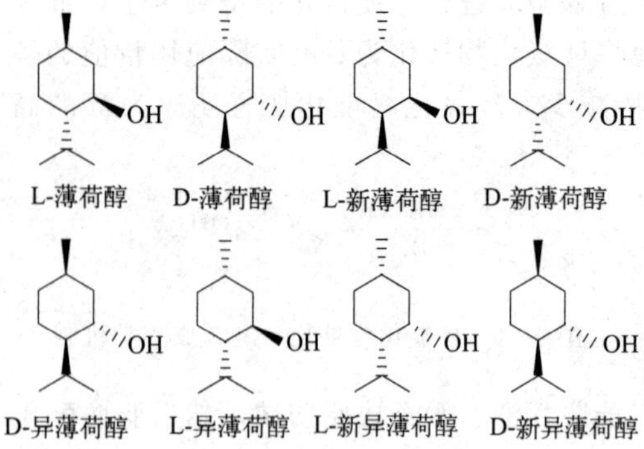

OH
L-薄荷醇
D-薄荷醇
L-新薄荷醇
D-新薄荷醇
D-异薄荷醇
L-异薄荷醇
L-新异薄荷醇
D-新异薄荷醇

图 4-23　薄荷醇的八种异构体

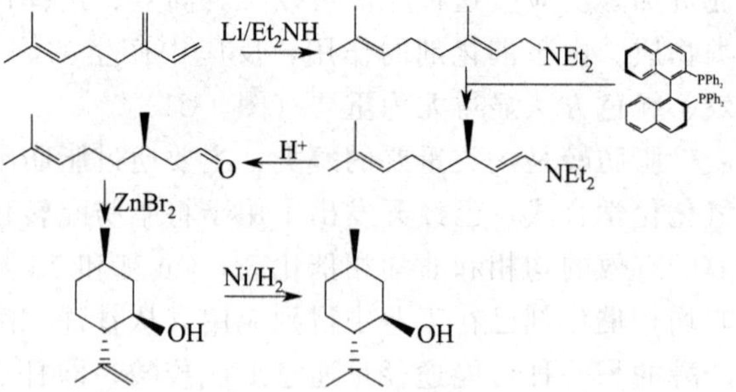

Li/Et2NH
NEt2
PPh2
PPh2
H+
O
ZnBr2
OH
Ni/H2
OH

图 4-24　月桂烯催化合成 L-薄荷醇技术路线

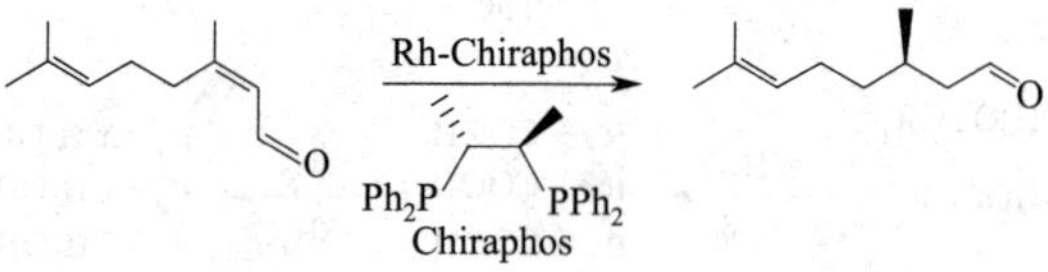

Rh-Chiraphos
O
Ph2P
PPh2
Chiraphos
O

图 4-25　柠檬醛催化合成 L-薄荷醇前体香茅醛技术路线

通过化学方法合成的薄荷醇会出现手性和异构体，另一种思路是对化学合成的薄荷醇先进行酯化反应生成苯甲酸薄荷酯，随着中间体分子量的增大导致薄荷醇手性的异构体在酯化物中得以区分，再通过纯化的 L-苯甲酸薄荷酯进行诱导，即可纯化左旋苯甲酸薄荷酯高含量的晶体，然后对晶体进行再次结晶，可得到高纯度（高于 99%）的 L-苯甲酸薄荷酯，最终水解得到产品纯化后的 L-薄荷醇（图 4-26）。

OH
O
OH
手性诱导拆分
水解
OH

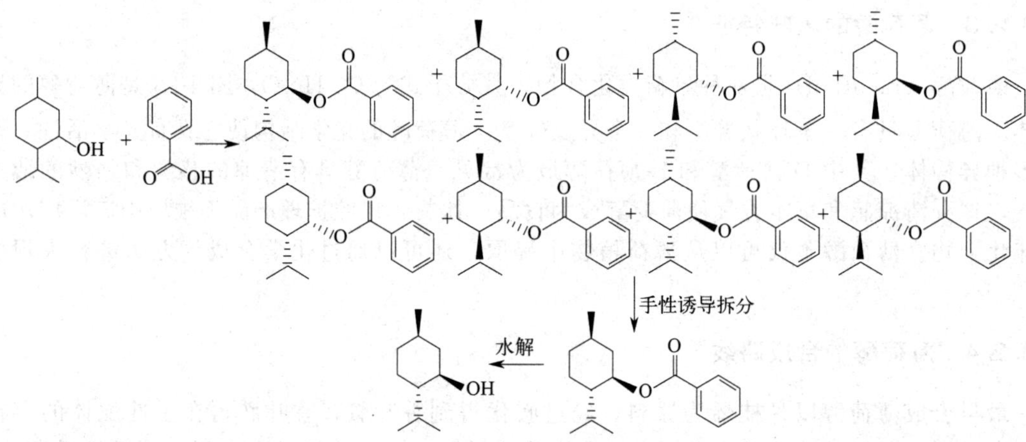

图 4-26　薄荷醇手性和异构纯化路线

4.3.3　醛类风味化合物

4.3.3.1　醛类风味化合物的风味特征

醛类风味化合物是一类具有醛基（—CHO）官能团的有机化合物，它们可以含有饱和或不饱和碳链。根据醛基的数量和碳骨架的结构，醛类风味化合物可以分为一醛（只含一个醛基)、二醛（含两个醛基)、多醛（含两个以上醛基）等。醛类风味化合物可以是线性、分支链、环状或萜烯类结构。部分醛类风味化合物具有较高的挥发性和溶解性，通常不易溶于水、可以溶于有机溶剂中。

低分子量的醛类化合物通常具有较强的刺激性气味。这些气味来源于醛基（—CHO）官能团，它对气味有很大的影响。低分子量醛类化合物的挥发性较高，因此气味更容易传播。例如，甲醛和乙醛等低分子量醛类化合物具有刺激性和不愉快的气味，苯甲醛具有杏仁味。但随着分子量的增加，醛类风味化合物通常具有很强的香气和各种风味特征，如果香、花香、肉香等。例如，草莓醛、桃醛、巴豆醛具有绿叶香味，特别是经过稀释后，能有效展示出醛类化合物的芳香风味，掩盖其刺激性气味，图 4-27 是一些醛类风味物质代表。

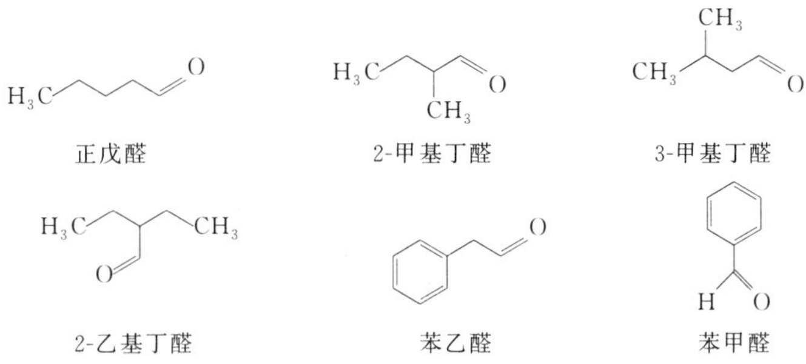

图 4-27　醛类风味物质代表

4.3.3.2　醛类风味化合物的合成路线

醇的氧化是醛类化合物的重要来源，醇通过氧化作用，失去两个氢原子并接受一个氧原子，在羟基被氧化成羰基的过程中生成醛类化合物。例如，乙醇在乙醇脱氢酶作用下转化为乙醛（图 4-28)。

4.3.3.3　柠檬醛的合成路线

柠檬醛是开链单萜风味化合物中最重要的代表之一，其分子式为 $C_{10}H_{16}O$，图 4-29 是两种柠檬醛的结构。天然柠檬醛是两种几何异构体组成的混合物，包括顺式柠檬醛（橙花醛，*Z*-citral）和反式柠檬醛（香叶醛，*E*-citral)。

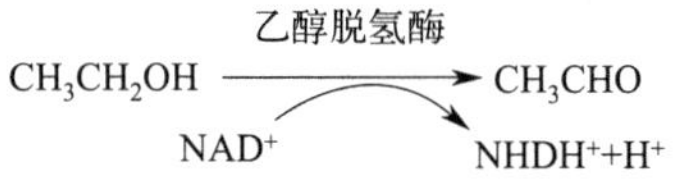

$$CH_3CH_2OH \xrightarrow[NAD^+ \rightarrow NHDH^+ + H^+]{\text{乙醇脱氢酶}} CH_3CHO$$

图 4-28　乙醇氧化为乙醛途径

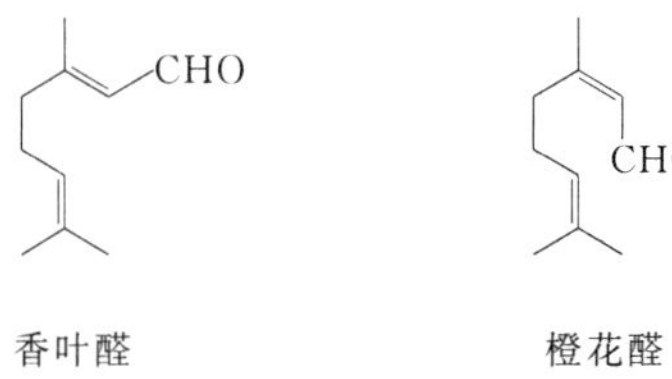

香叶醛　　橙花醛

图 4-29　两种柠檬醛的结构

柠檬醛具有一种浓烈的柠檬香气，同时带有一丝花香和辛辣味，由于其化学合成工艺成熟，产量高，被广泛用于食品行业。柠檬醛也是合成酮类风味物质的重要原料，例如紫罗兰酮、鸢尾酮、木材酮、甲基庚烯酮和甲位二氢突厥酮。目前，柠檬醛的合成工艺已相对成熟，以戊二烯醇为原料合成柠檬醛是柠檬醛合成的经典途径（图 4-30)。

通过异戊二烯制备甲基庚烯酮，经甲基庚烯酮与乙氧基乙炔溴化镁缩合生成的炔醇，通过还原反应生成烯醇醚，最后使用磷酸水解和脱水而生成柠檬醛。在异戊二烯制备甲基庚烯

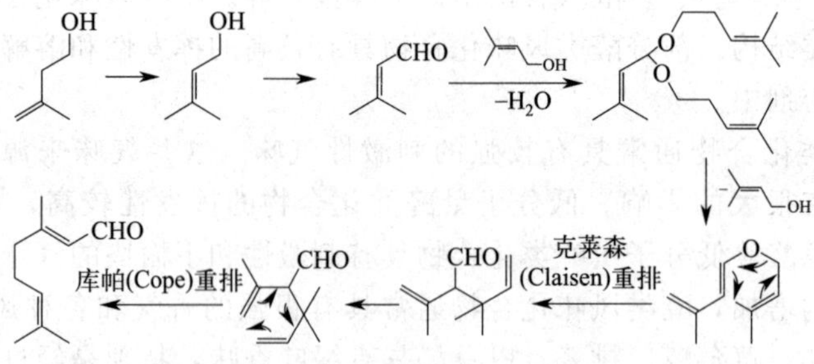

图 4-30 戊二烯醇合成柠檬醛途径

酮过程中包含两个反应：氯化反应和酮化反应。氯化反应是异戊二烯合成萜类香料的主要反应。异戊二烯与盐酸或气态氯化氢在氯化亚铜催化下反应生成异戊烯氯的收率为 89%以上，然后异戊烯氯在氢氧化钠和铵盐等催化物质的作用下与丙酮反应生成甲基庚烯酮。反应过程如图 4-31 所示。

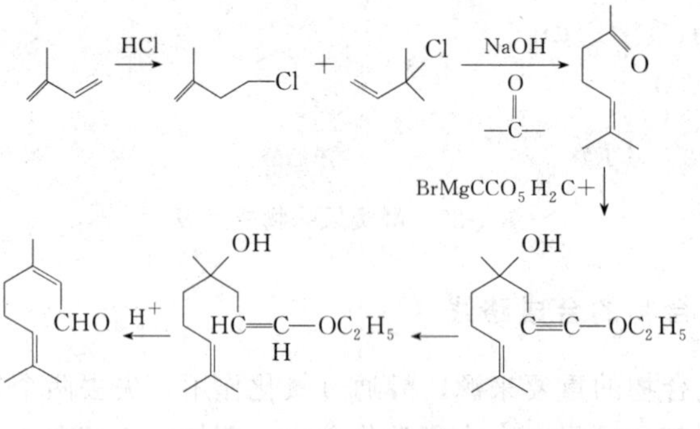

图 4-31 异戊二烯-甲基庚烯酮途径合成柠檬醛

异戊二烯可通过生成月桂烯进而制备柠檬醛。以锂载体为催化剂合成月桂烯与 *N*,*N*-二丙基香叶基胺，与已基氯甲酸酯反应生成香叶基氯；依次生产乙酸香叶酯、香叶醇，最后通过香叶醇氧化合成柠檬醛，最终合成率高达 85%。反应过程如图 4-32 所示。

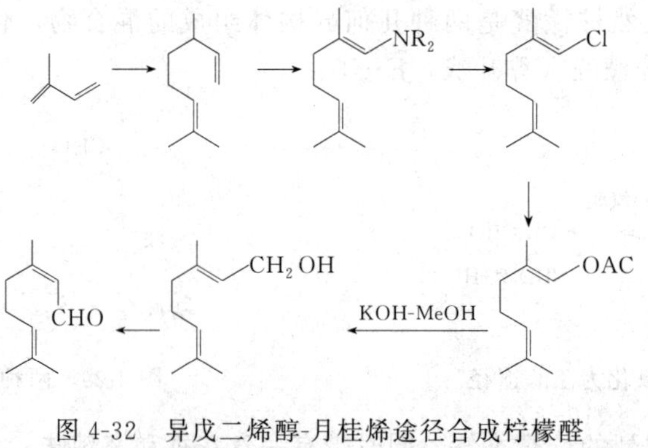

图 4-32 异戊二烯醇-月桂烯途径合成柠檬醛

芳樟醇经氯铬酸吡啶盐（PCC）的氧化，以浓盐酸为助剂，脱氢即可制备柠檬醛，制备过程未对芳樟醇的基础碳链骨架进行裂解，能够有效保持其天然特性（图 4-33）。

4.3.3.4 肉桂醛的合成路线

肉桂醛（cinnamaldehyde）是在 19 世纪就已经从肉桂精油中分离出来的一种具有特殊

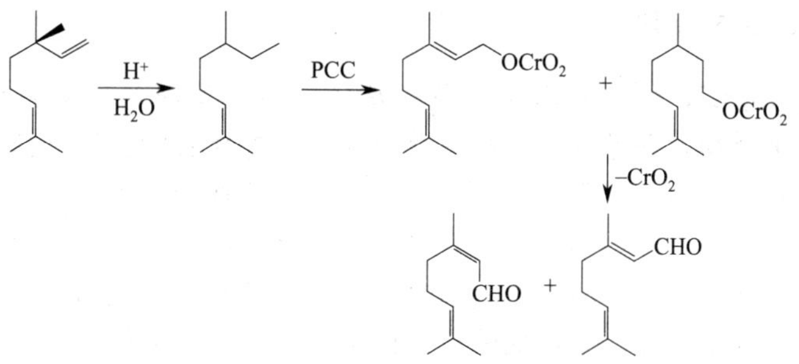

图 4-33 芳樟醇合成柠檬醛途径

风味特征的有机化合物，其具有甘甜和肉桂香气，被广泛用于香精、香料、食品和饮料等领域。最简单的合成路径就是肉桂醇的直接氧化（图 4-34）。

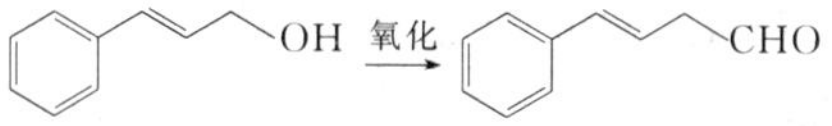

图 4-34 肉桂醇氧化合成肉桂醛途径

肉桂醛可通过亚碱催化苯甲醛和乙醛通过醇醛缩合反应而合成，反应总体过程可分为两步：羰基化合物合成的烯醇中间体和羰基醇脱水形成肉桂醛，其结构为反式肉桂醛（图 4-35）。

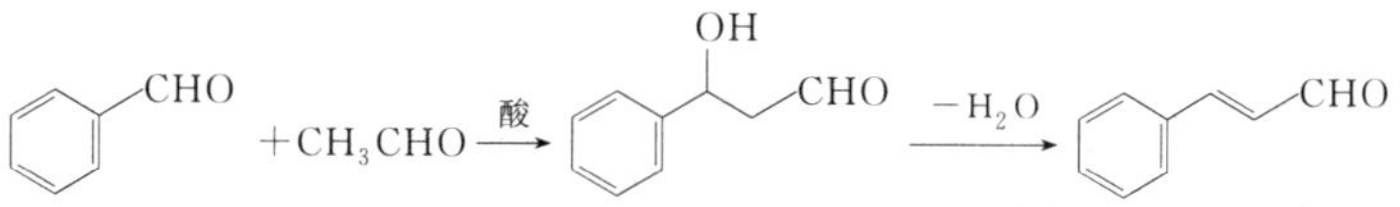

图 4-35 醇醛缩合反应合成肉桂醛途径

Au/CuO_x、Cu/ZrO_2 等催化剂可催化苯甲醛和乙醇合成肉桂醛（图 4-36）。

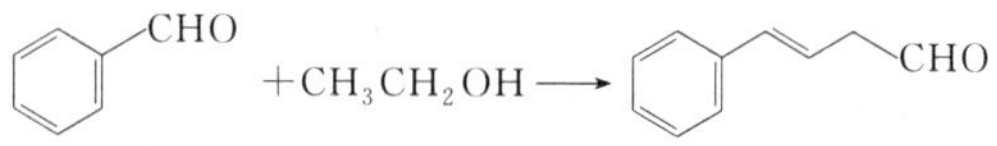

图 4-36 苯甲醛催化合成肉桂醛途径

苯环类中卤代苯可通过 Heck 反应，在未取代的乙烯基上构建 C—C 键合成肉桂醛（图 4-37）。

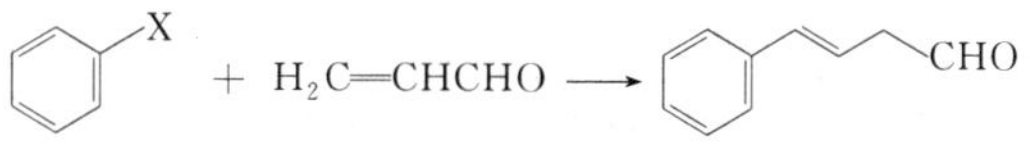

图 4-37 Heck 反应合成肉桂醛途径

苯环类中苯乙炔和一氧化碳通过甲酰化，将三键与一氧化碳反应连接，形成烯醛结构，该反应体系以铑或铑络合物、双膦配体为催化剂（图 4-38）。

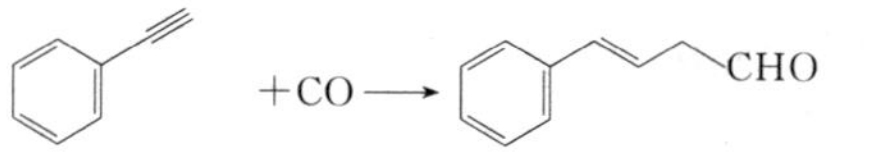

图 4-38 甲酰化反应合成肉桂醛途径

4.3.3.5 香兰素的合成路线

香兰素，又名香草醛，化学名称为3-甲氧基-4-羟基苯甲醛，是从芸香科植物香荚兰豆中提取的一种有机化合物，香兰素是影响香草风味的主要化合物。鉴于植物酚代谢途径中酶的作用，香兰素的简单结构可以具有多种可能的生物合成途径，香草醛源自莽草酸途径，通过苯丙氨酸和酪氨酸合成，苯丙氨酸转化为香草醛存在两个主要路径，如图4-39所示。阿魏酸途径涉及C_3-C_6基团（咖啡酸前体）的羟基化和甲基化，生成阿魏酸或松柏醇；然后阿魏酸经历链断裂以产生香草醛。苯甲酸酯途径的第一步是苯丙氨酸的链断裂，然后芳环进行羟基化和甲基化，生成香草醛。还可通过对羟基苯甲酸直接衍生出莽草酸，绕过苯丙素的生产以及后者降解为苯甲酸酯途径中间体。目前，通过香兰素合成途径使用微生物合成香兰素是发展趋势。

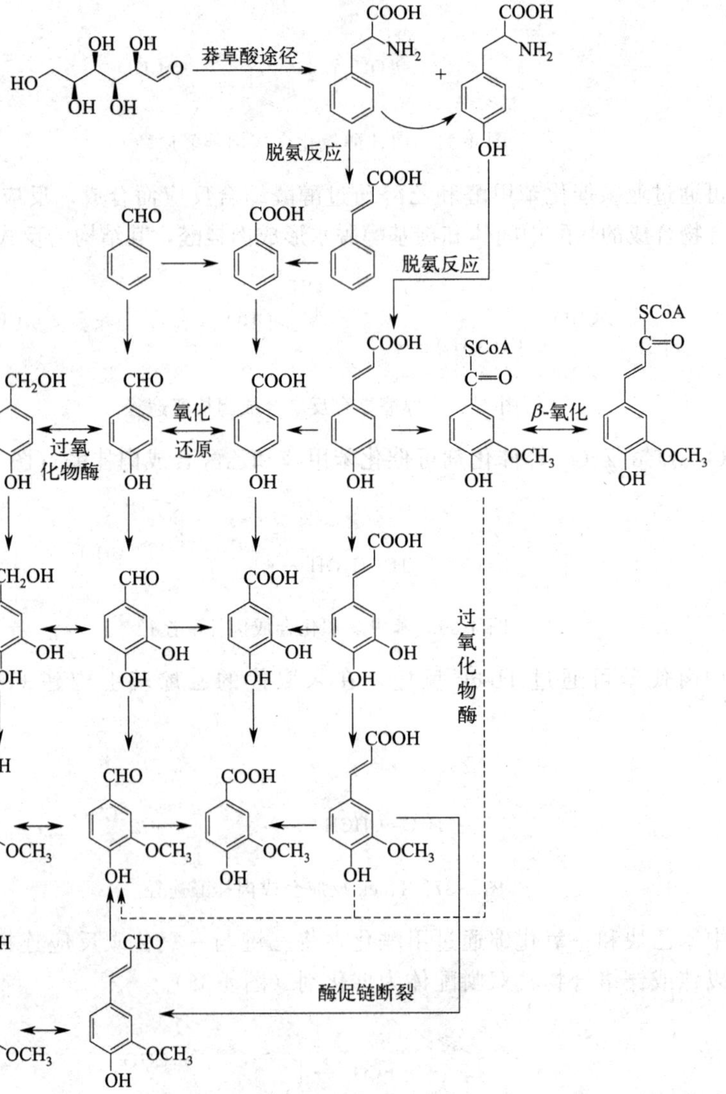

莽草酸途径
脱氨反应
脱氨反应
氧化
还原
过氧化物酶
β-氧化
过氧化物酶
酶促链断裂

图4-39 香兰素的生物合成途径

4.3.4　酯类风味化合物

4.3.4.1　酯类风味化合物的风味特征

酯类化合物的基本结构由羧酸和醇结合而成。其结构中，包括碳原子双键氧原子（C═O）和单键氧原子（C—O），通常表示为 RCOOR′，其中 R 和 R′可以是烃基、芳基或其他类型的有机基团，这些化合物通常具有多种异构形式和立体异构形式。酯类风味化合物具有多种不同的香气和味道特征，这些特性取决于它们分子结构中醇和羧酸部分的性质。酯类风味化合物的香气和味道可以从清香、水果香、花香到奶油香、甜味等不同类型。例如，乙酸乙酯具有水果味，乙酸异戊酯具有香蕉味，乙酸苄酯具有馥郁茉莉花香味。这些特性使得酯类风味化合物在食品和其他产品中具有很高的应用价值，如图 4-40 是一些酯类风味物质代表。

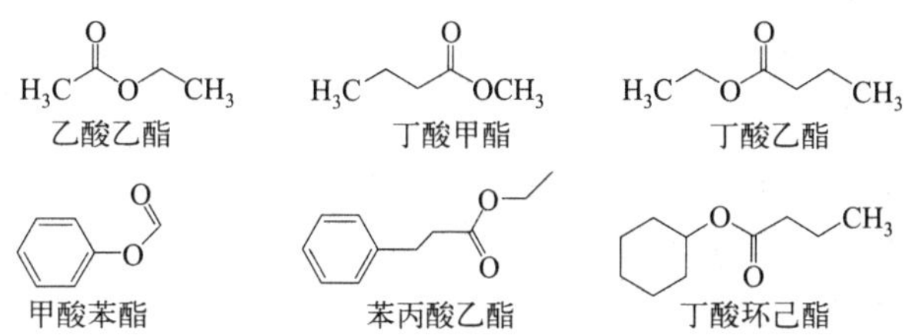

图 4-40　酯类风味物质代表

4.3.4.2　酯类风味化合物的合成路线

（1）生物法合成酯类风味化合物技术路线

酯类物质是食品中重要的风味成分，例如己酸乙酯作为小分子脂肪酸乙酯风味成分，是酒类的关键性风味化合物。微生物源酯合成酶（酯化酶或醇酸转移酶）能够催化酸醇酯化反应，生成酯类物质。事实上，微生物源的酯合成酶是目前工业上合成酯类物质（如乙酸酯、果酯等）的重要途径，如图 4-41。

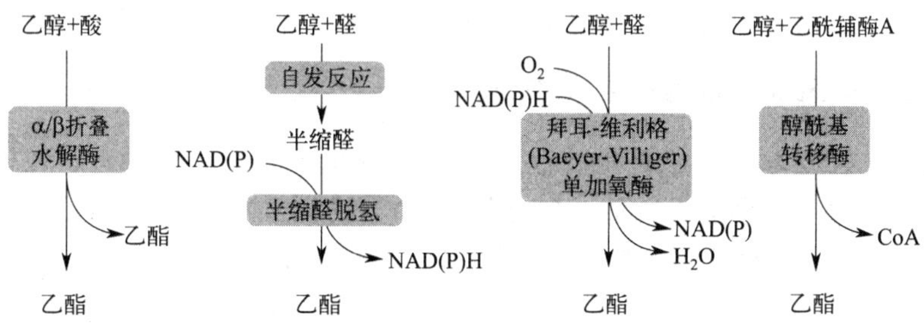

图 4-41　微生物的乙酯合成途径

（2）化学法合成酯类风味化合物技术路线

酸和醇可以直接发生化学反应生成相应的酯，该反应在常温下即可发生，只是达到平衡需要较长的时间，反应速率也会随反应物碳原子数目的增加而下降（图 4-42）。

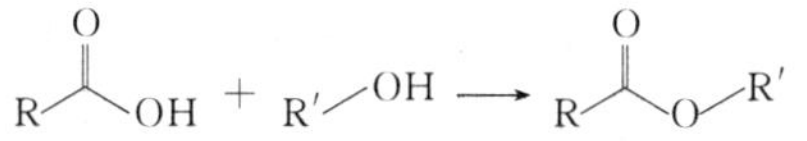

$$RCOOH + R'OH \longrightarrow RCOOR'$$

图 4-42　酸和醇酯化合成酯类化合物途径

乙酸乙酯是一种重要的酯类物质，可通过酯化反应，以乙酸和乙醇为原料，H_2SO_4 为催化剂在加热条件下合成乙酸乙酯（图 4-43）。

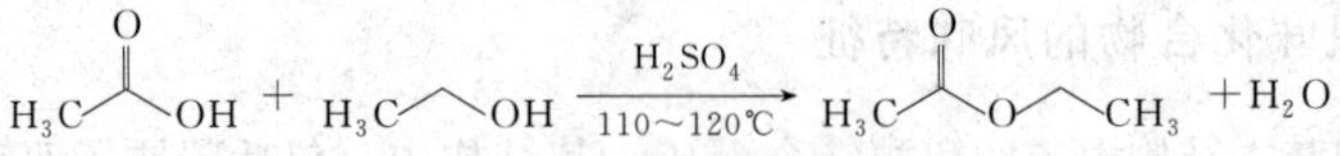

$$CH_3COOH + CH_3CH_2OH \xrightarrow[110\sim120℃]{H_2SO_4} CH_3COOCH_2CH_3 + H_2O$$

图 4-43 乙酸乙酯的合成途径

酯类的化学合成过程中酸碱催化，能有效地促进酯类化合物的合成。δ-十一内酯和梨酯（反式-2-顺式-4-癸二烯酸乙酯）的合成也需要碱和酸作为催化剂。高级酯类或环状酯类的合成涉及更复杂的反应，例如环状结构的重排、断裂和连接（图 4-44）。

4.3.4.3 甘油酯类风味化合物的风味特征

甘油酯是甘油（一种三元醇）和脂肪酸以不同比例结合所形成的一类化合物。根据甘油与脂肪酸的结合个数，它们可分为单甘油酯、甘油二酯和甘油三酯。甘油酯通常为蜡状固体或液体，具有油脂或脂肪的外观特征，通过化学方法修饰以后具有特殊风味。

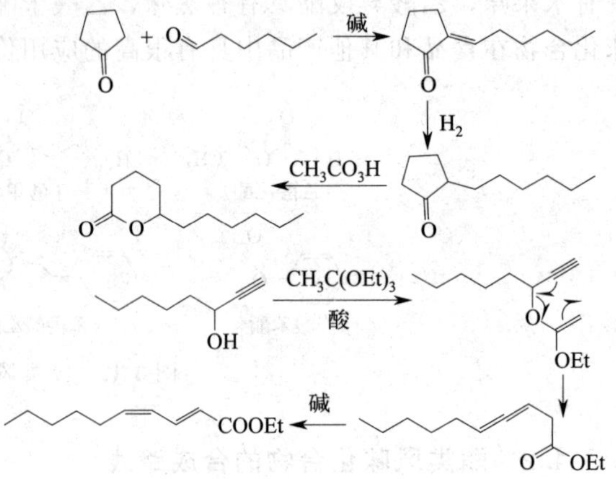

碱
H_2
CH_3CO_3H
$CH_3C(OEt)_3$
酸
OEt
碱
COOEt

图 4-44 δ-十一内酯和梨酯的合成途径

其中，单甘油酯又称单甘酯，是甘油和一分子脂肪酸结合，生成一个甘油酯分子的产物。它具有一个酯键，将一个脂肪酸分子与甘油分子结合。甘油分子上还有两个未酯化的羟基，所以结构上是一个酯基和两个羟基共存的分子。纯单甘酯是无色或稍微带黄的固体（液体）蜡状物质，单甘酯分子中的羟基具有一定的弱酸性，因而单甘酯微臭。单甘酯本身风味贡献度很弱，但其可以增强食品中所含风味物质的释放效果和携带效果，提高食品中天然香气物质的携味性；同时，单甘酯是合成其他甘油酯风味酯类的重要原料，例如辛癸酸甘油酯（清淡的油脂味）、松香甘油酯（松香味）和单辛酸甘油酯（椰香气味）等。

4.3.4.4 甘油酯类风味化合物的合成路线

单甘酯的化学合成方法主要是水解法、酯化法和甘油解法，如图 4-45～图 4-47 所示。在单甘酯的合成过程中，会生成甘油二酯等其他形式的酯类。其中，单甘酯和甘油二酯的结构包括 1-单甘酯、2-单甘酯、1,3-甘油二酯和 1,2-甘油二酯。

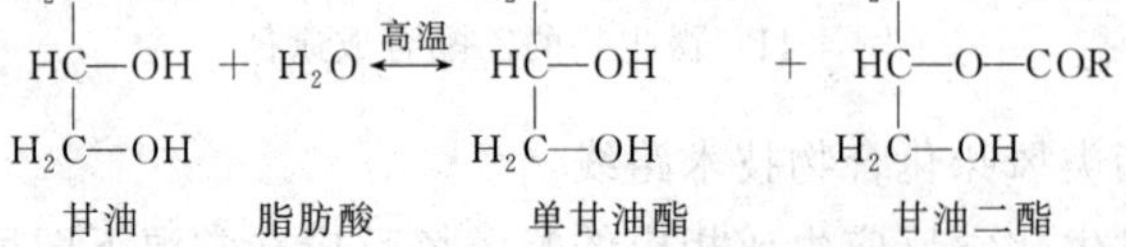

甘油		脂肪酸		单甘油酯		甘油二酯
$H_2C—OH$ $HC—OH$ $H_2C—OH$	+	H_2O	$\xrightleftharpoons{高温}$	$H_2C—O—COR$ $HC—OH$ $H_2C—OH$	+	$H_2C—O—COR$ $HC—O—COR$ $H_2C—OH$

图 4-45 水解法的单甘酯合成途径

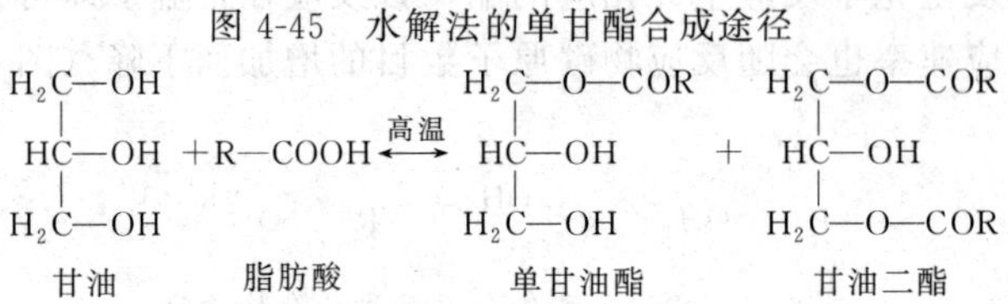

甘油		脂肪酸		单甘油酯		甘油二酯
$H_2C—OH$ $HC—OH$ $H_2C—OH$	+	$R—COOH$	$\xrightleftharpoons{高温}$	$H_2C—O—COR$ $HC—OH$ $H_2C—OH$	+	$H_2C—O—COR$ $HC—OH$ $H_2C—O—COR$

图 4-46 直接酯化法的单甘酯合成途径

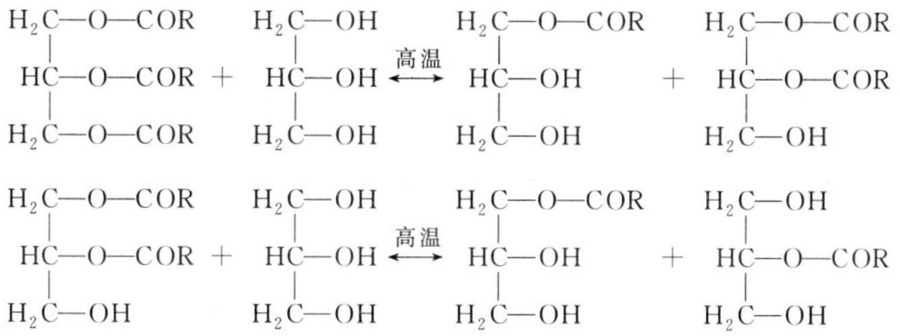

$$
\begin{array}{l} H_2C-O-COR \\ | \\ HC-O-COR \\ | \\ H_2C-O-COR \end{array}
+
\begin{array}{l} H_2C-OH \\ | \\ HC-OH \\ | \\ H_2C-OH \end{array}
\xleftrightarrow{\text{高温}}
\begin{array}{l} H_2C-O-COR \\ | \\ HC-OH \\ | \\ H_2C-OH \end{array}
+
\begin{array}{l} H_2C-O-COR \\ | \\ HC-O-COR \\ | \\ H_2C-OH \end{array}
$$

$$
\begin{array}{l} H_2C-O-COR \\ | \\ HC-O-COR \\ | \\ H_2C-OH \end{array}
+
\begin{array}{l} H_2C-OH \\ | \\ HC-OH \\ | \\ H_2C-OH \end{array}
\xleftrightarrow{\text{高温}}
\begin{array}{l} H_2C-O-COR \\ | \\ HC-OH \\ | \\ H_2C-OH \end{array}
+
\begin{array}{l} H_2C-OH \\ | \\ HC-O-COR \\ | \\ H_2C-OH \end{array}
$$

图 4-47　甘油解法的单甘酯合成途径

单甘酯的合成还可通过脂肪酶催化，由脂肪酶催化甘油三酯的选择性水解生成。这种反应原料来源广泛，甘油三酯主要来源于动物脂肪和植物油，如油棕、椰子棕和大豆油等，如图 4-48 所示。

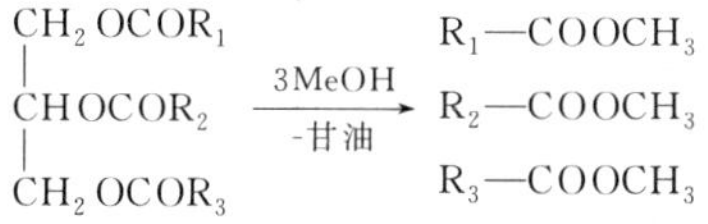

$$
\begin{array}{l} CH_2OCOR_1 \\ | \\ CHOCOR_2 \\ | \\ CH_2OCOR_3 \end{array}
\xrightarrow[\text{-甘油}]{3MeOH}
\begin{array}{l} R_1-COOCH_3 \\ R_2-COOCH_3 \\ R_3-COOCH_3 \end{array}
$$

图 4-48　脂肪酶的单甘酯合成途径

甘油酯的化学合成方法主要包括酯交换法和酯化法，基本原理就是甘油和脂肪酸或脂肪酯进行酯交换合成甘油酯，这也是甘油酯合成最基本的方法。近年来，还开发了缩水甘油法、化学基团保护法和环氧氯丙烷法等甘油酯合成方法。例如，单辛酸甘油酯是由 8 个碳原子的直链饱和辛酸和甘油以 1∶1 形成的酯。其表现为浅黄色黏稠液体或乳白色塑性体，无臭，略带有苦味，熔点 40℃，微溶于水，可与热水振摇后乳化，溶于乙醇、乙酸乙酯、氯仿和苯中。就化学结构而言，它具有两种结构，即 α 型和 β 型，一般是两种构型的混合物，其中以 α 型为主。通过甘油酯的酯化能合成具有特殊功能的甘油酯风味化合物（图 4-49）。

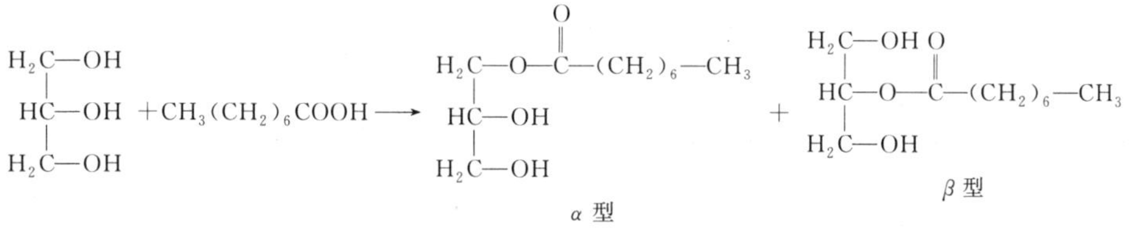

$$
\begin{array}{l} H_2C-OH \\ | \\ HC-OH \\ | \\ H_2C-OH \end{array}
+ CH_3(CH_2)_6COOH \longrightarrow
\underset{\alpha\text{ 型}}{\begin{array}{l} H_2C-O-\overset{\overset{\displaystyle O}{\|}}{C}-(CH_2)_6-CH_3 \\ | \\ HC-OH \\ | \\ H_2C-OH \end{array}}
+
\underset{\beta\text{ 型}}{\begin{array}{l} H_2C-OH \quad O \\ | \qquad\qquad\quad \| \\ HC-O-C-(CH_2)_6-CH_3 \\ | \\ H_2C-OH \end{array}}
$$

图 4-49　单辛酸甘油酯的合成途径

4.3.4.5　内酯类风味化合物的风味特征

内酯（lactone）是具有环状酯结构的有机化合物，是酯类风味化合物的重要组成部分。内酯化合物存在不同环大小的同系物，这些化合物的环大小及其官能团将影响风味特性，主要包括 δ-内酯、γ-内酯和葫芦巴内酯等。内酯风味化合物具有丰富而独特的风味特点，如水果香气、奶油香气或焦糖香气等。根据内酯的结构不同，风味特点会有很大差异。例如，γ-己内酯具有水果和奶油香味，δ-内酯具有甜味和桃香味，γ-癸内酯具有浓郁的椰子风味。内酯类风味化合物的合成技术已十分成熟，如表 4-4 所示列举了合成内酯类风味化合物的技术路线。

表 4-4 内酯类风味化合物的合成路线

	合成原料及途径	合成路线
生物法	链状酯类，(*R*)-4-羰基癸酸(酯)还原酶(SmCR)系列醇脱氢酶的不对称还原反应	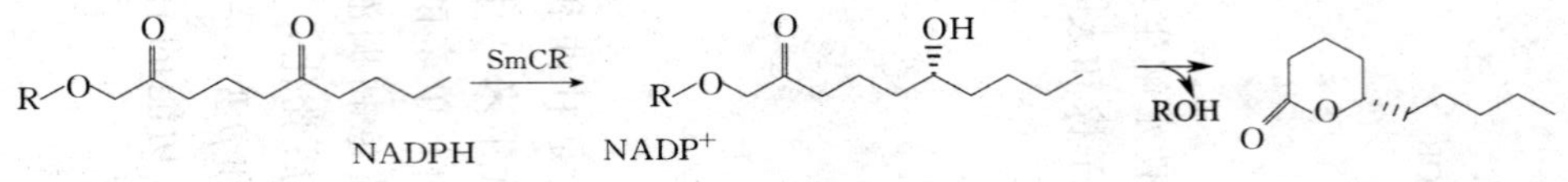 SmCR; NADPH; NADP$^+$; ROH
生物法	亚油酸，水合酶的水合作用、*β*-氧化和乳糖化	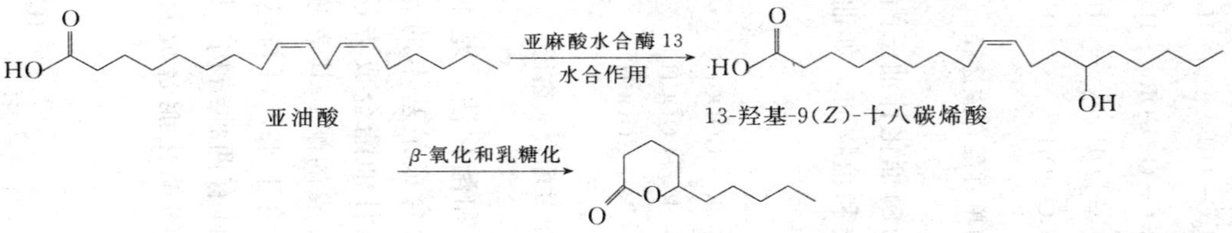 亚油酸 —亚麻酸水合酶 13 水合作用→ 13-羟基-9(*Z*)-十八碳烯酸 —*β*-氧化和乳糖化→
化学法	戊二醛，格氏试剂氧化、环化	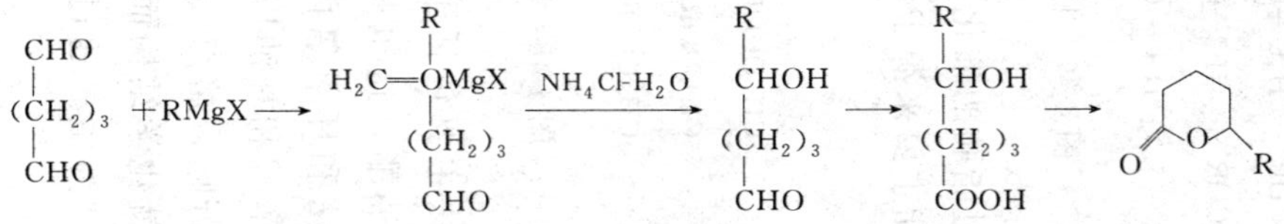 CHO-$(CH_2)_3$-CHO + RMgX → $H_2C{=}C(R)OMgX$-$(CH_2)_3$-CHO —NH_4Cl-H_2O→ R-CHOH-$(CH_2)_3$-CHO → R-CHOH-$(CH_2)_3$-COOH →
化学法	环己二酮，烷基化、氧化开环、还原、环化	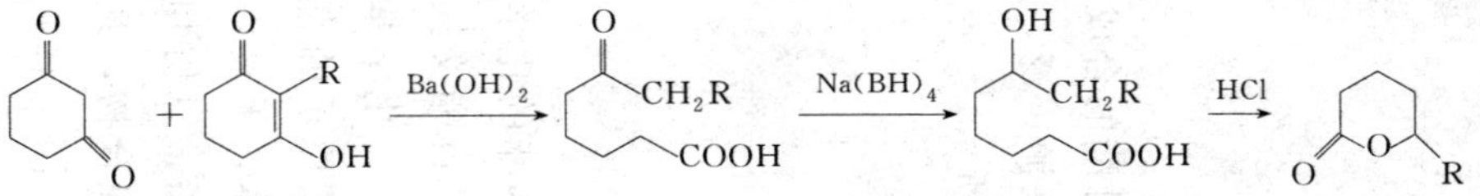 —$Ba(OH)_2$→ CH_2R / COOH —$Na(BH)_4$→ OH / CH_2R / COOH —HCl→

续表

	合成原料及途径	合成路线
化学法	二酸酐，格氏试剂还原、环化	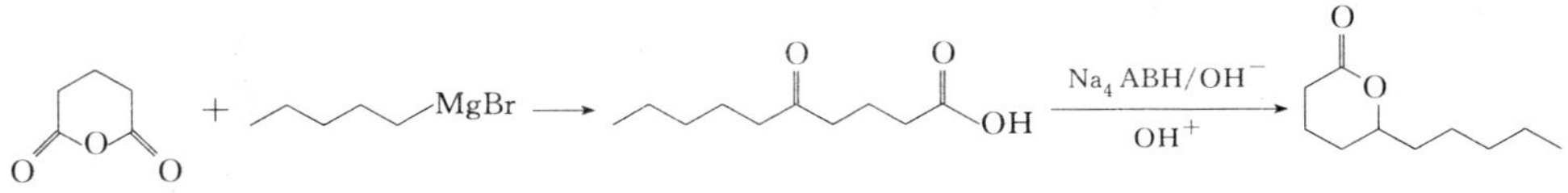 + MgBr → O O OH $\xrightarrow[OH^{+}]{Na_4ABH/OH^{-}}$ O O
化学法	己二酸二乙酯，狄克曼缩合反应（Dieckmann 酯缩合）、环化	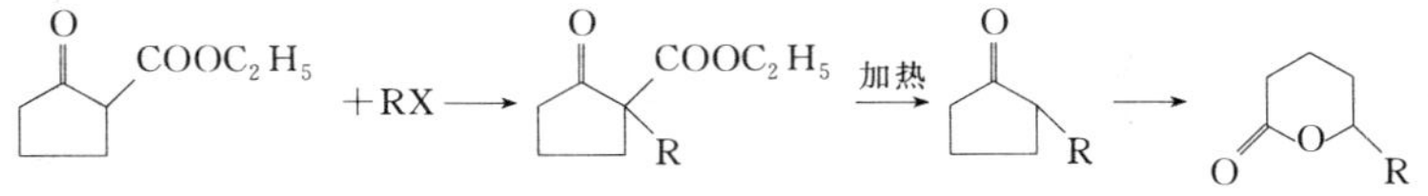 O $COOC_2H_5$ + RX → O $COOC_2H_5$ R $\xrightarrow{加热}$ O R → O O R
化学法	环戊酮，正戊醛缩合、脱水、氢化、氧化扩环	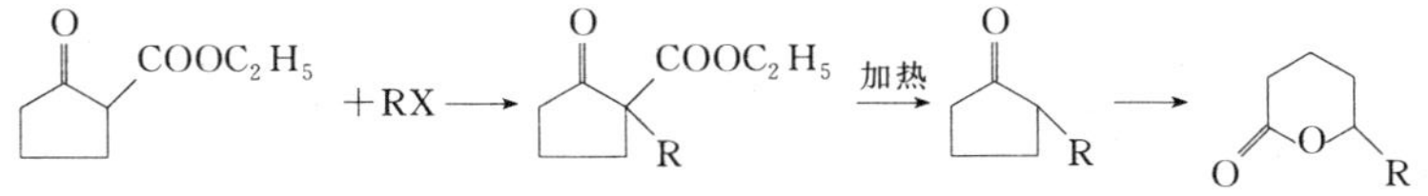 O $COOC_2H_5$ + RX → O $COOC_2H_5$ R $\xrightarrow{加热}$ O R → O O R
化学法	己二酸，酯化、缩合、烃化、水解脱羧、拜耳-维利格（Baeyer-Villiger）氧化	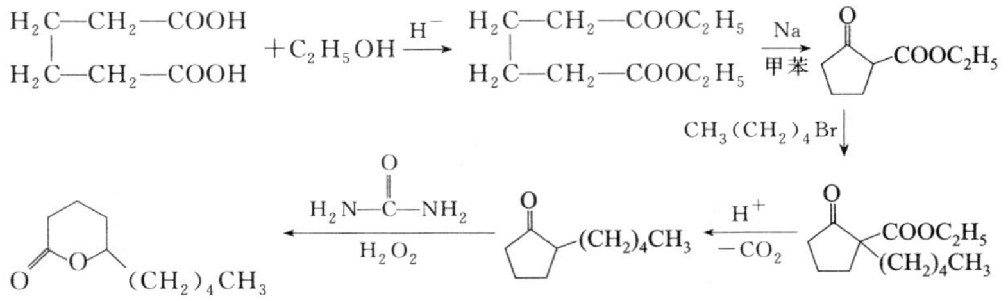 $H_2C—CH_2—COOH$ / $H_2C—CH_2—COOH$ + C_2H_5OH $\xrightarrow{H^{-}}$ $H_2C—CH_2—COOC_2H_5$ / $H_2C—CH_2—COOC_2H_5$ $\xrightarrow[甲苯]{Na}$ O $COOC_2H_5$ $\xrightarrow{CH_3(CH_2)_4Br}$ O $COOC_2H_5$ $(CH_2)_4CH_3$ $\xrightarrow[-CO_2]{H^{+}}$ O $(CH_2)_4CH_3$ $\xrightarrow[H_2O_2]{H_2N—C(=O)—NH_2}$ O O $(CH_2)_4CH_3$
化学法	氯戊烷，格氏反应、重排反应、氧化扩环	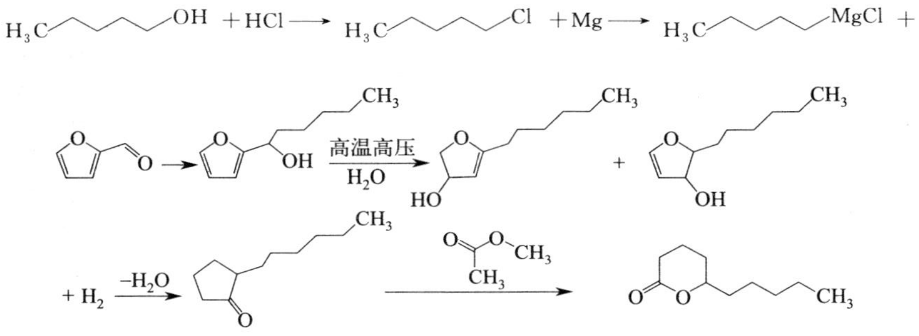 H_3C OH + HCl → H_3C Cl + Mg → H_3C MgCl + O O → O OH CH_3 $\xrightarrow[H_2O]{高温高压}$ O HO CH_3 + O OH CH_3 + H_2 $\xrightarrow{-H_2O}$ O CH_3 $\xrightarrow{O=C(OCH_3)CH_3}$ O O CH_3

4.3.5 酸类风味化合物

4.3.5.1 酸类风味化合物的风味特征

酸类风味化合物基本包含一个羰基（C═O）和一个羟基（—OH），因此具有结构为R—COOH的特征。这里的R可以是烃基、芳基或其他类型的有机基团。根据官能团及其他取代基的性质和位置，酸类风味化合物可以有许多种类。酸类风味化合物具有许多不同的香气和味道特征，例如油酸味、乳酸味、柠檬酸味、乙酸味、苹果酸味等。一般来说，短链羧酸具有较浓烈的味道和醇的香气，而长链羧酸味道较为温和，具有脂肪香。此外，不同类别和不同结构的酸类风味化合物可以为食品添加多种风味特性，如提供酸味、增加口感层次、改善食品色泽等。如图4-50是酸类风味物质代表。

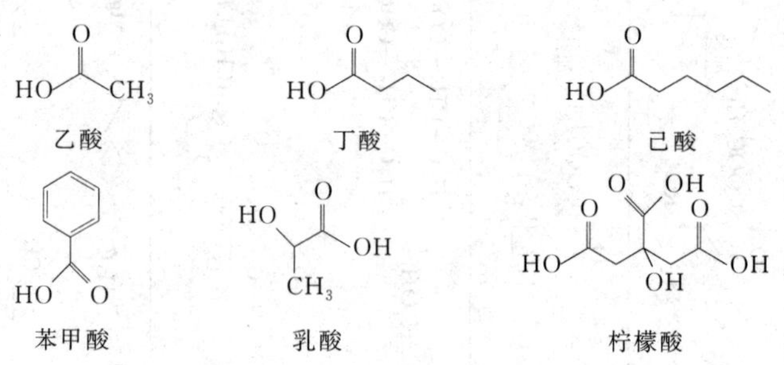

图 4-50　酸类风味物质代表

4.3.5.2 酸类风味化合物的合成路线

酸性物质的发展历程与醇类物质相似，通过谷物发酵生产，很早就有酿酒时间过长得到醋的说法。以醋为代表的酸类物质在中国饮食文化中发挥着重要作用，其中山西老陈醋和四川泡菜醋等地方的醋种类独具特色，流传至今。随着19世纪确定了发酵作用与酵母菌有关，发现酵母菌利用酒精发酵过程中产生的醋精，进一步转化为醋酸，这为今后科学家们研究酸的发酵机制奠定了基础。此后，随着微生物学的发展，科学家们开始研究发酵产酸的微生物。发酵产乳酸（如酸奶、泡菜）的乳酸菌、发酵产醋酸（如醋）的醋酸杆菌等微生物逐渐被发现，图4-51是传统发酵合成酸类物质途径。

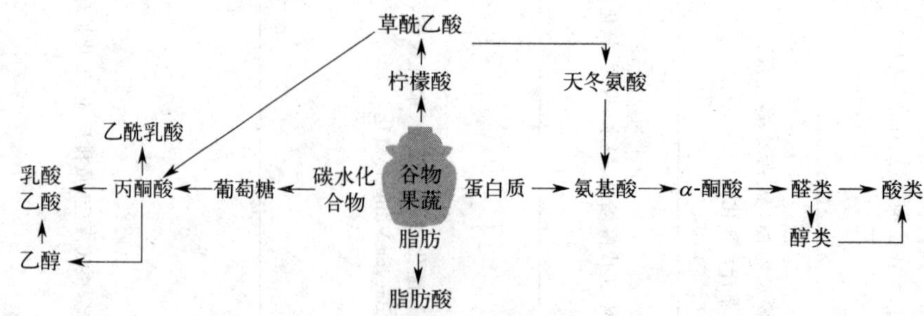

图 4-51　传统发酵合成酸类物质途径

乙酸（acetic acid），又称醋酸，具有强烈的醋味，是醋的主要成分。乙酸具有明显的酸味，因其强酸性，可使食品呈现出爽口、开胃的特点，为许多调味品尤其是酱料、醋等提供良好的风味。

甲烷（CH_4）和 CO_2 偶联直接合成乙酸，是一条由 CH_4 和 CO_2 直接转化获取高值化学品的反应路径（图 4-52）。

$$CH_4+CO_2 \longrightarrow CH_3COOH$$

图 4-52　甲烷偶联的合成乙酸途径

除了甲烷之外，乙烷亦可通过氧化途径转化为乙酸。这一过程涉及乙烷与氧气（或空气）在温度范围 200℃至 300℃、加压条件下的直接反应，旨在生成乙酸。为提升乙酸的选择性，反应体系中常引入水蒸气作为共反应物。其制备机理简述如下：首先，乙烷经历 C—H 键的断裂，通过脱氢反应生成乙烯［如反应式(2) 所示］；随后，乙烯进一步氧化生成乙酸［如反应式(3) 所示］。鉴于乙烷分子缺乏孤对电子、具有高度对称性及低分子极性，其有效活化需在高温条件下进行。然而，此过程生成的中间产物乙烯具有较高的反应活性，易于发生深度氧化（生成 CO_x 等副产物），从而降低了目标产物乙酸的选择性。为克服此难题，通过向反应体系中掺杂不同类型的催化剂，可显著提升乙酸的产率。具体而言，乙烷分子以乙氧基的形式吸附于催化剂表面，随后通过 β-H 消除机制转化为乙烯；乙烯则进一步吸附于催化剂的活性阳离子位点上，被氧化为乙醛［如反应式(3) 所示］及最终产物乙酸，其中乙醛亦可能继续氧化为乙酸［如反应式(4) 所示］。具体反应机制如图 4-53 和图 4-54 所示。

$$C_2H_6+O_2 \longrightarrow CH_3COOH$$

$$C_2H_6 \longrightarrow C_2H_4 \tag{1}$$

$$C_2H_4+O_2 \longrightarrow CH_3COOH \tag{2}$$

$$C_2H_4+O_2 \longrightarrow CH_3CHO \tag{3}$$

$$CH_3CHO+O_2 \longrightarrow CH_3COOH \tag{4}$$

图 4-53　乙烷偶联的合成乙酸途径

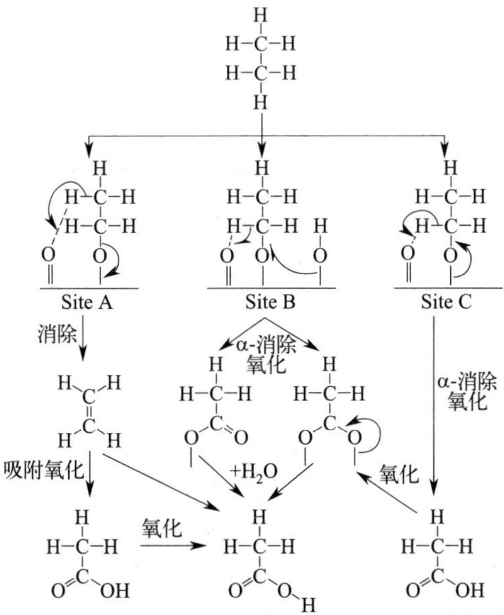

图 4-54　乙烷选择氧化合成乙酸的潜在机制

4.3.6 胺类风味化合物

4.3.6.1 胺类风味化合物的风味特征

胺类风味化合物是一类含有氮原子的化合物，可以具有各种不同的香气。例如，乙胺具有鱼腥味，辛胺具有花香气。其他是一类具有特定香气或风味的有机化合物，被广泛应用于食品、饮料、香水和化妆品领域。它们的结构和风味特点如下。

结构特征：胺类风味化合物的主要结构特征是氮原子（N）与氢原子（H）间的化学键，通常表示为R—NH_2、R—NHR′或R—NR′R″中的一个，其中R、R′和R″可以是烃基、芳基、环状基等有机基团。胺类风味化合物分为一级胺（R—NH_2）、二级胺（R—NHR′）和三级胺（R—NR′R″），其中根据一个氮原子与氢原子键数量的不同而有所区分。

风味特征：胺类风味化合物具有多种风味特性，如动物香、鱼腥味、刺激性臭味等。这些风味特点主要取决于分子结构中基团的性质和排列。例如，已知肉碱（carnitine）具有肉的特有香气，传统日本食品味噌、纳豆中的异天冬酰胺（isoasparagine）具有浓郁的风味。此外，胺类风味化合物可与其他风味物质共同作用，产生复杂的香气味道，改善食品风味。总之，胺类风味化合物因其独特的结构特征和丰富的风味特性，在食品、饮料、香水等领域中具有很高的应用价值。然而，在使用过程中需按照相关法规控制用量，以确保食品和消费者的安全，如图4-55是几种胺类风味物质代表。

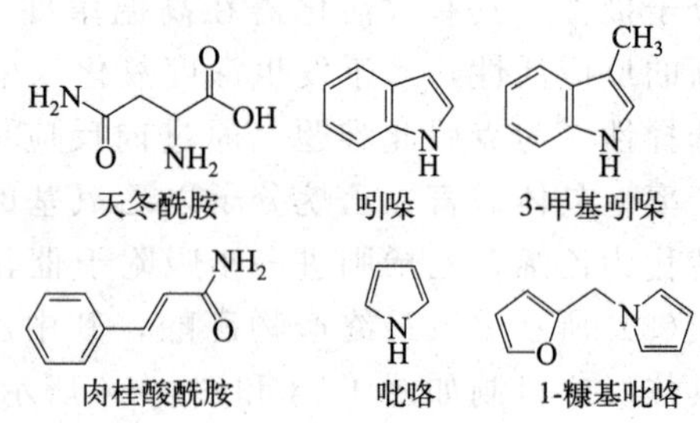

图4-55　胺类风味物质代表

4.3.6.2 吲哚的风味特征

吲哚（indole）类化合物是一种有机化合物，基本特征为包含一个苯环和一个五元杂环（含一个氮原子），吲哚分子中五元杂环的2（氮原子）和3（邻位碳原子）位置可形成共轭双键。在吲哚类化合物中，不同化合物的分子结构一般是由各种不同取代基与吲哚中的碳或氮原子结合而形成的，故各种吲哚类化合物具有不同的分子结构。吲哚类化合物风味特征很特殊，具有一种恶臭的特质，常被形容为粪臭味，但当它以非常低的浓度出现在花卉香气中时却能调配出美妙的花香。在香水和香料制造业中，吲哚类化合物是一类重要的合成香料原料，巧妙地运用吲哚可以营造出一种独特而华丽的花香调。

4.3.6.3 吲哚的合成路线

吲哚的化学合成有多种方法，其中费希尔吲哚合成（Fisher indole synthesis）是一种经典且常见的合成途径，如图4-56。具体机制如下：用重氮苯和亚硫酸氢钾反应，再与次氯酸铂反应形成沉淀，然后用盐酸处理形成产物苯肼，醛酮与苯肼在酸催化下缩合苯肼化合物经过分子内的氮原子与碳原子发生亲电加成反应和亚氮（N—N）键断裂，紧接着发生分子内环化反应并脱水（水分子的丢失），最终生成吲哚结构。

3-甲基吲哚性质与吲哚类似，浓度较高时具有强烈的粪臭味，让人极不舒服，而在稀释后具有优美的大灵猫香及茉莉花香味，常用于茉莉、柠檬、紫丁香、兰花和荷花等香型的人造花精油的调配，可以代替吲哚作为定香剂使用。其合成通常以吲哚和甲醇合成3-甲基吲

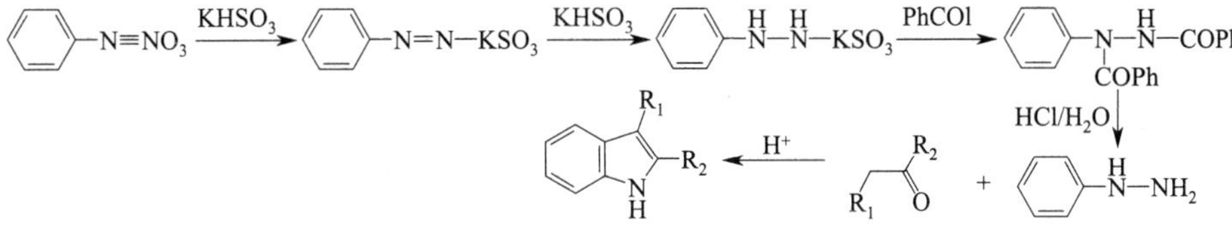

图 4-56　吲哚的化学合成途径

哚（3-methylindole），基于弗里德-克拉夫茨（Friedel-Crafts）烷基化反应，在稀释剂（如醋酸、二氯甲烷等）的存在下将吲哚与活性甲基来源物质混合合成 3-甲基吲哚，反应过程如图 4-57。在适当的反应条件下（如温度、压力、时间），活性甲基来源物质与吲哚的 3 位发生烷基化反应，生成 3-甲基吲哚。例如，吲哚与甲醇在气相催化反应条件下合成 3-甲基吲哚，沸石催化。详细的反应步骤如下：

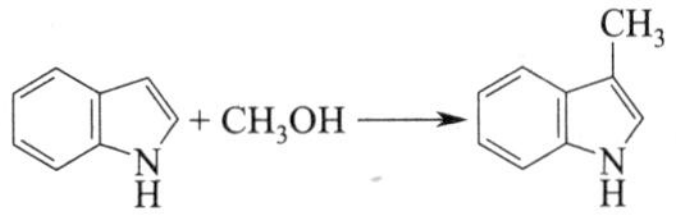

图 4-57　弗里德-克拉夫茨烷基化反应合成 3-甲基吲哚

3-甲基吲哚可通过苯胺与环氧丙烷反应合成，原料首先通过加成反应得到中间体 1-苯胺基-2-丙醇，在催化剂 Cu-ZnO-MnO/SiO_2 的催化作用下发生闭环反应合成 3-甲基吲哚（图 4-58）。

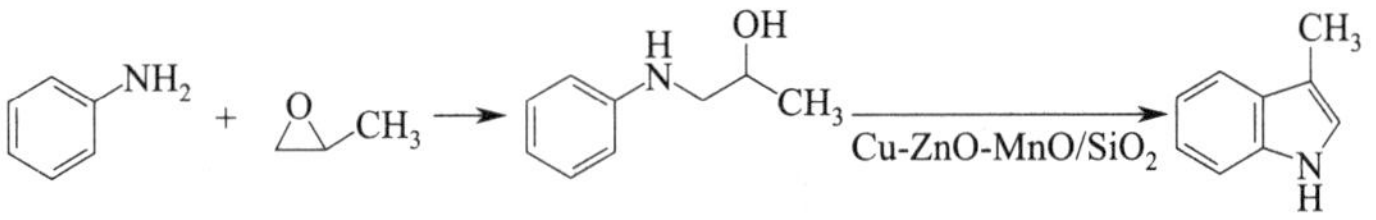

图 4-58　苯胺与环氧丙烷反应合成 3-甲基吲哚路线

3-甲基吲哚的合成还可以邻乙基苯胺为原料，首先与甲酸共体系密闭加热回流，二者 N—C 缩合反应形成中间体 *N*-甲酰基邻乙基苯胺，同氢氧化钾加热发生闭环反应形成 *N*-甲酰基邻乙基苯胺的钾盐，水解脱去钾盐即得到 3-甲基吲哚。合成步骤示路线见图 4-59。

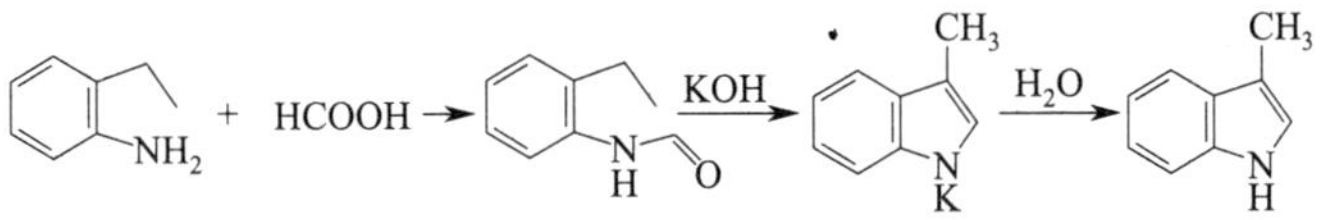

图 4-59　邻乙基苯胺与甲酸合成 3-甲基吲哚路线

4.3.6.4　吡啶的合成路线

吡啶类风味化合物通常拥有一个五氮六元环结构，其中一个氮原子与五个碳原子共同组成环状结构，其环结构是吡啶类风味化合物的基本特征。吡啶类风味化合物一般具有清香、木香、琥珀香等香味特征，例如，2-乙酰基吡咯可增添焦糖风味。2-乙酰基吡咯作为风味化合物，其合成工艺较为成熟，吡咯可通过 Oddo 反应、Fridel-Crafts 反应和 Vilsmerier-Haack 反应等路线合成，其中基于 Vilsmerier-Haack 反应的合成路线简单，且只有单一产物（图 4-60）。

图 4-61 是丁二醛与甲胺合成 2-乙酰基-1-甲基吡咯路线，2-乙酰基-1-甲基吡咯是一个五

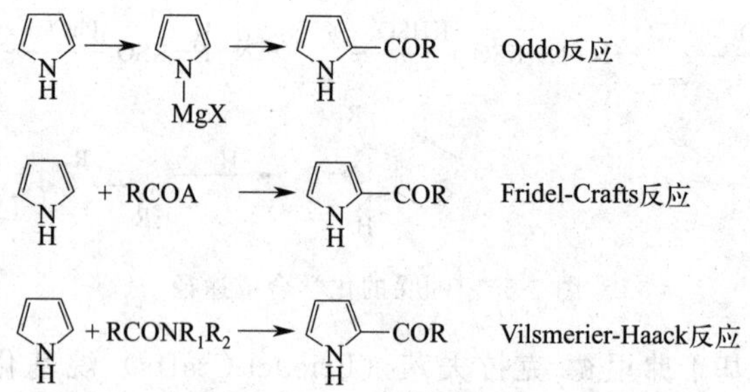

Oddo反应

Fridel-Crafts反应

Vilsmerier-Haack反应

图 4-60　2-乙酰基吡咯合成路线

元杂环（吡咯烷环），环上含有一个氮原子，位于环的1位，环上2位置上的氢原子被一个乙酰基（—$COCH_3$）所取代，1位置上的氢原子被一个甲基（—CH_3）所取代。2-乙酰基-1-甲基吡咯天然存在于罐头、炸牛肉、芦笋、咖啡、绿茶等的挥发性成分中，具有咖啡香味和坚果样的芳香，在香料和香精行业中具有较高的应用价值，尤其是在烟草领域。其合成路径为丁二醛与甲胺通过缩合反应生成中间体1-甲基吡咯，再通过乙腈化反应和水解得到2-乙酰基-1-甲基吡咯。

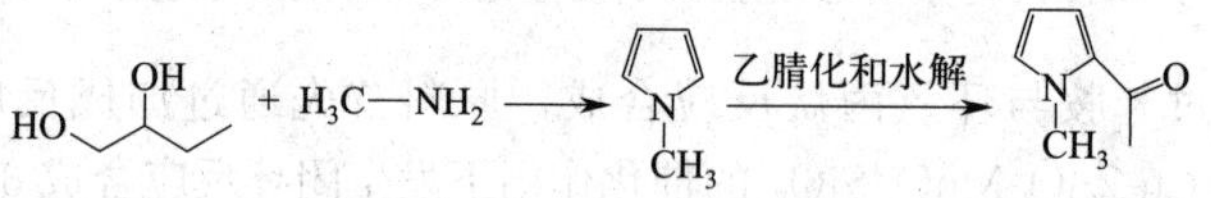

图 4-61　丁二醛与甲胺合成2-乙酰基-1-甲基吡咯路线

如图4-62是2-乙酰基吡咯合成2-乙酰基-1-甲基吡咯路线。2-乙酰基-1-甲基吡咯的另一个合成方法就是2-乙酰基吡咯进行甲酯化，然后进行酰基化，该过程会生成2-乙酰基-1-甲基吡咯和3-乙酰基-1-甲基吡咯两种产物。通过先酰基化然后甲酯化，即可得到单一的2-乙酰基-1-甲基吡咯。

如图4-63是*N*-甲基-2-吡咯醛的合成路线。*N*-甲基-2-吡咯醛是咖啡中焦香及壤香的重要来源，也是重要的香料合成中间体，以其为底物制备的香料在可可、烤牛肉、蘑菇、爆米花的挥发性物质中均有检出，也是吡咯类风味化合物的代表。

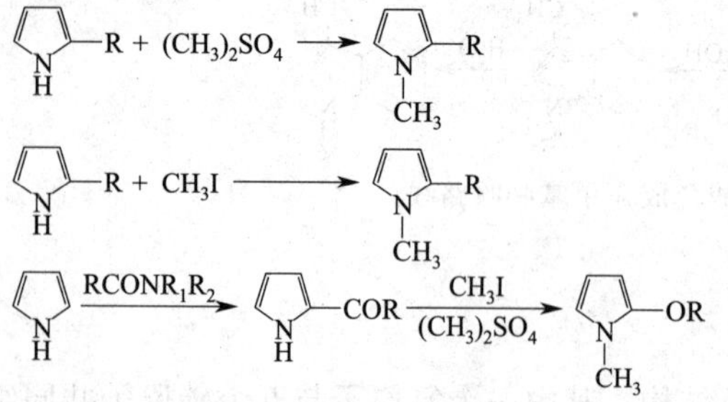

图 4-62　2-乙酰基吡咯合成2-乙酰基-1-甲基吡咯路线

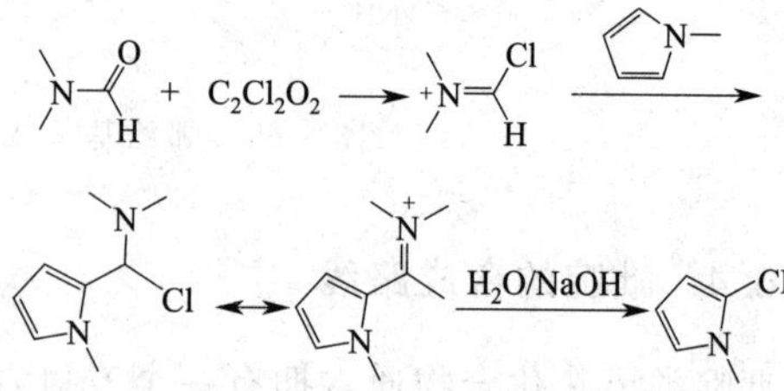

图 4-63　*N*-甲基-2-吡咯醛的合成路线

4.3.6.5　吡嗪的合成路线

吡嗪（pyrazine）是一类具有六元环结构的化合物，其中四个碳原子和两个氮原子交替排列形成环状结构。吡嗪化合物具有较低的阈值并具有烘焙食物、坚果和蔬菜等特殊的香味特征，特别是在卷烟主流烟气中的特征香味化合物。

2-甲基吡嗪（2-MP）具有巧克力香、可可香味，可用作食品添加剂和香料，同时也是一种重要的化工原料和医药中间体，可通过氨氧化、水解等系列反应而制得抗结核药物吡嗪酰胺。目前，2-MP 主要由 1,2-丙二醇和乙二胺（EDA）进行分子间缩环、2-甲基哌嗪脱氢和长链醇胺分子进行分子内缩环等方法合成得到，如图 4-64 所示。

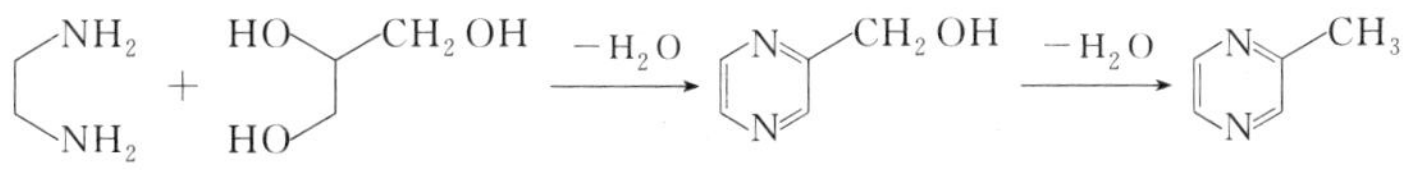

NH_2 NH_2 + HO CH_2OH HO $\xrightarrow{-H_2O}$ N CH_2OH N $\xrightarrow{-H_2O}$ N CH_3 N

图 4-64 2-甲基吡嗪的合成路线

2,5-二甲基吡嗪风味特征丰富，具有刺鼻的坚果味、霉味、土壤味、土豆味、奶油味、脂肪味、巧克力味、可可粉味和炒花生香气，在食品中主要应用于配制可可、咖啡、面包、肉类、坚果和马铃薯等香精。2,5-二甲基吡嗪也是重要的中间体，是制备 5-甲基-吡嗪-2-羧酸的关键原料。其合成方法：首先以 1,2-丙二胺和 α-羰基丙醛为原料，进行缩合反应生成 2,5-二甲基二氢吡嗪，再经氧化制得 2,5-二甲基吡嗪，如图 4-65 和图 4-66 所示。

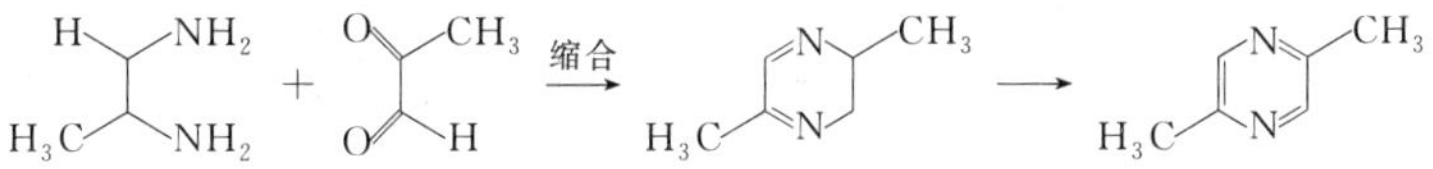

H NH_2 H_3C NH_2 + O CH_3 O H $\xrightarrow{缩合}$ N CH_3 H_3C N $\longrightarrow$ N CH_3 H_3C N

图 4-65 1,2-丙二胺和 α-羰基丙醛合成 2,5-二甲基吡嗪的路线

H_3C NH_2 NH_2 + H_3C NH_2 OH $\xrightarrow{缩合}$ N CH_3 H_3C N + N H_3C N CH_3

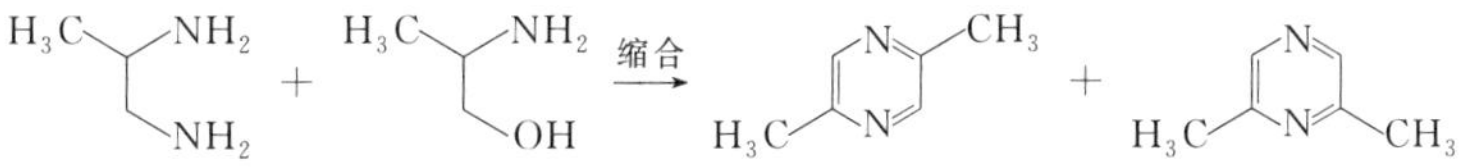

图 4-66 α-二胺和 α-乙醇胺合成 2,5-二甲基吡嗪的路线

2,5-二甲基吡嗪氮氧可与丙烯酸噻吩甲酯缩合，在醋酸钯作用下经偶联反应合成复杂的吡嗪-噻吩-酯类化合物——3-(3,6-二甲基-吡嗪氮氧-2-基)丙烯酸噻吩甲酯，如图 4-67 所示。

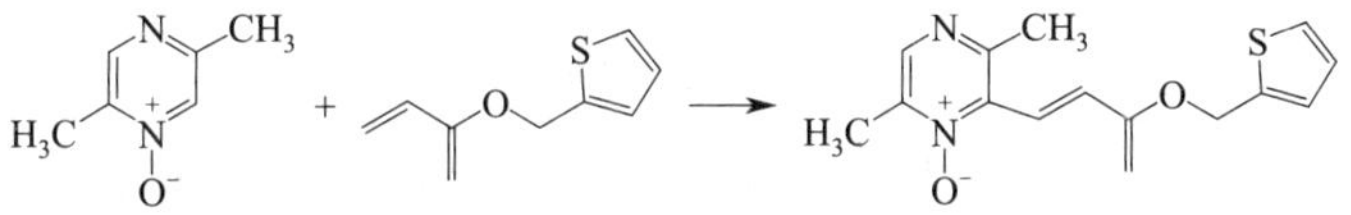

N CH_3 H_3C N^+ O^- + O S $\longrightarrow$ N CH_3 H_3C N^+ O^- O S

图 4-67 3-(3,6-二甲基-吡嗪氮氧-2-基)丙烯酸噻吩甲酯的合成路线

4.3.7 酮类风味化合物

4.3.7.1 酮类风味化合物的风味特征

酮类化合物是一类含有羰基的化合物，其分子结构中包含一个或多个碳氧双键（C═O），酮的结构特点是氧原子连接到两个碳原子上，这两个碳原子可以是不同的烷基或芳基。当羰基两端所连烃基为脂肪烃基时为脂肪酮，当羰基至少有一端连有芳香烃基时叫芳香酮。因此，酮类风味物质在常规条件下相对稳定，但一些具有较强官能团的酮可能会发生反应，如酮的 α-羰基位点对酸性的脱质子反应。此外，酮类化合物具有明显的风味特征，例如，丙酮具有刺激性气味，甲基壬基酮呈柑橘类香气、油脂香气和芸香似香气，低级脂肪酮（两个烃基均为脂肪烃者）具有特殊臭味，高级脂肪酮通常具有浓郁的香气，常被描述为具有类似水果或香草的气味，如图 4-68 是几种酮类风味物质代表。

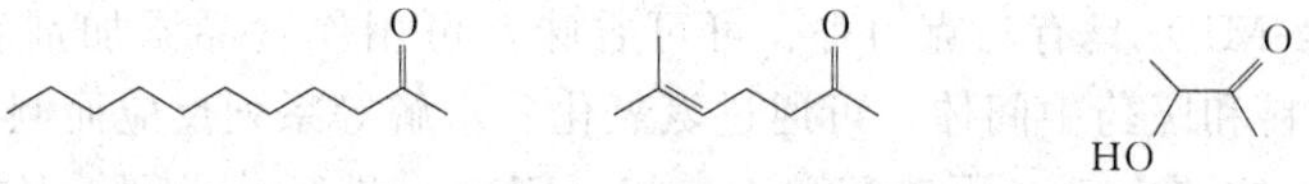

甲基壬基酮 甲基庚烯酮 3-羟基-2-丁酮

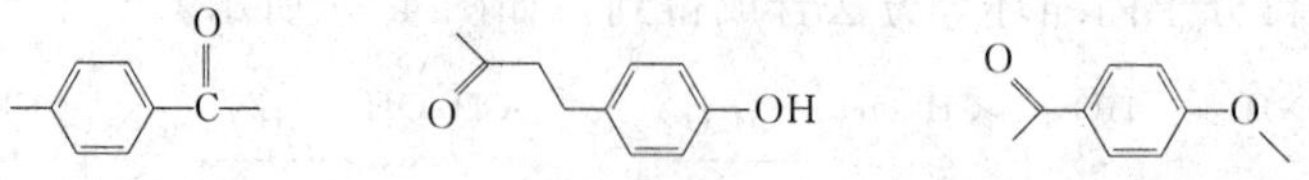

对甲基苯乙酮 覆盆子酮 4-甲氧基苯乙酮

图 4-68 酮类风味物质代表

4.3.7.2 酮类风味化合物的合成路线

酮类化合物可由醇经过氧化反应生成。如图 4-69 和图 4-70 所示，在这个过程中，醇中的羟基（—OH）被氧化成羰基（C═O）。值得注意的是，这种氧化反应通常仅适用于二级醇（具有两个烷基或芳基附着在碳原子上的醇），因为二级醇氧化时会形成具有稳定羰基的酮。在醇氧化为酮的反应过程中，首先需要从醇中去除一个氢原子。这个去除氢原子的反应被称为“不饱和化去氢”的过程。随后，将氧原子连接到生成物上，形成羰基结构。

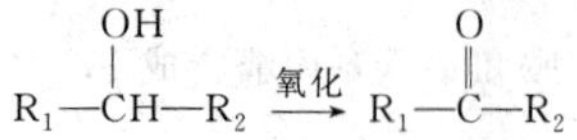

$$R_1—CH(OH)—R_2 \xrightarrow{\text{氧化}} R_1—C(=O)—R_2$$

图 4-69 醇氧化合成酮的原理

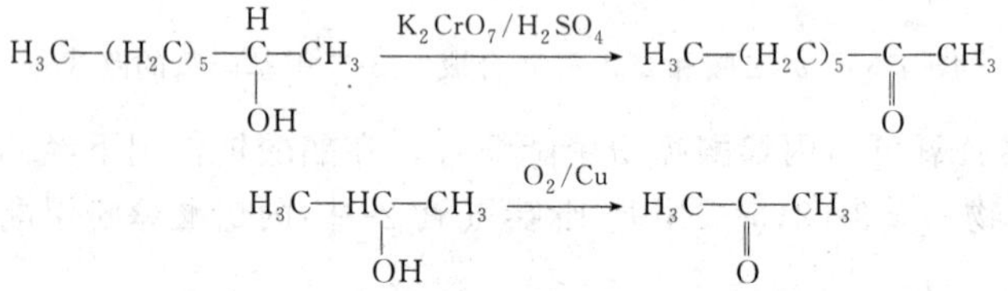

$$H_3C—(H_2C)_5—CH(OH)—CH_3 \xrightarrow{K_2CrO_7/H_2SO_4} H_3C—(H_2C)_5—C(=O)—CH_3$$

$$H_3C—HC(OH)—CH_3 \xrightarrow{O_2/Cu} H_3C—C(=O)—CH_3$$

图 4-70 仲醇氧化合成酮的路线

酮类化合物还可通过羧酸缩合生成，例如，以壬酸和乙酸为原料，脱羧缩合制备甲基庚烯酮（2-十一酮）（图 4-71）。

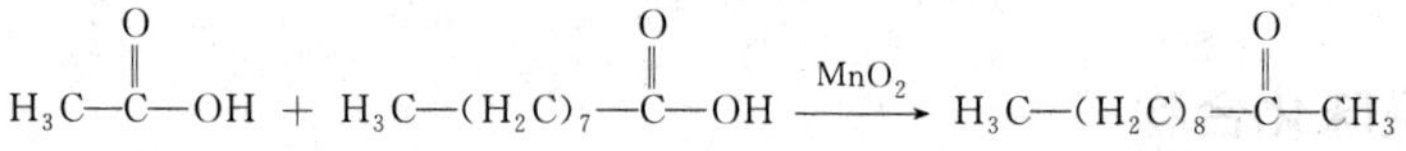

$$H_3C—C(=O)—OH + H_3C—(H_2C)_7—C(=O)—OH \xrightarrow{MnO_2} H_3C—(H_2C)_8—C(=O)—CH_3$$

图 4-71 羧酸缩合制备甲基庚烯酮的路线

香叶基丙酮（3,7-二甲基-2,6-辛二烯基丙酮），又名二氢钾紫罗兰酮，其分子结构中包含一个乙酰基（$—CO—CH_3$）羰基和一个保持同一方向的香叶基。其风味特点被描述为花香、水果香和甜橙的气息，因其具有特殊的木兰香气被认为是一种名贵香料。以芳樟醇为原料，通过去质子化、酯交换和 Claisen 重排等过程，合成香叶基丙酮，此过程会生成橙花基丙酮，如图 4-72 所示。

4.3.7.3 香豆素的风味特征

香豆素（coumarin）又名邻氧萘酮，其分子结构基础是苯环通过一个呋喃环连接而成的，结构表现为顺式邻羟桂皮酸的内酯及衍生物，苯环位置含有一个羰基，基本母核为苯骈-α-吡喃酮。香豆素有一种独特的香气，被形容为香草或干草的气味。需要注意的是，高

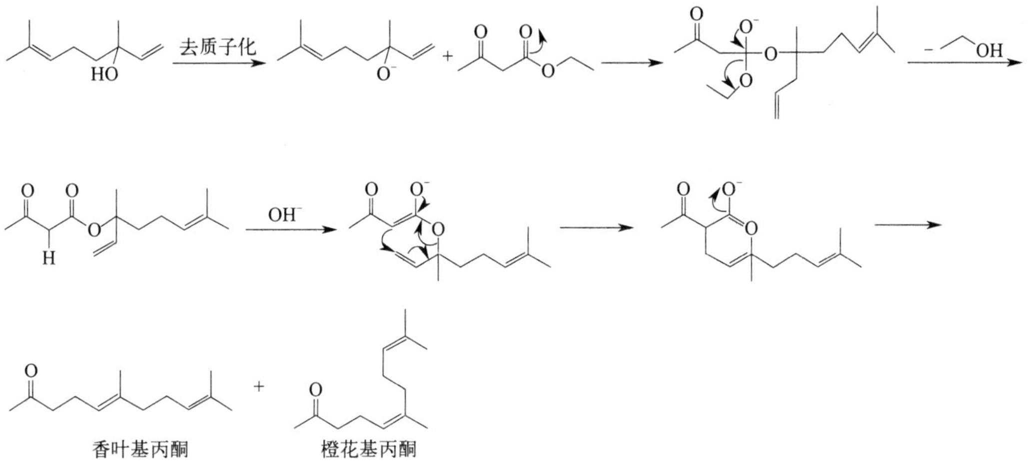

去质子化

OH^-

香叶基丙酮　　橙花基丙酮

图 4-72　香叶基丙酮合成路线

浓度的香豆素可能具有苦味。此外，香豆素还具有一些其他的特性，如抗凝血和抗氧化活性，如图 4-73 是几种香豆素类化合物代表。

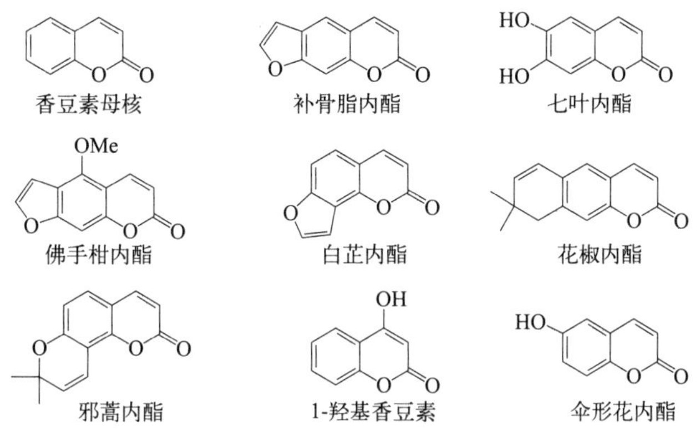

图 4-73　香豆素类化合物代表

4.3.7.4　香豆素的合成路线

香豆素类化合物的生物合成通过苯丙氨酸代谢途径进行，如图 4-74，苯丙氨酸通过苯丙氨酸解氨酶（PAL）的作用转化为肉桂酸，肉桂酸依次在肉桂酸-4-羟化酶（C4H）、4-香豆酸辅酶 A 连接酶（4CL）、香豆酰辅酶 A 羟化酶（C2′H）的作用下生成香豆酸、二羟基肉桂酰辅酶 A 和伞形酮，伞形酮通过生物酶的作用转化为香豆素类化合物。此外，芳香族氨基酸中的酪氨酸也可作为该路径的起始反应物通过酪氨酸解氨酶（TAL）转化为香豆酸，通过苯丙氨酸代谢途径合成香豆素类化合物。

此外，一些复杂结构的酮类风味物质，例如，覆盆子酮（P-hydroxyphenyl butanone），主要存在于覆盆子和其他一些水果和浆果（如桃、山楂和黑莓等）中，具有强烈的覆盆子香气；木材酮（timberone）具有树木/琥珀香味；甲位二氢突厥酮（alpha-damascone）具有特殊的玫瑰花、水果的细腻香气，是一种十分名贵的香料；β-大马烯酮（β-damascenone），是玫瑰精油中重要的香气成分，具有清甜的玫瑰花香、甘草香气、草莓和苹果等水果香韵等香气特征，如图 4-75～图 4-78 所示。

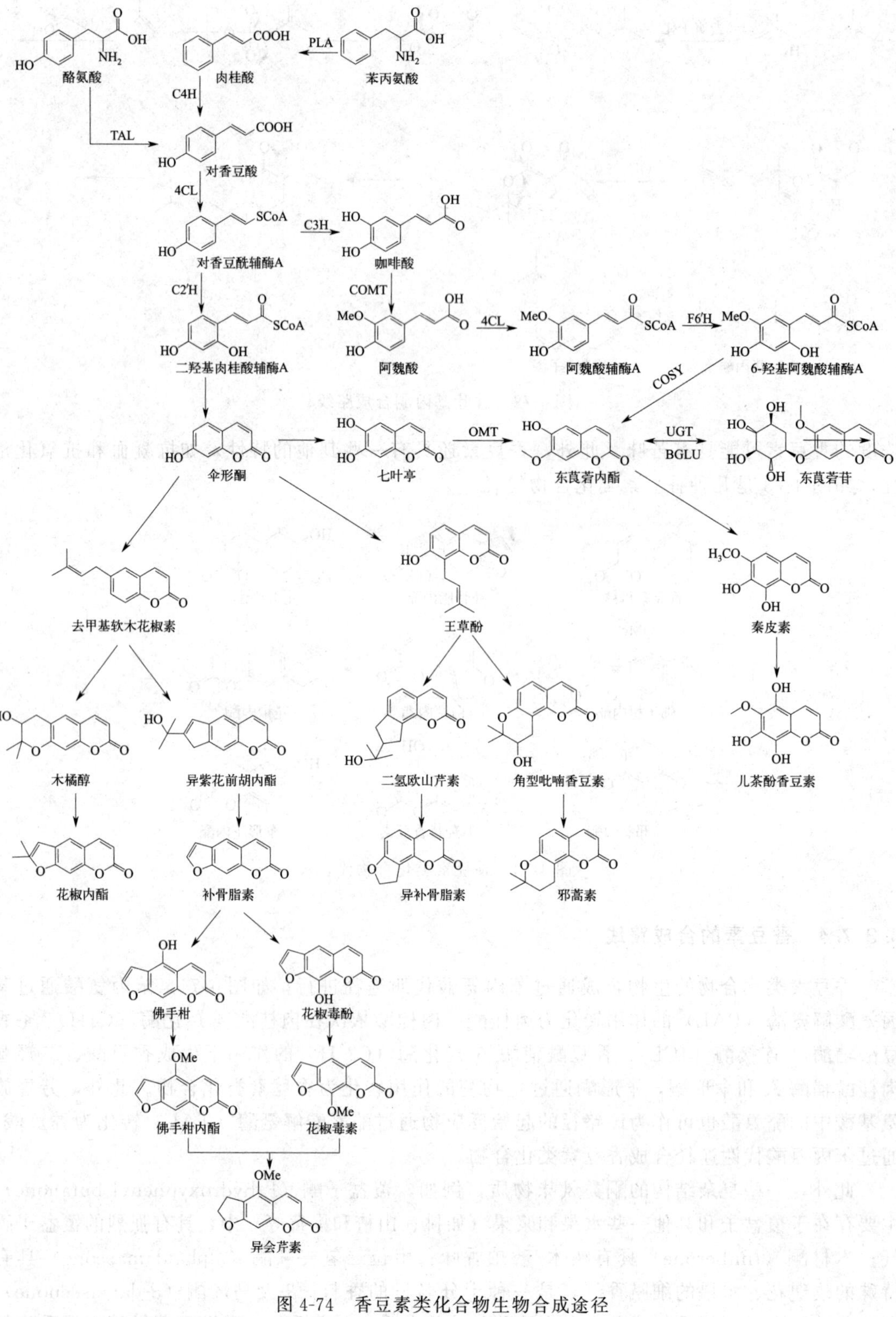

图 4-74　香豆素类化合物生物合成途径

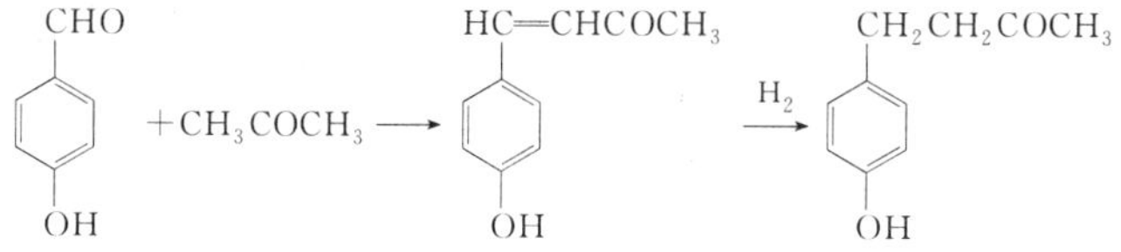

图 4-75　覆盆子酮合成路线

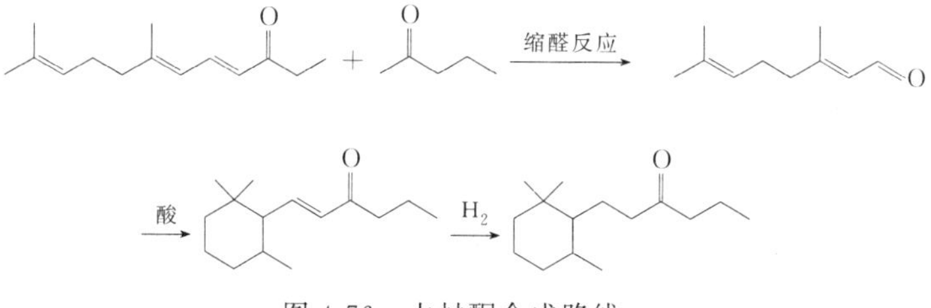

图 4-76　木材酮合成路线

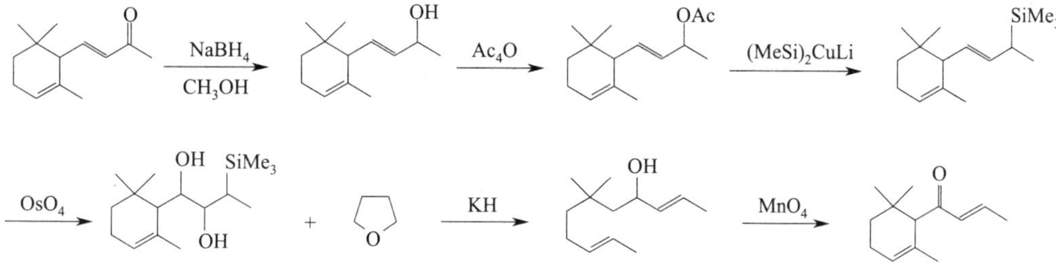

图 4-77　甲位二氢突厥酮合成路线

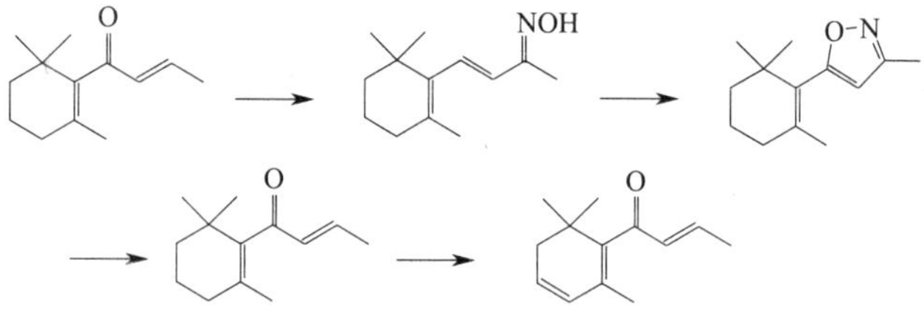

图 4-78　*β*-大马烯酮合成路线

4.3.8　含硫类风味化合物

4.3.8.1　含硫类风味化合物的风味特征

含硫类风味化合物根据结构的不同主要分为：硫醇类、硫醚类、硫酯类、缩硫醛（酮）类、噻唑类等杂环类。噻唑类风味化合物的结构以噻唑环为基本骨架。鉴于风味化合物的多样性，这里的分类并不是绝对的。某些风味化合物可能同时属于多个分类，具有不同类型结构特征。例如，噻唑类风味化合物是一种含有噻唑环的化合物，同时含有硫、氮原子，因其独特的结构和性质，对于许多食品和饮料的香气产生贡献，如图 4-79 是含硫类风味物质代表。

4.3.8.2　噻唑的风味特征

噻唑，又称 1,3-硫氮杂茂，是一类以噻唑环为基本骨架，含有三个碳原子、一个硫原子、一个氮原子的五元杂环化合物。噻唑类风味化合物结构中的侧链通常与噻唑环上碳原子相连，并可能包含各种官能团，例如烷基、羟基、氨基、羧基等。这些侧链和官能团的不同组合为具有特定香气的噻唑类风味化合物提供了多样性，如图 4-80 为噻唑类风味物质代表。

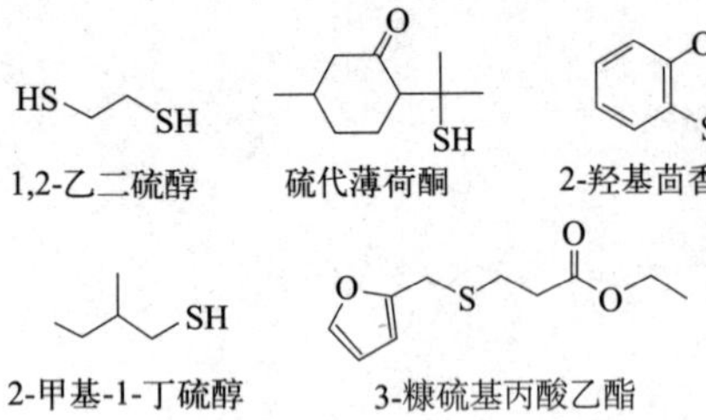

1,2-乙二硫醇　硫代薄荷酮　2-羟基茴香硫醚　2-甲基-1-丁硫醇　3-糠硫基丙酸乙酯

图 4-79　含硫类风味物质代表

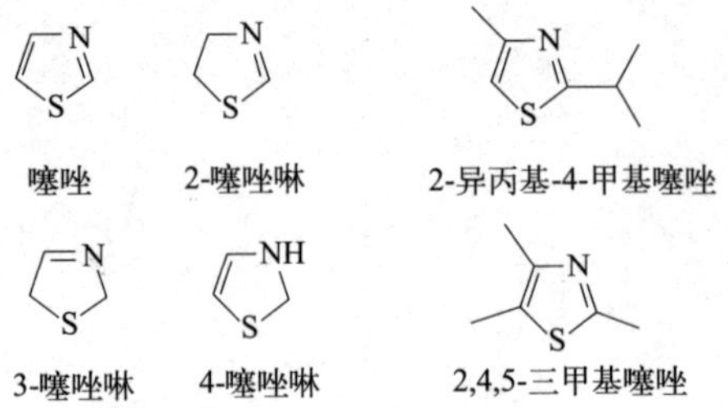

噻唑　2-噻唑啉　2-异丙基-4-甲基噻唑　3-噻唑啉　4-噻唑啉　2,4,5-三甲基噻唑

图 4-80　噻唑类风味物质代表

4.3.8.3　噻唑的合成路线

Hantzsch 法是合成噻唑类化合物的有效方法，最早是由德国化学家 Arthur Rudolf Hantzsch 于 1887 年提出的。通过观察醛、α-氢酸和亚硝基化合物在酸性条件下的反应，成功合成了噻唑类化合物，通过改变亚硝基化合物中氮原子上的取代基，可以得到不同取代程度和取代模式的亚硝基噻唑化合物。Hantzsch 法制备噻唑类化合物的过程涉及亲核取代（nucleophilic substitution）、亲核加成（nucleophilic addition）和脱水环化（cyclodehydration）等反应步骤。

亲核取代：在此步骤中，亚硝基化合物的亚硝基氮原子攻击 α-氢酸上的酮基，形成一个亚硝基化合物和 α-氢酸之间的亲核取代产物。

亲核加成：醛或酮上的羰基会与上述中间产物发生加成反应。亲核取代产物中带有公共原子的原子团作为亲核试剂进攻新的羰基，生成一个五元环化合物中的一个立方体稳定结构。

脱水环化：在适当的条件下，五元环化合物经历结构重排和脱水反应，形成最终的噻唑类化合物（图 4-81）。

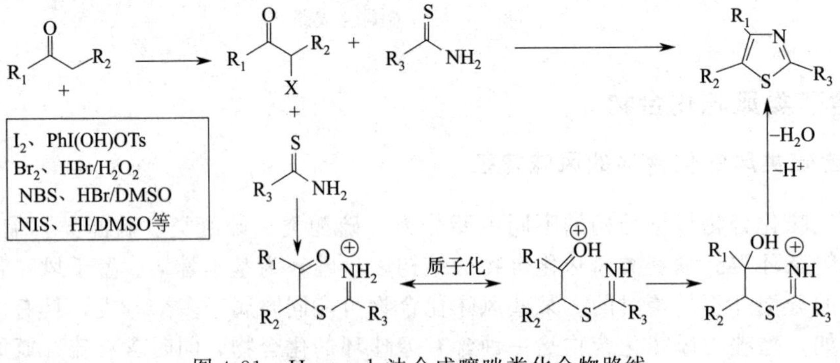

I_2、PhI(OH)OTs
Br_2、HBr/H_2O_2
NBS、HBr/DMSO
NIS、HI/DMSO等

质子化　$-H_2O$　$-H^+$

图 4-81　Hantzsch 法合成噻唑类化合物路线

第5章

风味物质的控释和稳定化

食品中常见的风味物质分为香气物质、呈味物质和颜色物质三大类，这些物质对食品的口感、风味、颜色等方面具有重要影响，是食品品质的关键因素之一。

5.1 概述

在食品中，香气物质是影响消费者对产品感官的首要因素之一。风味物质主要包括挥发性和非挥发性物质。挥发性物质主要包括挥发油、香料、醇类等。非挥发性物质则主要包括氨基酸、核苷酸、肽类等。这些物质对于食品风味的形成具有至关重要的作用，但由于其易挥发和受外部环境影响的特性，需要对其释放与稳定性进行研究。控释技术（controlled release technology），即控制释放技术，是一种使化合物或其他活性物质在一定时间内以稳定、持续的速率释放的技术。在食品风味研究领域，它的目的是通过调节风味物质释放的速度和方式，达到更好的风味效果和更长的持续性效果，并且能够降低异味。控释系统有多种类型，如微粒控释、水凝胶控释、脂质体控释以及高分子缓释等。这些系统能够控制风味物质自发地逸出和释放，保持食品在特定的环境中的感官品质，避免风味物质浓度的急剧波动。例如，吲哚在较高浓度水平，具有粪臭味，低浓度具有花香味，如果控制其释放速率，可为食品提供持续的花香味。

5.2 食品风味物质控释的基本原理

食品风味物质控释技术是一种能够实现在特定条件下、特定时间内精确调控食品中风味物质（如香气物质与呈味物质）释放速度的现代食品加工技术，风味释放或释放速率可以定义为一定时间内，风味分子从一个环境或状态迁移到另一个环境或状态的过程。了解风味释放的基本原理旨在优化食品的风味及口感，提高食品的品质和组织的稳定性。

食品中风味化合物的释放速率至关重要，挥发性风味物质与空气分子混合，可进入鼻腔，通过正鼻路与嗅觉上皮中的感受器细胞接触，让人类大脑感知到食物的种类、质量和口味。在咀嚼过程中，一些滋味化合物会在口腔中释放并与进入鼻腔的空气混合，与气味蛋白发生作用，引发嗅觉传导。

控制物质扩散速率及扩散方式：食品中的风味物质通过调整扩散速率及扩散方式从而实现其受控释放。方法是遵循菲克（Fick）扩散定律、物质浓度梯度或强度梯度等原理，设计食品结构或分子排布，以减缓或加速食品中风味物质的扩散。

食品基质调控：配制特定的食品成分和成分比例，优化风味物质在食品中的固定与在口腔中的释放。例如，在食品中添加高分子物质，如纤维素、淀粉类等，以形成具有稳定性的矩阵结构，在消费者咀嚼之后，食品矩阵逐渐被破坏，风味物质得以释放。

总之，影响风味和香气化合物释放的因素有很多，见表 5-1：①热力学因素（如分配系数）和动力学因素（如扩散和质量传递）控制风味的释放；②风味分子的化学结构（大小和质量）；③与其感知可用性相关的香气化合物的物理化学性质（如挥发性和疏水性）；④风味的初始强度或浓度；⑤与香气化合物相互作用的主要食品成分（如脂质、蛋白质、碳水化合物）的影响；⑥考虑生理因素（如咀嚼速度、唾液流动、咽喉频率）的食物口腔处理。

表 5-1 风味物质释放的影响因素

风味释放机制	风味释放因素	
扩散	风味物质特性	风味物质类型、分子量和浓度
溶解或熔化	载体材料	载体的类型、载体壁的厚度、分子量
破裂	颗粒大小和形状	微量、纳米颗粒，球形、椭圆形碎片
膨胀	释放介质	pH 值、温度、离子强度、酶的活性、相对湿度和压力
老化降解	封装系统的类型	基质，微、纳米胶囊，分子包合物，纳米纤维和固体脂质纳米颗粒

5.2.1 风味控释的机制

熟悉风味释放的影响因素有助于食品在储存、加工和消费过程中保持其特有的口感、香气和新鲜度，从而提高消费者对食品的满意度。其次，对于食品工业来说，研究风味释放影响因素是改进现有产品和开发新产品的重要依据。

壁材的分子量和化学组成对其阻隔性能有影响，例如，分子量较高的载体材料可以减少风味扩散。然而，高聚合度会导致风味化合物保留度降低，这可能是风味与载体材料之间相互作用程度较低所致。当非晶壁材处于玻璃态时，其分子的移动性可能非常低，与晶相类似。从玻璃态到橡胶态的转变以玻璃化转变温度（T_g）为特征。在 T_g 以下，壁材保持在玻璃态；当达到 T_g 时，壁材的黏度降低，分子移动性增加，因此阻隔特性较差。非晶材料的玻璃化转变温度值取决于其分子量。T_g 随分子量的增加而增加。因此，在 T_g 以上温度下，高分子量非晶涂层材料对风味释放具有更好的保护作用。然而，在 T_g 以下，低分子量基质相对于高分子量基质能提供更好的存储稳定性，因为前者具有较低的残余开放和闭合孔隙率。其次，壁材的形态取决于载体和核心材料的性质。大多数风味和芳香物质都是疏水性的，可能与亲水性壁材不易混合，因此，它们呈油滴状。壁材内容物的释放机制可分为五类：扩散、溶解或熔化、断裂、溶胀、侵蚀和降解。根据核心和壁材的性质以及相关的过程因素，封装的风味化合物会遵循特定的释放机制。风味化合物的释放速率可以通过 Avrami 方程来确定：

$$R=\exp[-(kt)^n] \tag{5-1}$$

式中，R 是风味化合物在释放过程中的保留量，t 是时间，n 是代表释放机制的参数，k 是释放速率常数。参数 n 的值在一阶动力学中为 1，在扩散限制反应动力学中为 0.54。

对两边取对数并简化方程的形式：

$$\ln(-\ln R)=n\ln k+n\ln t \tag{5-2}$$

该方程参数 n 可以通过绘制 $\ln(-\ln R)$ 对 $\ln t$ 的斜率以及 $\ln t=0$ 时的释放率常数 k 来确定。当风味释放现象主要由载体基质内的风味扩散控制时，那么 n 值通常相当于 0.5，这就是半阶释放。此外，当核心材料是溶液时，就会发生一阶释放，n 为 1。然而，$n>1$ 发生在风味化合物释放的初始阶段和风味化合物乳化液爆裂的阶段。重要的是，这种释放机制的分类只适用于从单个微胶囊中释放风味化合物。但实际生产或应用过程中，封装粉末的基质含有不同大小和壁厚的颗粒。例如冻干粉和喷雾干燥粉包括具有不同性质的颗粒，对于封装粉末基质来说，公式(5-1)、(5-2) 中的 n 值根据粉末的性质而变化。这被表述为：

$$G(t)=G_0\exp\left[-\left(\frac{t}{\lambda}\right)\right]^{\beta} \tag{5-3}$$

式中，$G(t)$ 代表在时间 t 时粉末中的残留风味化合物含量，G_0 是初始风味化合物含量，λ 是松弛时间，反映风味化合物含量释放率的倒数，β 是松弛常数，t 是时间。

由于封装的粉末基质（即喷雾干燥粉末）含有具有不同释放特性的粉末颗粒，单个颗粒 i 的 KWW 松弛方程之和可能是其总的（整体）释放性能。需要表示为

$$G(t)=\sum_i G_i\exp\left[-\left(\frac{t}{\lambda}\right)\right]^{\beta_i} \tag{5-4}$$

5.2.2 风味物质控释的常见方式

5.2.2.1 扩散

扩散是风味释放的主要机制，挥发性化合物在载体壁两侧的蒸气压是引导扩散的关键驱动力，此释放机制涉及的步骤包括风味从内部基质扩散到载体表面，然后移到周围的食物组分。风味化合物的分子量影响扩散过程。实际上，随着分子量的增加、挥发性的减小和风味-水分配系数 $\log P$［表示相对疏水性（+）或相对亲水性（−）］的增加，风味化合物通过聚合物基质的扩散速率降低。当非晶基质从玻璃态转变为橡胶态时，扩散速率增加，这提高了相对移动性。孔径大小、涂层壁（扩散层）厚度和颗粒尺寸、形状以及极性也会影响风味化合物的扩散性。此外，活性化合物在聚合物基质中的均匀或非均匀分布也会影响风味扩散性。在稳态条件下，菲克（Fick）扩散定律表达了风味和芳香化合物通过单位面积、单位时间扩散或在一定时间内传递的质量流量。考虑到类似于微球形态的一维球坐标系，Fick 扩散第一定律为：

$$J=\left(\frac{1}{A}\right)\frac{\mathrm{d}C}{\mathrm{d}t}=-D\,\frac{\mathrm{d}C}{\mathrm{d}r} \tag{5-5}$$

式中，J 是扩散流量，D 是扩散系数，$\mathrm{m^2/s}$；$\mathrm{d}C/\mathrm{d}r$ 是载体内外化合物的浓度梯度，r 是载体的半径，A 是载体的表面积。方程中的负号代表扩散发生在浓度增加的相反方向。

该方程的简化形式与载体内外的浓度差有关，即

$$\frac{\mathrm{d}C}{\mathrm{d}r}=-D.A.(\Delta C)/R \tag{5-6}$$

$$J=-D(\Delta C)/R \tag{5-7}$$

式中，$(\Delta C)=Cm_{\mathrm{o}}-Cm_{\mathrm{i}}$；其中，$Cm_{\mathrm{o}}$ 是载体外的风味化合物浓度，Cm_{i} 是载体的风味化合物浓度，R 是载体的厚度。

5.2.2.2 溶解或熔化

溶解或熔化机制涉及包覆材料在适当溶剂中溶解，或通过热和/或湿气的影响使包覆材

料熔化。水溶性包覆材料容易在水中或在有潮气时释放风味成分。然而，热释放涉及使用脂肪的包覆材料。在这种情况下，包覆材料在加热时将核心材料释放到周围环境中，还有少量包覆材料在一定温度下溶解于水中。这种类型（加热时熔化或溶解）的香味释放在烹饪或烘焙过程中发生。然而，活性化合物可能不完全存在于包覆材料内部，而是在表面。因此，在风味物质从基质表面向周围介质释放过程中，扩散也可能影响溶解机制。

5.2.2.3 破裂、膨胀、侵蚀和降解

风味物质的释放还涉及破裂、侵蚀和降解途径。在破裂过程中，风味的释放是通过物理破裂实现的。包覆外壳可能由于外部力（如压力、剪切、研磨、超声波）和内部力（如膨胀）的作用而破裂；与其他释放机制相比，水不溶性包埋物（由脂肪和蜡制成）可以在较短的时间内通过物理破裂释放。例如，咀嚼是释放香味成分的最常见破裂方法之一。在膨胀过程中，将包覆材料放置在热力学兼容介质中。由于从介质中吸收液体，聚合物膨胀。然后通过扩散作用释放基质溶胀部分中的香味和气味成分。通过控制水或其他溶剂（如甘油或丙二醇）的吸收速度，可以控制膨胀的程度。老化过程是指降解、溶解和扩散过程的组合，在老化过程中壁材料变薄，固化胶囊壁的扩散增加，胶囊基质或包埋壁材料也可能发生降解。例如，脂质涂层可能受到脂肪酶的作用而降解。一般来说，有两种老化降解过程可以观察，即体积降解和表面降解。当释放介质进入基质内部的速度大于基质化学键的断裂速度时，称为体积降解。相反，表面降解是指释放介质进入基质内部的速度与基质链断裂速度相比较慢时的降解过程。

5.3 风味物质的控释封装的影响因素

封装是风味物质控释的一种常见技术，即在另一种材料上形成一种外部膜或涂层，用于保护和/或保存生物活性、挥发性和易降解的化合物，使其免受生化和热恶化的影响，它也被用于掩盖不受欢迎的味道和香气。封装技术大约在60年前首次被开发出来，是一种用于包裹固体、液体和气态化合物的技术，包覆能够使化合物在特定条件下以特定速率释放。封装材料可以是纯物质或混合物，也被称为涂层材料、核心材料、活性物质、填料、内相或有效载荷。另一方面，涂层材料被称为包装材料、胶囊、壁材、薄膜、膜、载体或外壳。包衣材料通常由天然或改性多糖、胶质、蛋白质、脂类和合成聚合物制成。

涂层材料的选择取决于核心材料的性质、封装工艺和产品的最终用途。所得微胶囊或纳米胶囊的形态取决于核心材料的排列和涂层材料的沉积过程，可分为单壳、多壳和基质（矩阵）。单壳胶囊包含一个围绕核心的外壳，而多核胶囊有许多核心，它们被夹在一个外壳中，而基质胶囊的核心材料均匀地分布在外壳材料中。此外，还有可能出现多壳核胶囊或具有非球形/不规则形状的胶囊，如图5-1。

加工过程中的风味保留和加工产品中的风味稳定性是食品工业的一个主要关注点。风味既代表了食品的独特特征，也代表了食品的质量。几乎所有的风味和芳香化合物都是非常活跃的，并且在本质上具有高度挥发性。它们很容易与空气分子混合并迅速扩散。因此，在食品加工过程中，风味物质需要得到极大的关注，因为它在空气、光线、水分、高温或食品材料中的某些其他成分存在的情况下，非常容易降解和/或损失。封装技术可以保护风味物质不受这些因素的影响，防止在食品基料的加工和储存过程中出现风味损失。风味稳定性和风味保留是相互关联的术语，当风味稳定性增加时，风味保留也会增加。

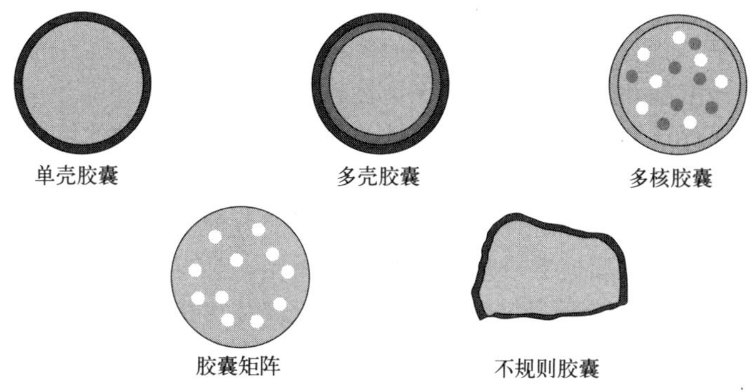

图 5-1　不同形式的风味胶囊化示意图

风味物质在封装或包埋过程中，风味的保留取决于风味在胶囊中的稳定性。它可以被定义为胶囊基质中的总风味化合物与假设状态下保留在胶囊基质中的理论风味物质量的比值。简单地说，它可以计算出封装物生产过程中的风味损失，风味保留的百分比可以通过以下公式计算。

$$\text{风味物质保留总量}(\%)=\frac{\text{假设状态下保留在胶囊基质中的理论风味物质量}}{\text{胶囊基质中总的风味物质的量}}$$

上述公式还可以用来确定食品在加工后的风味保留，其中，封装液滴或颗粒中的总风味含量可以通过不同的技术来估计，如蒸馏、萃取、蒸发以及吸光度测量。此外，封装过程中的风味保留取决于许多因素，这些因素可以分为五大类：风味特征、载体特征、封装前的样品制备、封装方法和封装方法的操作条件。表 5-2 表示在封装过程中影响风味保留的因素。

表 5-2　封装或包埋过程中影响风味保留的因素

影响因素	影响因素具体类型
风味物质特性	香料的类型(如醛类、酯类、酮类等)、分子量、相对挥发性、极性、尺寸、浓度
载体特性	载体的类型(如多糖、蛋白质、脂肪)、溶解性、乳化能力、成膜能力、分子量、玻璃化转变温度、载体的浓度或复合载体的比例、黏度、固体含量、生物相容性、包裹系统的大小
封装前的样品制备(初始乳化)	乳化方法和操作条件、乳液液滴大小、乳液黏度、乳液稳定性
封装方法(喷雾干燥、乳化、挤压等)	微胶囊、纳米胶囊、喷雾包埋
封装方法的操作条件(喷雾干燥的操作条件)	入口和出口空气温度、进料流速、空气流速、雾化器的类型

5.3.1　风味特性

了解风味特性对成功包裹风味化合物至关重要。在这些特性中，分子量和相对挥发性是影响包裹过程中风味保留的关键因素。风味化合物的分子量与分子大小相关，它可以影响风味分子的扩散过程。分子较大的风味化合物在干燥过程中呈现出相对较慢的扩散速度，并需要更长的时间才能到达雾滴表面。因此，分子量较高的风味化合物在包裹过程中通常表现出更好的保留效果。

相对挥发性是指风味化合物从液体或固体相转变为气态的速度。相对挥发性通常以水的挥发性为基础衡量。风味化合物的相对挥发性越高，其挥发和扩散的趋势就越大。因此，在封闭过程中可能表现出较少的保留。分子量与沸点密切相关，风味化合物的沸点随着分子量的增加而增加。因此，风味化合物的相对挥发性与其分子量呈正相关。

分子量和沸点较高的风味化合物（如柠檬醛、辛醇和丁酸）在包裹过程中具有更低的挥发性（更高的保留率），而具有较低分子量和沸点的风味化合物（如乙醛、二甲基硫醚、二乙酰、丙烯基异硫氰酸酯和丁酸乙酯等）保留性较差。

风味化合物的保留还取决于其极性，极性较高的化合物在水中的溶解度相对较大。在干燥过程中的包裹中，风味化合物的水溶性增加会导致风味损失的增加。这是因为风味会随着水分的扩散而在蒸发过程中丢失。极性香气化合物（如芳樟醇、庚醇和薄荷醇）与非极性或弱极性香气化合物（如庚醇酯、芸香酮和薄荷酮）相比，具有更好的包含比率。风味化合物的包含量取决于化合物的溶解度和包含复合物的分子群结构特性。此外极性香气化合物的包含复合物比非极性或弱极性香气化合物的包含复合物具有更高的焓值，说明极性化合物在热处理时需要更多的能量进行相变。因此，更好地保留极性风味化合物取决于包裹方法。具有不同官能团的风味保留顺序为：酸类＜醛类＜酯类≤酮类≤醇类。

5.3.2 载体特性

风味化合物具有易挥发、热敏和光敏等特性，因此选择合适的载体材料和核心与载体之间的比例对于高效包裹风味化合物至关重要。载体材料应具有良好的乳化能力，并在高浓度下具有低黏度，还应具有良好的溶解性和成网特性，有保护风味化合物不受生产加工和储存条件影响的能力，以及在特定介质中控制风味释放的能力。

用于风味包裹的生物聚合物主要是多糖、蛋白质和脂质，其中，麦芽糊精、环糊精、果胶、海藻酸钠、树胶、乳清蛋白浓缩物和韧皮部分常用于风味和香气的包裹，可以单独使用，也可以与其他材料一起以复合形式使用。除了载体材料外，风味化合物与载体材料之间的物理或物理化学相互作用，如不溶性复合物的形成和载体材料与风味化合物通过氢键发生分子结合等，也可能影响风味的保留。低分子量香气化合物与原生淀粉颗粒结合，与纯净香气相比，风味保留效果较好。然而，高分子量香气化合物则表现出负保留，即淀粉诱导香气挥发。这一现象被认为是淀粉介导的大表面积暴露或者部分淀粉颗粒被破坏，从而导致香气化合物更容易挥发。

5.3.3 封装或包埋方法及其操作条件

封装或包埋过程中影响风味保留的最重要因素之一是封装方法的选择和最佳处理条件。不同封装方法将会影响风味保留，以鱼油微胶囊为例，使用四种载体材料组合（麦芽糊精、大豆可溶性多糖、明胶和壳聚糖）以及不同干燥方法（喷雾颗粒化、喷雾干燥和冷冻干燥）来制备微胶囊。类似地，嗅辛辣味剂——胡椒油树脂（辣椒素类化合物）与 Hi-Cap 100（辛烯基琥珀酸淀粉）载体材料一起使用超声乳化和超临界流体萃取结合冷冻干燥进行封装。这些方法中，超声波乳化展示出更高的乳化效率和稳定性，而超临界流体萃取过程导致油树脂溶解丧失及液滴体积扩展增加。封装方法的处理或操作条件亦可影响风味保留。例如，在喷雾干燥过程中，喷嘴直径、溶液流速和干燥温度等参数需要进行优化以实现最佳风味保留。类似地，在冷冻干燥过程中，冷冻温度、真空压力和干燥时间等参数也需优化以降低有机溶剂对风味化合物的损失。

5.4 常见的风味控释的包埋技术

目前，各种包埋方法可生产出如糊剂、粉末、胶囊、颗粒和乳液滴等不同形式的包埋物。大部分方法采用香精包埋技术制作粉末形式的产品，所需形式取决于香精的最终用途，例如糖果及烘焙制品（蛋糕、面包、饼干、曲奇、巧克力、糖果）、奶粉、即食饮料、速溶饮料、挤压零食等。由不同方法制备的包埋香精粉末适合不同类型的产品，因为包埋过程和包覆材料的性质彼此不同。例如，用喷雾干燥法制得的香精粉末通常适用于在常温下、需要水溶液的场合释放香味。挤压法生产的粉末要求香精在较高温度下释放。易受氧化影响的香味化合物，如柑橘油在融体挤压法制备的基质中具有更好的稳定性，因为这种方法能提供良好的隔离性能。还通过将香精分子包含在 β-环糊精中制备的香精用于制作硬糖、果皮软糖和天使蛋糕，香精乳状液用于冰淇淋和饮料。微乳液和纳米乳液具有独特的光学透明度，因此适用于透明和浊度软饮料。总之，香精包埋技术、产品形式及其最终用途之间的关系非常紧密。常见的包埋技术如下。

5.4.1　风味物质的胶囊化技术

胶囊化技术是一种将风味物质包裹在微米级的微胶囊中以实现保护和控制释放的方法。胶囊化技术常见的就是风味物质的纳米胶囊和微胶囊，纳米胶囊和微胶囊在封装加工中最具功能性和理想的尺寸，纳米封装范围的纳米尺度和微尺度分别指 1～1000nm 和 1～1000μm。此外，介于纳米和微观封装范围的颗粒被称为亚微米颗粒，而高于微观封装范围的颗粒被称为宏观颗粒。微囊化是最常见的，并广泛用于食品和制药行业。

根据其性质，微囊化技术可分为三大类：化学技术、物理化学技术和机械技术。表 5-3 显示了常见的胶囊化的技术方法。

表 5-3　常见的不同胶囊化形式及其优缺点

方法	优点	缺点
共沉淀法	条件温和、适用性高、可调节分散程度	包埋不完全、后续加工繁琐
乳化法	使用范围广、稳定性和溶解性好	设备工艺复杂、潜在的食品危害性
挤压法	成本低、操作简单、适用范围广	不适用于热敏感物质、设备体积大
喷雾干燥法	简单、成本低、灵活性高、封装效率高	温度高、颗粒尺寸分布广
冷冻干燥	温度低、溶解性能好	耗时、耗能
超临界反溶剂	成本低，操作温度温和，步骤简单，颗粒纯度高、粒度小、均匀	使用有机溶剂、有机溶剂残留
复合凝聚法	包封效率高（高达 99%）、可扩展性和可重复性好	繁琐、耗时、成本高、对 pH 值和离子强度敏感
离子凝胶法	稳定性好、水凝胶缓释效果好、包封效率高、低温、不使用有机溶剂、成本低	颗粒尺寸较大、稳定性较差、核心物质通过离子凝胶网络易于扩散和快速释放
超声波辅助	产率高、快速且相对简单、无需任何纯化步骤、颗粒尺寸分布窄	高温、高压

5.4.1.1　化学法胶囊化技术

化学技术主要涉及对原材料进行化学反应，形成稳定的包覆结构。常见的方法有共沉淀法、聚合法、凝胶包埋法和环糊精体系等，但化学方法可能涉及复杂的环境条件和制备过程，成本相对较高，对工艺参数的控制也较为严格。

5.4.1.1.1　凝胶包埋法的原理及应用现状

凝胶包埋法是一种利用凝胶基质（如蛋白质、多糖、聚合物等）将香味物质包裹起来并保护的技术，图 5-2 是凝胶包埋法胶囊化原理，其基本过程包括：将风味化合物与适量的溶剂混合，形成浓度适中的风味溶液；将风味溶液与预先制备好的凝胶基质混合，形成均匀的香精-凝胶体系；通过调整体系中的温度、结晶剂、交联剂等条件，使混合物发生凝胶化反应，形成含有香精的凝胶颗粒；最后，通过干燥等处理方法，获得包埋香精的微胶囊颗粒。

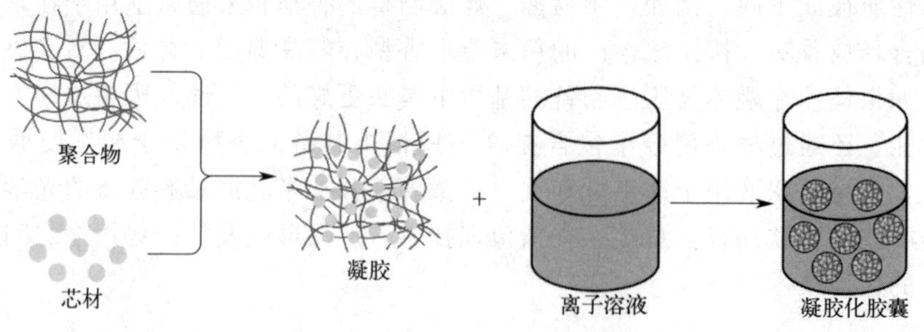

图 5-2　凝胶包埋法胶囊化原理

（1）凝胶包埋法的优缺点

优点：①可选择性广泛，适用于多种脂溶性和水溶性香精的包埋；②凝胶材料具有良好的生物相容性和稳定性，因此适用于食品等敏感产品；③使用绿色、温和的工艺条件，有利于保持香精的稳定性；④采用水合作用机制使香味物质与凝胶体系结合，可有效阻止香味物质的挥发和氧化。

缺点：①在包埋过程中可能出现较大的香味物质损失；②凝胶微胶囊的储存稳定性受凝胶基质性质影响较大；③干燥过程会改变微胶囊结构，导致香精泄漏。

（2）凝胶包埋法的应用现状

凝胶包埋法在食品香精领域主要涉及蛋白质凝胶、多糖类凝胶和合成聚合物凝胶等材料。应用实例包括：①蛋白质凝胶，如明胶、凝胶蛋白等，用于制备软糖、果冻等产品中的果香精；②多糖类凝胶，如果胶、木聚糖、海藻酸盐等，适用于果汁饮料、酸奶等产品中水果风味香精的封装；③聚合物凝胶类，如聚乙烯醇、聚丙烯酸盐等，用于控制香料在烘焙食品或冷冻食品中的释放。

5.4.1.1.2　脂质包埋法的原理及应用现状

脂质包埋法是利用脂质材料（如脂肪、蜡、油脂等）作为载体将风味化合物包裹起来，以保护香味物质并实现其适宜地释放。脂质具有独特的保护性能和相容性，能够充分包覆香味物质、抵抗氧化和挥发等特征。脂质包埋法主要包括熔融包埋法、溶剂法包埋、乳化法包埋等。

（1）脂质包埋法的优缺点

优点：①具有良好的隔离性能，能有效保护香味物质免受氧气、湿气及外界环境影响；②适用于多种香味物质的包埋，如油溶性、脂溶性香味物质等；③脂质包埋物可提供不同的触感，满足食品对口感的要求；④成分安全，符合食品安全要求。

缺点：①脂质包埋物质可能受热熔化，影响其储存和使用条件；②对水敏感，容易在潮湿环境中改变性质；③油脂包胶过程中可能出现分散性不佳的现象。

（2）脂质包埋法的应用现状

脂质包埋法在食品香精领域的应用广泛，主要集中在以下方面：①烘焙食品，如面包、蛋糕等烘焙过程中使用的香精；②冷冻食品，如冰淇淋等需要在低温环境中释放香味的产品；③糖果制品，如巧克力、口香糖等需要控制香精释放速度的食品；④熟肉制品，如火腿肠、腌肉等需要添加香精的肉类产品。

5.4.1.1.3　共沉淀法的原理及应用现状

共沉淀法是将香味物质与相容性好的载体材料共同溶于一定体系中，然后通过变更温度、pH 值等条件以及添加沉淀剂等，使香味物质与载体材料在溶液中同时沉淀、凝结，进而形成风味微胶囊颗粒的技术。共沉淀法分为：离子凝胶法（如酯化反应或 $CaCl_2$ 作为凝胶剂形成沉淀）和非离子共沉淀法。

（1）共沉淀法的优缺点

优点：①工艺条件温和（如常温等），有利于保持香味物质的稳定性；②可应用于多种载体材料和风味物质的包埋，具有很高的适用性；③可调节风味物质在微胶囊中的分散程度，便于优化包埋效果；④操作简便，成本较低。

缺点：①在共沉淀过程中可能出现不完全包覆、香味物质泄漏等现象；②对沉淀过程的控制需求较高，以实现理想的包覆效果；③可能需要将微胶囊颗粒进一步处理（如干燥），以满足食品应用要求。

（2）共沉淀法的应用现状

共沉淀法在食品香精包埋领域的应用方面主要包括：①果汁饮料，如添加香精的果汁、功能饮料等；②乳制品，如酸奶、乳饮料等需要特定口感的乳制品；③糖果制品，如软糖、硬糖等；④调味品，如罐头调料、方便面调料等。

5.4.1.1.4　环糊精体系的原理及应用现状

环糊精体系包埋法是利用环糊精分子具有疏水性空腔的结构特性，通过包接作用将风味化合物嵌入其中，以实现保护和缓释的目的。图 5-3 为环糊精结构示意图，环糊精是由多个葡萄糖单元通过 α-1,4-糖苷键连接而成的环状大分子，在分子内部具有疏水性空腔，外部则为亲水性。当香味物质与环糊精相互作用时，香味物质会被包络在环糊精的疏水性空腔内，形成稳定的“包合物”，从而达到保护香味物质的效果。

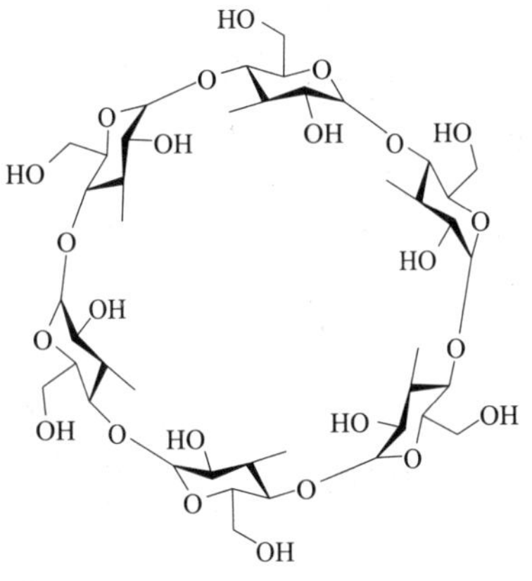

图 5-3　环糊精结构示意图

（1）环糊精体系的优缺点

优点：①工艺温和、自然，适用于多种类型的香味物质；②具有良好的保护效果，减少香味物质对光、热、氧化的敏感性；③环糊精包合物中香味物质的释放延迟、缓慢，有利于食品中香味的保持；④环糊精具有很好的安全性，已被广泛应用于食品、医药等领域。

缺点：①环糊精对某些香味物质的包络能力受限；②可能影响食品的口感，如环糊精的甜味或带有气味；③成本相对较高，限制了部分中小型企业的应用推广。

（2）环糊精体系的应用现状

环糊精体系在食品香精领域的应用包括：①糖果制品，如硬糖、软糖、口香糖等；②烘焙食品，如面包、蛋糕、饼干等；③乳制品，如奶酪、冰淇淋中的水果味香精；④调味品，如鸡肉、牛肉调料等产品的包埋。

5.4.1.2　物理化学法胶囊化技术

物理化学方法主要是利用物理和化学过程相结合的技术，通过对材料或分子间作用的调控，实现香味物质的有效包裹与保护。物理化学方法的优势在于可以结合物理和化学的特点，为香精微囊化提供更多选择和适用性。与化学技术相比，物理化学方法具有更加温和和可控的条件；与机械技术相比，物理化学方法可实现更高的包埋效果。

物理化学微胶囊化方法结合了物理和化学的原理，通过调控物质间的相互作用和物理过程，实现对目标物质的包裹和保护。常见的物理化学微胶囊化方法和相关的方法如下。

5.4.1.2.1 乳化法胶囊化

乳化法是将载体材料和目标物质混合成乳液，再通过稳定剂或乳化剂形成微胶囊的一种物理微胶囊化方法。乳化法主要原理是利用高速搅拌或高压均质使油相和水相混合产生乳液，然后加入乳化剂或稳定剂使乳液变得稳定，最后通过固化和干燥形成胶囊，从而实现目标物质的包裹。

（1）乳化法胶囊化的优缺点

优点：①可以包裹不同形态的物质，与其他微胶囊化方法不同，乳化法可以应用于固体、液体或气体状态的物质；②提高稳定性，由于目标物质被包裹在乳液胶束中，因此可以抵御化学反应、氧化和外界影响等，从而在食品中提高香味的稳定性；③提高溶解性，与自由状态的目标物质相比，微胶囊化的香料可以更容易地溶解在食品中，从而更容易地被消费者感知到。

缺点：①某些乳化剂不太健康，有些乳化剂在大量摄入时可能对人体健康产生负面影响，例如，苯甲酸甘油酯作为乳化剂，已证实具有潜在的致癌风险；卵磷脂作为乳化剂使用非常广泛，但其部分类型在大量摄入时可能会影响胆固醇和脂质代谢，增加非酒精性脂肪性肝炎的风险；②需要精密的制备，由于乳化法要求乳液形成一个均匀且稳定的微泡，因此需要较为精密的制备过程。

（2）乳化法胶囊法应用现状

在食品香料领域，乳化法被广泛应用于提高香味的稳定性和延长保质期。常见的应用包括：①调味肉类，通过乳化法将香料包裹在微小的液滴中，然后加入肉中，以增强食品的口感和香气；②凝胶糖果，将微胶囊化的香料添加到凝胶糖果中，可以提高糖果的口感和香气，并增强糖果在口腔中的悬浮性；③饮品，通过乳化法将香料包裹在微胶囊内，并将其添加到饮品中，可以实现长时间的香气释放和改善饮品口感的效果。

5.4.1.2.2 物理化学法的其他胶囊化方法

如溶剂挥发法、凝胶颗粒法包覆沉积法等。

① 溶剂挥发法　将目标物质溶解在溶剂中，通过控制温度或气流，使溶剂挥发，从而形成微胶囊。在溶剂挥发的过程中，目标物质在溶剂中逐渐凝聚，并通过表面张力形成胶囊状结构，涉及的物理原理包括界面张力、溶剂挥发速率对微胶囊形成的影响等。

② 凝胶颗粒法　利用凝胶颗粒（如明胶、海藻酸盐等）的特性，将目标物质包裹在凝胶结构中。目标物质在凝胶溶液中扩散和吸附，随着凝胶颗粒的形成，目标物质被有效地封闭在其中，涉及的物理原理包括凝胶的形成和包埋过程中的扩散动力学。

③ 包覆沉积法　通过在载体表面沉积目标物质的方法形成微胶囊。这种方法将目标物质在溶液中分散，并借助沉积剂或包覆剂的作用，使目标物质在载体表面逐渐沉积并形成包裹层，涉及的物理原理包括沉积剂的选择、溶液浓度和反应条件对包覆效果的影响等。

5.4.1.3 机械法胶囊化

机械法胶囊化是一种物理胶囊化方法，将目标物质通过物理机械力包裹在载体材料中的胶囊化方法，主要利用机械设备和物理方法将载体材料和目标物质通过机械力的施加来实现混合和封装，从而将风味物质包裹在不同类型的载体中。基本原理包括剪切原理和挤压原理。

① 剪切原理　将载体材料和目标物质经过机械剪切力处理，使其在剪切过程中形成小颗粒。这种剪切作用可以是直接的机械剪切，也可以是高剪切速度下的搅拌或研磨。

② 挤压原理　通过挤压力将载体材料和目标物质通过微孔或模具中的小孔进行挤出，并形成微小的颗粒或胶囊。这种挤压可以是通过机械挤压设备，也可以是通过手动操作。常见的方法有搅拌剪切法、喷雾干燥法、振荡搅拌法、压缩法和挤压法等。

5.4.1.3.1　挤压法胶囊化

挤压法是一种最常见的胶囊化方法，通过挤压设备将核心物质和包覆材料挤出形成微小颗粒或胶囊。挤压法主要是使核心物质和包覆材料共同进入挤压机，通过机械挤压力将材料挤出形成所需形状的微胶囊。挤压过程中，核心物质被包覆在外层材料中形成稳定的胶囊结构。

（1）挤压法胶囊化优缺点

优点：①高效性，挤压法可以实现连续生产，生产效率高；②可控性，挤压法可以调节挤出机的参数，如温度、压力和速度，以控制微胶囊的大小、形状和释放性能；③适应性强，挤压法适用于多种不同类型的核心物质和包覆材料；④成本效益高，挤压法无需额外的溶剂使用，减少了成本和环境影响。

缺点：①高温处理，由于挤压法需要加热材料，有些热敏感的物质可能会受到破坏；②较大的设备需求，挤压法需要专门的挤压设备，对于小规模生产或实验室条件可能不太适用。

（2）挤压法胶囊化应用

挤压法在食品香料领域的应用正在不断扩展，许多食品产品使用该技术进行香料的微胶囊化。以下是一些常见的具体食品产品和应用：①糕点和面包产品，糕点和面包中常使用各种香料来增添口感和风味。利用挤压胶囊化技术，这些香料可以被封装在胶囊中，以提高其稳定性和释放性能，并延长产品的保质期。②饼干和饼干填料，饼干和饼干填料的口感和风味可以通过添加胶囊化的香料来改善。挤压胶囊化技术可用于将香料封装在胶囊中，然后添加到饼干中，实现释放控制和持久的香气产生。③调味酱和沙拉酱，调味酱和沙拉酱通常包含多种香料。通过使用挤压胶囊化技术，这些香料可以封装在胶囊中，使其在调味酱或沙拉酱中均匀分布，并在食用时释放出来，提供持久的香味。④风味饮料和冷饮，风味饮料和冷饮中的香味可以通过挤压胶囊化技术进行改良。将香料胶囊化后添加到饮料中，可以实现香味的保持和持久性释放。⑤冻品和速冻食品，冻品和速冻食品通常需要长时间的储存和加热过程，因此添加胶囊化的香料可以使食品在储存和加热过程中保持香味并提供更好的口感。

5.4.1.3.2　喷雾干燥法胶囊化

喷雾干燥法主要通过将香料的溶液或悬浮液喷成微小的液滴，然后通过热风或热气流进行快速干燥来形成微胶囊。在喷雾的过程中，溶液中的香料颗粒被包裹在载体材料中，随着溶剂的蒸发，形成稳定的胶囊结构，如图 5-4 是喷雾干燥法胶囊化原理图示。

（1）喷雾干燥法胶囊化优缺点

优点：①易于操作，喷雾干燥法相对简单，操作方便，适用于批量或连续生产；②高效

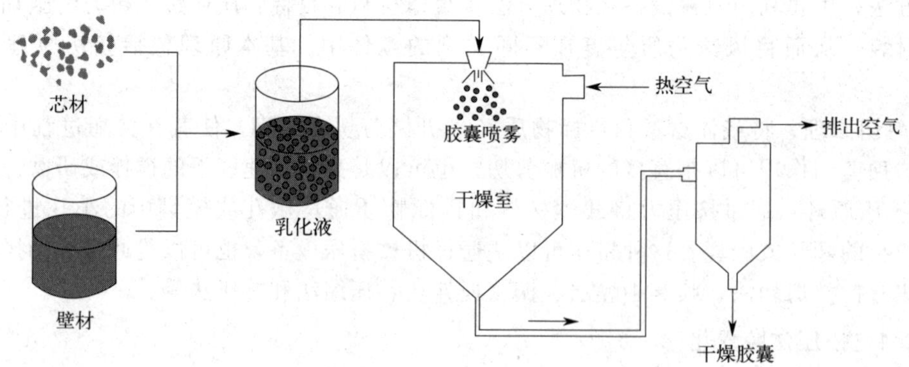

图 5-4 喷雾干燥法胶囊化原理

率，喷雾干燥过程快速，干燥效率高，适用于大规模生产；③较低的温度，相对于其他干燥方法，喷雾干燥通常在较低的温度下进行，有助于保留香料的挥发性和活性；④易于包裹多种形态的香料，喷雾干燥法可用于包裹液体、固体和粉末状的香料，适用范围广。

缺点：①高能耗，喷雾干燥过程中需要使用热风或热气流，因此能耗较高；②可能影响香料的感官特性，喷雾干燥过程中的高温和气流可能对香料的挥发性和感官特性产生一定影响。

（2）应用现状

①香料调味剂，喷雾干燥法可用于制备香料调味剂，提供稳定的香气和口感；②饼干和糕点，通过将香料微胶囊化，可增加饼干和糕点的香味稳定性和持久性；③液体饮料，在喷雾干燥的过程中，香料可被包裹在微胶囊中，加入到饮料中以提供持久的香味；④咖啡和茶等固体饮料，喷雾干燥法可用于制备咖啡和茶的香料添加剂，以增强香气。

5.4.1.3.3 冷冻干燥微胶囊化

冷冻干燥微胶囊化技术基于冷冻和干燥的原理，将香料等活性成分封装在微胶囊中。该技术先将香料悬浮在适当的封装剂溶液中，形成香料悬浮液；紧接着将香料悬浮液冷冻，使其形成均匀的冻固体；在真空下，通过升华法（sublimation）将冻固体从固态转变为气态，从而蒸发水分，形成干燥的微胶囊，包裹着香料，同时保持其稳定性。

（1）冷冻干燥微胶囊化优缺点

优点：①高效封装，冷冻干燥技术能够高效地将香料封装在微胶囊中，保护香料的稳定性和活性；②控释性能，微胶囊化后的香料在食品中可以实现控制释放，延长香味的持久性；③保持原味，冷冻干燥技术在封装过程中可以最大限度地保留香料的原始风味和特性。

缺点：①较高的成本，冷冻干燥的工艺相对复杂，需耗费较高的能源和设备投资；②时间消耗，冷冻干燥过程需要较长的时间，影响生产效率；③涉及设备要求，冷冻干燥微胶囊化需要特殊的冷冻干燥设备，增加了生产过程的繁琐性。

（2）当前应用

①饼干和饼干填料，通过冷冻干燥技术封装香料，可在饼干和饼干填料中增加持久的香气和口感。②冷饮和冻品，冷冻干燥微胶囊化技术用于将香料封装在冷饮和冻品中，保持香味的稳定性和持久性。③调味酱和沙拉酱，将香料通过冷冻干燥技术微胶囊化，用于调味酱和沙拉酱，以提供均匀分布的香味和持久性。④糕点和面包产品，冷冻干燥技术封装的香料用于糕点和面包产品，提升其风味品质和质感体验。

5.4.1.4　新型胶囊化技术

风味胶囊化技术的发展旨在提高被封装物质的稳定性，防止其受到环境、光照或化学反应的影响，延长其保质期。同时，可以更好地控制被封装物质的释放速率和机制，实现更精确的控制释放。这也需要一些新型胶囊化技术致力于在胶囊壳材料中引入特殊功能，如响应性、传感性或目标导向性，以扩展胶囊的应用领域和功能性。几种新型的胶囊化技术如下。

① 壳-壳结构微胶囊　指在一个胶囊内形成多层壳部分，可以同时包裹多种不同的物质，而且通过设计具有特殊功能的壳材料，如 pH 敏感性、温度敏感性或光响应性，可以实现对微胶囊释放行为的精确控制。这种技术可以实现多功能的调味料、药物或化妆品的封装，提高产品的稳定性和释放性能。

② 聚合物自组装技术　利用相互吸引力和排斥力作用，通过自组装过程形成微胶囊结构。这种技术具有高度可控性和可定制性，可以用于制备具有特定形状、尺寸和结构的微胶囊，实现对微胶囊的控制，以改善稳定性、控释性能和功能性。

③ 电喷雾微胶囊化技术　通过电场作用将液滴喷雾成微小颗粒，并在干燥过程中形成微胶囊。这种技术可以实现高效的微胶囊制备，对于热敏感的物质有较好的应用前景。

④ 生物微胶囊化技术　利用生物材料作为胶囊壳材料，如蛋白质、多糖等，通过生物反应或自组装方式形成微胶囊。这种技术具有良好的生物相容性和可降解性，有潜力应用于药物传递和组织工程等领域。这些新型微胶囊化技术都在不断进行研究和开发，目的是改进传统的微胶囊化方法，提高胶囊的稳定性、控释性能和功能性。

5.4.2　风味物质的脂质体控释技术

5.4.2.1　脂质体技术封装过程

脂质体技术是一种能够将风味物质封装在脂质体中的方法，通过构建脂质体的结构，将香料物质包裹在内部，从而提高其稳定性和实现控制释放。其基本封装过程如下：

① 脂质体的制备　选择适当的脂质材料，如磷脂，将脂质溶解在有机溶剂中，形成脂质溶液。

② 香料物质的添加　将目标香料物质加入到脂质溶液中，搅拌均匀，使香料物质与脂质相溶。

③ 脂质体形成　通过适当的方法，如超声波处理或搅拌等，使脂质溶液形成微小的脂质体结构，其结构因其方法的差异直径在 25nm～10μm 之间。在这个过程中，脂质分子聚集形成双层膜结构，将香料物质包裹在内部。

④ 脂质体稳定化　通过控制温度、调整溶剂浓度、加入稳定剂等方法，使脂质体稳定，防止香料物质的渗漏或分离。

⑤ 脂质体的特性调控　根据香料物质的需求，可以调整脂质体的结构特性，如改变脂质的种类、比例、大小等，以满足不同的封装要求。

⑥ 香料释放　一旦脂质体形成，香料物质会被包裹在脂质体内部，在应用过程中，当脂质体与食品接触时，香料物质可以通过脂质体的双层膜释放出来，为食品提供香味和风味。

5.4.2.2　脂质体结构

制备过程中可以发现脂质体是由脂质分子自组装形成的微小结构，其特点是由两层脂质组成，形成了一个封闭的球形结构，如图 5-5 所示。它的结构包括如下几部分。

（1）外层

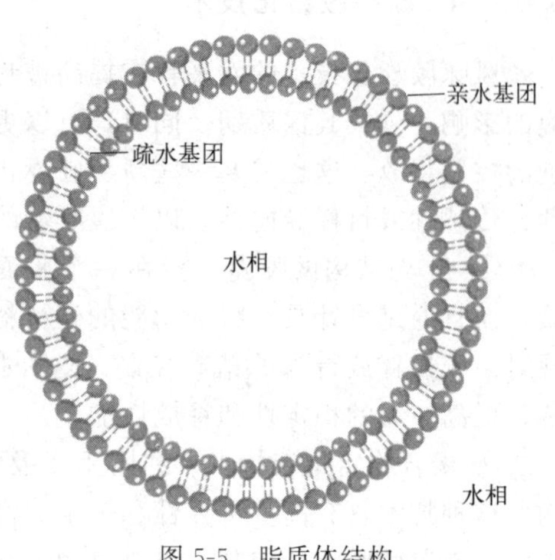

图 5-5　脂质体结构

脂质体的外层由亲水性头基团组成。通常使用的脂质分子是磷脂，其磷酸甘油基团带有极性基团，与水相互作用，使外层具有亲水性。脂质体最重要的外层材料是磷脂，其是构建脂质体结构的主要组分。磷脂是一种在水性环境中具有特殊性质的脂质分子。由于磷酸甘油头基团的存在，磷脂分子能够与水分子形成氢键和离子相互作用，使脂质体外层具有亲水性。磷脂的疏水性脂肪酸尾基则朝向内部聚集，形成稳定的双层膜结构，并能够将香料物质封装在内部。这是由磷脂的结构特性决定的，其基本结构由磷酸甘油、两个脂肪酸链和一个胆碱或乙醇胺基团组成。磷酸甘油和胆碱或乙醇胺基团赋予磷脂分子一定的亲水性。其脂肪酸链长度、饱和度和分布方式对磷脂的性质和稳定性有影响。在脂质体制备过程中磷脂可以来自多种源头，包括植物、动物和微生物。常见的磷脂来源包括大豆磷脂、卵磷脂、红酵母磷脂等。根据具体需求选择合适的磷脂来源是脂质体技术的关键。

（2）内层

脂质体的内层由疏水性烃基组成。疏水性部分聚集在内部，远离水相，形成一个隔离的环境，能够封装和保护香料物质。

① 膜结构　外层和内层之间是由脂质分子构成的双层膜结构。脂质双层膜由两行排列的脂质分子组成，疏水烃基与疏水烃基相互靠拢，形成一个稳定的结构。

② 中心腔　脂质体内部形成的球形结构形成一个中心腔室，该腔室可以包含香料物质，这个中心腔可以调整大小，以容纳不同种类和数量的香料物质。

5.4.2.3　脂质体基本结构形式

脂质体技术的结构以其双层膜的特性，能够将水溶性和非水溶性的香料物质都封装在内部，实现对风味物质的保护和稳定。脂质体依据其基本结构有三种形式。

① 单层脂质囊泡　是由一个脂质双层组成的结构，形成一个空心球形或椭球形的囊泡。单层脂质囊泡可以是单个囊泡，也可以是由多个单层脂质囊泡组成的复合结构。单层脂质囊泡通常具有较小的直径，在 20～1000nm 之间，尺寸较一致。

② 多层脂质囊泡　是由多个脂质双层堆叠形成的结构，形成类似洋葱的多层结构。每个脂质双层之间有一层水相，形成一个水相隔离的空间。多层脂质囊泡通常具有较大的直径，在 1～100μm 之间。囊泡内部的脂质层之间的间隙通常在数纳米至几十纳米之间。

③ 多层脂质囊泡中的单层结构　多层脂质囊泡内部可能存在着一些单层脂质结构。这些单层结构可以是囊泡的一部分，或者是囊泡内部的小腔室。多层脂质囊泡中的单层结构的尺寸可以与单层脂质囊泡的尺寸相似，在 20～1000nm 之间。

这三种基本的脂质体结构形式在脂质体技术中都有广泛的应用，选择合适的结构形式取决于所需的脂质体特性和应用目的。单层脂质囊泡可以提供更高的负载容量和更好的控释性能，而多层脂质囊泡则可以提供更好的稳定性和携带能力。多层脂质囊泡中的单层结构则是一种介于单层和多层结构之间的中间形态，可能提供不同的应用功能。

脂质体的不同结构特点和成分可以通过调整脂质的种类、含量和配比来实现，以满足不同风味物质的封装要求。

总之，脂质体技术通过构建脂质体的结构，封装风味物质并形成稳定的脂质双层膜结构，实现对香料的保护和控制释放。这种结构特点使脂质体技术成为一种有效的食品香料封装方法，为食品产品提供维持持久的香味和改善风味的能力。

5.4.3　风味物质的水凝胶控释技术

水凝胶是一种具有大量孔隙、高度吸水性和可逆溶胀性的凝胶材料。它是由水分子交联形成的 3D 网络结构，在网络结构中嵌入了溶解在水中的聚合物链或者生物分子。由于其空间结构特性可用于食品物质材料的包埋，它的网络结构由交联的聚合物链组成，能够储存大量的水分。水凝胶可以形成固体或半固体的状态，在吸水后会发生可逆的溶胀变化。因此，水凝胶广泛应用于医疗、生物、食品、化妆品等领域。在医疗领域，水凝胶可以作为药物缓释系统和组织工程材料，实现对药物的控制释放和组织修复。在生物领域，水凝胶可以用于细胞培养、生物传感器和人工组织构建。在食品和化妆品领域，水凝胶可以用于增稠剂、稳定剂和保湿剂等方面。

水凝胶控释技术是一种在食品工业中广泛应用的风味物质控释技术。水凝胶控释技术是基于水凝胶的渗透性和吸水性原理实现的，水凝胶能够吸收并储存大量的水分。在水凝胶中添加风味物质时，风味物质会被吸附在水分中，形成一种水分和风味物质的复合体。当食品或饮料中使用带有控释水凝胶的包装材料时，水凝胶会释放出储存的风味物质，实现风味的控制释放。通过在食品包装或饮料容器中使用具有控释水凝胶的材料，可以延长风味的持久性和提高稳定性，改善产品口感和风味体验。

5.4.3.1　水凝胶的分类

水凝胶产品可根据以下不同的依据进行分类。

（1）根据水凝胶来源分类

根据水凝胶的来源，可以将其分为两大类：天然水凝胶和合成水凝胶。

① 天然水凝胶　是从自然资源中提取或制备的材料，可以来自动物、植物或微生物等自然资源。例如，明胶是从动物骨骼、皮肤等组织中提取的天然水凝胶，具有良好的生物相容性和生物可降解性。

② 合成水凝胶　是通过化学合成或聚合反应制备的材料，通常是从合成的单体、交联剂和辅助剂等化学物质开始制备的，通过聚合反应或交联反应形成水凝胶网络结构，具有可调控性和多样性。

（2）根据聚合物组成和制备方法分类

① 均聚物水凝胶　是指由单一品种单体形成的聚合物网络，它是构成任何聚合物网络的基本结构单元。均聚物可能具有交联骨架结构，这取决于单体的性质和聚合技术。

② 共聚水凝胶　由两种或两种以上不同的单体组成，其中至少有一种亲水组分，沿聚合物网络链以无规、嵌段或交替配置排列。

③ 多聚物互通聚合物水凝胶（IPN）　是一类重要的水凝胶，由两种独立交联的合成和/或天然聚合物组成，并以网络形式存在。在半 IPN 水凝胶中，一个组分是交联聚合物，另一个组分是非交联聚合物。

（3）基于物理结构和化学成分的构型分类

分为无定形（非结晶）、半结晶（无定形相和结晶相的复杂混合物）和结晶。

（4）根据交联类型分类

分为化学或物理交联。

① 化学交联网络具有永久性连接。

② 物理网络具有瞬时连接，这种连接产生于聚合物链缠结或物理相互作用，如离子相互作用、氢键或疏水作用。

（5）基于物理外观的分类

分为基质、薄膜或微球，这取决于制备过程中涉及的聚合技术。

（6）根据网络是否存在电荷分类

分为非离子型（中性）、离子型（包括阴离子或阳离子）、含有酸性和碱性基团的两性电解质以及在每个结构重复单元中同时含有阴离子和阳离子基团的低聚物。

5.4.3.2 水凝胶制备原理及方法

水凝胶的制备原理基于聚合物链和水分子之间的相互作用。聚合物链在水中会溶解或分散，而在交联的结构下，溶解的聚合物链之间形成了一种网络结构。这种网络结构能够吸引和储存大量的水分子，形成水凝胶的高吸水性。因此，其制备方式多样，基本原理如图 5-6 所示。

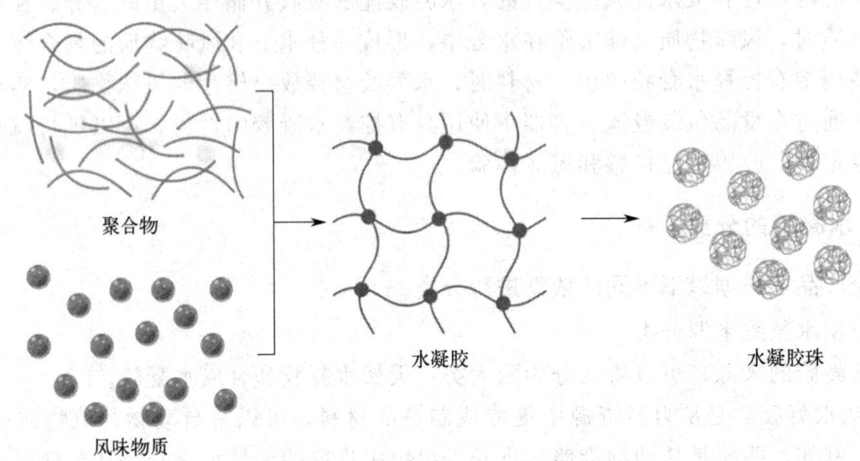

图 5-6 水凝胶制备的基本过程

水凝胶的常见制备方法如下。

① 溶液聚合法 在溶液中进行聚合反应形成水凝胶网络结构。将水溶性单体或聚合物溶解在适当溶剂中，加入交联剂并搅拌均匀，然后在适当条件下进行聚合反应形成水凝胶。

② 原位聚合法 通过在凝胶体中直接进行聚合反应形成水凝胶。将聚合物前体和交联剂直接混合，形成凝胶体，在适当条件下，通过聚合反应或交联反应，使凝胶体形成水凝胶。

③ 冻干法 通过冷冻和真空干燥的方法制备水凝胶。将水溶性聚合物溶液冷冻成固态凝胶，然后在低温下施压蒸发水分，最后通过真空干燥去除剩余的水分，得到水凝胶。

④ 离子凝胶法 通过离子聚合物形成凝胶结构并吸附溶液中的离子。将带电离子聚合物溶解在溶剂中，离子聚合物与溶质离子相互作用形成电解质凝胶。

⑤ 凝固剂浸渍法（gelatin immersion） 通过浸渍凝固的方法制备水凝胶。将水中的凝固剂（如明胶）浸渍到水溶性聚合物的基质中，凝固剂与聚合物发生反应形成水凝胶。

其中，溶液聚合法水凝胶的制备是最常用的方法。制备原理：水溶性单体或聚合物在水/有机溶剂体系中被溶解；加入交联剂并充分混合，形成交联网络；通过引发剂的作用或物理方法（如加热或紫外光辐射）实现单体或聚合物的聚合，形成水凝胶网络。

详细制备步骤如下：

① 准备单体、交联剂和引发剂等原材料。

② 在适当的温度和搅拌速度下，将单体或聚合物加入无水乙醇、水或其他有机溶剂的混合物中。同时，加入交联剂（如 N,N'-二甲基丙烯酰胺，DMAA）和引发剂［如 N,N,N',N'-四甲基乙二胺（TEMED）和过硫酸铵（APS）等］并充分混合。

③ 将混合物加入到模具中，在恒定的时间和温度下，在氮气保护下进行聚合反应。这样就形成一个交联网络的水凝胶。

④ 将水凝胶取出，用去离子水或其他溶剂洗涤。

⑤ 利用冻干或真空干燥等方法获得最终的水凝胶。

制备水凝胶需要考虑聚合反应的条件，包括温度、聚合速率、单体或聚合物和交联剂的浓度比、引发剂的浓度等。通过调整这些参数，可以得到特定的网络结构、孔径、溶胀性等一些水凝胶性质。

5.4.3.3 风味物质的释放形式及影响因素

水凝胶是一种高度吸水且具有三维交联网络结构的凝胶材料，它具有很强的保水性和可调节的渗透性，因此被广泛应用于风味物质的控释，给产品增添香味，人们使用不同的方法将香味物质嵌入水凝胶中，实现香味的释放。这些方法主要可以分为物理吸附、化学绑定和蒸发扩散三种形式。

① 物理吸附形式下，香味物质以分子或颗粒的形式存在于水凝胶内部，这种形式是最简单和常见的方法。香味物质通过物理吸附作用被水凝胶素材的交联结构所吸附；当水凝胶吸水时，香味物质会与吸入的水分一起扩散到环境中。物理吸附的优点是简单易行，而且可以快速释放香味，但缺点是释放速度较快，容易导致香味过早消散。

② 化学绑定形式下，香味物质通过化学反应与水凝胶素材发生共价键结合。这种形式可以更牢固地将香味物质固定在水凝胶中，并控制香味物质的释放速度。一种常见的化学结合方法是使用交联剂或功能性引发剂在水凝胶聚合过程中引入香味物质，使其与聚合物结构相互交联，从而达到固定香味物质的目的。这种化学结合形式具有较高的稳定性和控制性，可以根据需要调整释放速度和持久性，但制备过程相对复杂。

③ 蒸发扩散形式下，香味物质以液态或固态的形式存在于水凝胶中，并通过蒸发扩散的方式释放到周围环境中。在这种形式中，香味物质被包裹在水凝胶的内部，通过温度、湿度等外界条件的变化，控制香味物质的释放量。蒸发扩散的优点是可以实现持久的香味释放，而且相对比较稳定，但释放速度较慢。总之，通过物理吸附、化学绑定和蒸发扩散等形式，在水凝胶中加入香味物质可以实现控制释放香味的效果。根据不同领域的需求，可以选择适合的形式和方法，以实现理想的香味释放效果。

5.4.3.4 响应风味物质控释的水凝胶

水凝胶作为三维交联亲水性聚合物网络，能够在水中可逆地溶胀或溶解，并在溶胀状态下保留大量液体，因此会受到物理刺激包括温度、电场或磁场、光和压力的刺激等，化学刺激包括酶、pH 值、溶剂成分、离子强度和分子种类等因素的影响。依据该特性，水凝胶可以设计成随着外部环境条件变化而收缩或膨胀的可控风味控释体系，几种响应风味物质控释的水凝胶设计方案如下。

（1）pH 和离子响应型水凝胶

该类型的水凝胶会对周围溶液的 pH 值或离子成分的变化做出反应，导致构成其内部网络的聚合物链之间的静电相互作用发生改变。pH 值决定了聚合物链上任何可电离侧基的电荷状态，如 $COOH \longleftrightarrow COO^- + H^+$ 或 $NH_3{}^+ \longleftrightarrow NH_2 + H^+$。离子组成通过离子结合和静电屏蔽效应决定了静电相互作用的大小和范围。pH 响应水凝胶的特性可以通过改变聚合物骨架的组成、聚合物链的交联密度以及离子基团的性质来调节。

pH 响应型水凝胶可分为三种主要类型：阴离子、阳离子和两性水凝胶。阴离子 pH 响应水凝胶中的可电离基团通常是聚合物链上的弱酸性羧基（如—COOH 和—SO_3H）。当 pH 值相对较低时（pH＜pKa），羧基没有完全电离，因此它们之间只有微弱的静电排斥力，聚合物链可以靠拢，导致水凝胶收缩。相反，随着 pH 值的升高（pH＞pKa），羧基的电离程度提高，聚合物链之间的静电斥力增大，导致水凝胶膨胀。阳离子 pH 响应水凝胶的溶胀机理与阴离子水凝胶相似，但重要的官能团是胺。在这种情况下，当 pH 值相对较低时，胺会带电（—NH_3^+），从而增加聚合物链之间的静电排斥力，导致水凝胶膨胀。相反，当 pH 值相对较高时，胺会失去电荷，导致水凝胶收缩。阴离子和阳离子水凝胶的溶胀特性取决于分子链上带电基团的数量和电离程度。可电离基团的数量和电离程度越高，膨胀程度越大。

两性 pH 响应水凝胶的溶胀和收缩机理更为复杂，因为它们在聚合物链上同时含有可改变其电荷状态的胺基和羧基。在较高 pH 值下，羧基完全电离（—COO^-），而胺基非电离（—NH_2），导致强链排斥和膨胀。在较低 pH 值下，胺基完全电离（—NH_3^+），羧基非电离（—COOH），再次导致斥链和膨胀。然而，在中间 pH 值时，胺基和羧基都带电，这可能导致它们之间的静电吸引，从而促进收缩。在这种情况下，溶胀行为取决于聚合物链上阴离子和阳离子基团的类型、数量和位置。

（2）温度响应型水凝胶

温度响应型水凝胶通过体积变化对温度变化做出响应，同时温度也是容易控制的环境因素之一。因此，温度响应型水凝胶主要分为两类：正响应和负响应系统，分别通过具有上临界溶液温度（UCST）或下临界溶液温度（LCST）来识别。一般来说，温度响应型水凝胶包含亲水基团和疏水基团，溶胀-收缩转变发生在上临界溶液温度或下临界溶液温度。下临界溶液温度体系是开发温度响应型水凝胶的主要体系。当环境温度高于下临界溶液温度时，水凝胶聚合物链中的非极性基团之间的疏水相互作用增加，导致形成更致密的网络结构（收缩）。相反，当环境温度低于下临界溶液温度时，水凝胶聚合物链之间的疏水相互作用减弱，从而形成更开放的网络结构（膨胀）。用于形成下临界溶液温度体系的聚合物由正烷基取代单体、聚乙二醇等组装而成。然而，下临界溶液温度反应也存在于一些天然聚合物中，如壳聚糖。

在食品风味物质控释中，可利用各种生物聚合物制备温度响应型水凝胶。例如，明胶分子在相对较低的温度下具有螺旋结构区域，通过不同分子上的螺旋区域之间的氢键作用形成水凝胶。然而，它们在加热时会发生螺旋-线圈转变，导致水凝胶熔化。同样，琼脂等多糖在加热时会发生螺旋-线圈转变，而在冷却时会发生线圈-螺旋转变，这表明可用于制造温度响应型水凝胶的材料符合风味控释的需要。

（3）光响应型水凝胶

光响应型水凝胶的特性可通过暴露在足够强度和适当波长的光波下进行调节。常用的光源包括近红外（NIR）、可见光（Vis）和紫外线（UV）。光响应水凝胶通过三种机制对外部光刺激做出响应，从而改变其性质。第一种通过光敏基团，水凝胶吸收一定能量的光子后可发生相变，从而引发响应，这是最常见的光响应机制。第二种光响应机理是含有光活性分子的水凝胶产生离子，导致其与水凝胶网络反应或使水凝胶渗透压变化，从而使水凝胶膨胀。第三种有光敏化合物的水凝胶可以通过吸收光子能量来改变水凝胶的性质以应对环境变化。

以海藻酸和果胶酸为原料，配位铁(Ⅲ) 离子制备了可见光响应凝胶。低聚原花青素作为光热剂可赋予水凝胶可控的光热特性，以海藻酸钠和低聚原花青素为主要成分制备的水凝胶支架可对近红外激光产生响应。通过改变多糖的种类和金属配位环境可以调节材料的光响应和控释。

(4) 其他控释水凝胶

① 葡萄糖响应型水凝胶　当存在暴露于环境中的葡萄糖分子时，葡萄糖响应水凝胶的结构或性质会发生变化。用于制造这种水凝胶的葡萄糖敏感物质主要有三种：葡萄糖氧化酶、刀豆素 A (ConA) 和苯硼酸 (PBA)。目前，葡萄糖响应水凝胶可用作糖尿病患者的葡萄糖传感器和胰岛素输送系统。

② 酶响应型水凝胶　酶响应型水凝胶会随着环境中特定酶的存在而改变其结构或性质。这类系统可用于在人体特定区域控制释放风味物质组分，这些区域是特定酶最集中的地方(如蛋白酶或淀粉酶)。例如，这类水凝胶在口腔环境中受口腔中酶和微生物的影响释放风味物质，提供食品风味。酶响应型水凝胶通常基于特定酶水解水凝胶基质中特定聚合物的能力，例如，蛋白酶将消化蛋白质，而淀粉酶将消化淀粉。另外，水凝胶基质可能含有封装的底物，当它与环境中的特定酶接触时会发生变化。磷酸酶、胰蛋白酶、基质金属蛋白酶都是制备酶响应型水凝胶的常用酶。与物理和化学刺激响应型水凝胶相比，酶响应型水凝胶具有催化效率高、底物特异选择性好等诸多优点。

③ 多重刺激响应型水凝胶　关于单一刺激响应型水凝胶的研究已经很多，但通常刺激响应型水凝胶的应用条件不仅仅是单一的环境刺激，因此，双重甚至三重刺激响应型水凝胶的开发引起了广泛的关注。例如，以多糖、羧甲基纤维素和非离子表面活性剂为主要原料，采用自由基聚合法制备 pH/温度响应型水凝胶；在羧甲基甲壳素水凝胶基体中原位合成 Fe_3O_4，合成了一种 pH/磁性双敏智能水凝胶。通过改变 Fe_3O_4 的含量可调节水凝胶的 pH/磁敏性和溶胀度。根据这些环境条件，研究人员设计出多种响应的水凝胶，实现风味物质的定向释放，具有良好的应用前景。

5.4.4　风味物质控释的其他相关技术

(1) 超临界溶液技术

超临界溶液技术是基于超临界流体的性质，通过调节温度和压力来实现对香味物质的精确控制释放。超临界溶液技术是一种在超临界条件下进行操作的溶解和萃取过程。超临界流体是指在超临界温度和压力下的物质状态，既不是气体也不是液体，在这种状态下具有较高的溶解度和扩散性能。在风味控释领域，超临界溶液技术被广泛应用于提取、固定和释放香味物质。超临界流体具有高度可调性、高溶解度和低表面张力等特性，这些特性使得超临界溶液能够有效地溶解和扩散香味物质。通过调节温度和压力，可以控制超临界流体的溶解度和扩散性能。高温和高压条件下，溶解度增加，可以实现高效的香味物质萃取和固定，而降低温度和压力，可以促进香味物质的释放。

(2) 微流体技术

微流体技术是利用微米级通道和液滴控制系统来精确控制小体积液体的流动和混合。微流体技术控制释放风味物质基于两个基本原理：基于扰动和基于分离。基于扰动的原理是通过在微流道中施加外部刺激，如电场、温度变化或机械振动等，来触发食物风味物质的释放。这些外部刺激可以改变液体的流动性质，从而控制风味物质的释放速率。例如，通过施加电场，可以改变微流道中液体的电荷状态，从而影响风味物质与液体之间的相互作用，实现风味物质的控制释放。基于扰动的释放机制可以实现快速的风味物质释放响应，非常适合于即时释放的需求。基于分离的原理则是通过在微流道中使用不同的分离层来控制风味物质的释放。这些分离层可以是薄膜、纳米颗粒或多层结构。基于分离的释放机制利用不同层之间的物理或化学特性差异来控制风味物质的渗透和释放。例如，可以使用多层纳米颗粒结构，其中每一层都具有不同的孔径和表面性质。通过调整每一层的特性，可以实现风味物质在不同层之间的选择性渗透和控制释放。基于分离的释放机制适用于需要逐渐释放多个风味物质的情况，使得每个风味物质可以在特定的时间点被释放。

（3）电纺技术

电纺技术是一种应用高电场将聚合物溶液喷射成纤维的技术，用于实现风味物质的控制释放。电纺技术的原理是利用电场力将聚合物溶液从电极上喷射出来，形成纤维状的结构。在这个过程中，可以将风味物质封装到纤维中，从而实现控制释放。在电纺技术中，控制释放风味物质的主要原理是调节纤维的形态和组分，纤维的形态可以通过调整电纺过程中的电场强度、距离和溶液黏度等参数来实现。更强的电场力和较长的喷射距离会导致纤维形成更细长的纤维，而较低的电场力和较短的喷射距离则会形成较粗的纤维。通过调整这些参数，可以控制纤维的外观和结构，从而影响风味物质的释放特性。另一方面，纤维的组分也对控制释放风味物质起着重要作用。在电纺过程中，可以将聚合物溶液与含有风味物质的液体混合，使风味物质被吸附或封装到纤维中。聚合物溶液可以选择性地与风味物质相互作用，从而实现风味物质的包裹和控制释放。例如，通过选择具有亲水性或疏水性的聚合物，可以调节纤维对水溶性或油溶性风味物质的选择性吸附和释放。此外，可以通过控制聚合物和风味物质之间的相互作用力，如静电作用、氢键或范德瓦耳斯力等，来调整风味物质的包裹和释放性能。

（4）超分子自组装技术

超分子自组装技术是一种基于分子间相互作用力的技术，通过将分子组装成具有特定结构和功能的自组装体，来实现对风味物质的包裹和释放的控制。超分子自组装技术的原理基于分子间的非共价相互作用力，如氢键、范德瓦耳斯力、静电作用力等。这些相互作用力可以使分子在特定条件下自发地组装成有序结构，形成稳定的自组装体。控制释放风味物质的超分子自组装技术可以通过两种原理实现：基于包裹和基于刺激响应。①基于包裹的原理是将风味物质包裹在超分子自组装体的内部。自组装体可以由两种或多种分子组装而成，形成的空腔和通道可以包容风味物质。通过选择适当的组装分子和结构，可以实现对风味物质的精确包裹。例如，可利用亲水-疏水相互作用原理，选择亲水性的分子组装体来包裹水溶性的风味物质；或者通过调节空腔大小和形状，实现对不同大小风味物质的选择性包裹。②基于刺激响应的原理是通过刺激或环境变化来触发超分子自组装体的结构变化，从而实现风味物质的释放。这种释放方式可以是温度响应、pH 响应等。例如，通过选择可逆的氢键结构，可以得到温度敏感的自组装体。在高温条件下，分子间的氢键结构断裂，导致自组装体崩解，从而释放风味物质。

（5）分子印迹技术

分子印迹技术是一种通过模板分子与功能单体自组装形成聚合物的手段，原理基于分子层面上的识别和复制，通过将风味物质的结构信息转移到聚合物中，实现对该物质的选择性识别和释放。控制释放风味物质的分子印迹技术主要依赖两个步骤：模板分子的印迹和风味物质的释放。模板分子的印迹是分子印迹技术的关键步骤，它涉及将目标风味物质作为模板，与具有一定结构和亲和力的功能单体反应，形成一种复合体。这种复合体在后续聚合反应中生成聚合物，保留了模板分子的特异性结构信息。通过所选功能单体与模板分子之间的相互作用（如氢键、范德瓦耳斯力)，模板分子在聚合物中留下了与其相互作用所需的空穴位点。风味物质的释放是分子印迹技术的另一个重要步骤。一旦聚合物形成，模板分子可以通过溶解、洗脱或降解等方式从聚合物中去除，留下模板分子的反印迹。这将形成定制的空腔结构，与模板分子的结构相匹配，具有亲和力和选择性地重新捕获和释放目标风味物质。分子印迹技术可以实现多种形式地控制释放风味物质。其中常见的形式包括纳米颗粒、薄膜和多孔材料。

(6) 涂层技术

涂层技术是一种将风味物质包裹在特殊涂层中，以实现其控制释放的方法。其原理基于涂层的特殊结构和材料，通过调控涂层的特性与环境条件，实现风味物质的逐渐释放。控制释放涂层技术的原理主要涉及三个方面：涂层的选择、释放机制和设计。首先，涂层的选择是控制释放涂层技术的关键。涂层可以由不同的材料组成，如聚合物、脂质、蜡等。这些材料具有不同的特性，例如溶解性、渗透性和降解性，可以影响风味物质的释放速率和方式。其次，涂层的释放机制是控制释放涂层技术的核心。常见的释放机制包括扩散控制、溶解控制和溶胀控制。最后，涂层的设计是控制释放涂层技术的关键环节。通过调节涂层的厚度、成分和结构等参数，可以实现对风味物质释放速率和方式的控制。例如，增加涂层的厚度可以延缓风味物质的释放速率；选择具有不同溶解度的材料作为涂层成分，可以实现不同程度的释放控制。控制释放涂层技术可以实现多种形式的风味物质释放，其中常见的形式包括微胶囊、包衣和复合涂层。

5.5　风味控释技术的发展趋势

风味物质的控制释放一直是研究的热点领域，不断涌现出新的技术和方法。该领域的研究热点和未来发展趋势简述如下。

(1) 研究热点

① 纳米技术的应用　纳米技术可以用于制备纳米载体和纳米粒子，用于控制风味物质的包封和释放。利用纳米级别的大小效应和高表面积，可以实现更精细的控制释放和更高的载荷量。

② 生物基材料的开发　生物基材料是控制释放领域的研究热点之一。生物降解材料、蛋白质基材料等可通过调整材料的性质和结构来实现可控释放，具有良好的生物相容性和可持续性。

③ 智能化控制系统　智能材料和智能传感器的发展推动了可控释放技术的智能化。通过响应外界刺激（如温度、湿度、光等)，材料可以实现自主的控制释放，实现根据需要调控风味物质的释放。

④ 控制释放机制的研究　深入研究和理解控制释放机制，探索物质在材料中的扩散、渗透和反应行为，揭示材料结构与风味释放之间的关系，对于实现更精准的控制释放具有重要意义。

(2) 未来发展趋势

① 精准化调控　未来的研究将更重视如何精确控制风味物质的释放速率、释放量和释放时机等参数，以满足不同应用需求。通过理解和调控材料的物理化学性质，使控制释放更加可控和可预测。

② 可持续性发展　在考虑控制释放技术发展的同时，也会注重可持续性和环境友好性。研究人员将不断探索绿色和生物可降解的材料，减少对环境的负面影响。

③ 多功能化材料　研究人员将进一步开发具有多种功能的材料，例如，结合抗氧化、抗菌、抗 UV 等功能，并与控制释放技术相结合，实现更多样化的应用。

④ 应用领域的扩展　控制释放技术在食品、药物、化妆品等领域得到广泛应用，未来将进一步扩展到其他领域，如农业、环境等，以满足不同领域的需求。

第6章

味感物质的研究方法

目前对食品味感物质的研究方法报道较多的是应用近红外光谱法、电子舌、液相色谱以及液相色谱-质谱联用等。电子舌（electronic tongue，ET）是一种利用多传感阵列感测液体样品的特征响应信号，通过信号模式识别处理及专家系统学习识别，对样品进行定性或定量分析的一类新型分析测试技术。液相色谱-质谱联用技术是以高效液相色谱为分离手段，以质谱为鉴定工具的分析方法，它是在气相色谱-质谱（GC-MS）基础上发展起来的又一个色谱光谱联用技术，它可对有机化合物中大约80%的不能直接气化的物质进行分析。

6.1 电子舌在食品风味物质研究中的应用

很久以前，人类制造的机器在很多方面已经超越了人类本身的能力，但是在视觉、听觉、嗅觉、触觉和味觉5种生物感觉上，目前所有的仪器还未能达到人类自身能力的水平，并且有些感觉本身在生物层面上至今尚未完全研究透彻。最近几十年，随着社会对无损、快速、智能检测技术的需求增长以及2004年关于嗅觉方面诺贝尔生理学或医学奖的颁布，对于感官仿生技术的研究逐渐成为众多科学工作者的热点。特别是对电子鼻以及电子舌系统的研究，更是激起了大量研究者的兴趣。电子鼻系统研究相对较早，至今已有较多研究成果，商品化、小型化的电子鼻已相当常见。电子舌与电子鼻最大的区别在于前者测试对象为液体，后者为气体。由于电子舌相比电子鼻起步比较晚，至今只有30年左右的时间，研究尚不够成熟。当前在电子舌系统方面研究较成功的是法国的Alpha MOS公司，其生产的电子舌系统占全世界电子舌市场的主要份额，在食品、医药、环境、化工等领域都有很好的应用。

6.1.1 电子舌系统原理和结构

6.1.1.1 电子舌原理

生物体感受味觉的机制是依赖舌面不同位置的味蕾，感觉不同的溶液化味觉物质的刺激信号，通过传入神经传输至大脑，最后大脑针对味细胞采集信号的整体特征进行处理分析，给出不同物质的区分辨识以及感官性质方面的信息。电子舌最初的设计思想就来自生物感受味觉的机制（图6-1）。电子舌系统中的传感器阵列即相当于生物系统中的舌头，感受不同的化学物质，采集各种不同的信号信息输入电脑，电脑代替了生物系统中的大脑功能，通过软件进行分析处理，针对不同的物质进行区分辨识，最后给出各个物质的感官信息。传感器阵列中每个独立的传感器仿佛舌面上的味蕾一样，具有交互敏感作用，即一个独立的传感器并非只感受一个化学物质，而是感受一类化学物质，并且在感受某类特定的化学物质的同时，还感受一部分其他性质的化学物质。

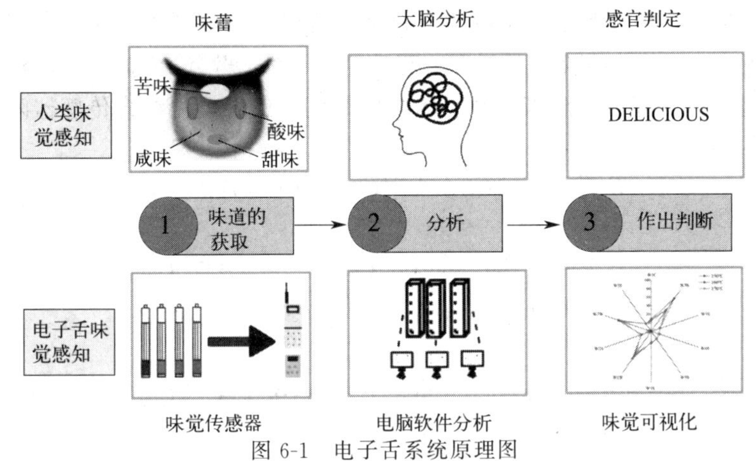

图 6-1　电子舌系统原理图

从电子舌的技术实现上而言，最初的设计模型来自传统分析化学的多传感器多组分分析。这类特异性传感器阵列多组分分析可以用以下数学式进行表达：假设某溶液中含有 N 个组分，并且每个组分的浓度分别为 C_1、C_2、$\cdots C_N$，现在用由 M 个传感器组成的传感器阵列的电子舌系统对溶液进行测定，并且每个组分都会在传感器上得到响应，以 P_i（$1<i<M$）作为第 i 个传感器的信号强度。这样，M 个传感器组成阵列可以得到如下方程：

$$
\begin{aligned}
P_1 &= A_{1,1}C_1 + A_{1,2}C_2 + \cdots\cdots + A_{1,N}C_N \\
P_2 &= A_{2,1}C_1 + A_{2,2}C_2 + \cdots\cdots + A_{2,N}C_N \\
&\cdots\cdots \\
P_M &= A_{M,1}C_1 + A_{M,2}C_2 + \cdots\cdots + A_{M,N}C_N
\end{aligned}
\tag{6-1}
$$

其中，由于每个传感器都是特异性的，即只对溶液中某个独立的组分起响应，所以 A_{ij}，是第 i 个传感器响应强度信号和第 j 个组分浓度之间的比例常数。从方程(6-1) 可知，只要 M≥N 时，就可以通过矩阵运算求出溶液中每个组分的浓度。

电子舌系统在技术上与传统的多传感器多组分分析最大的不同就是把生物味觉系统中味蕾的交互敏感原理和传统的传感器阵列多组分分析结合在一起，即用选择性不是特别强，同时又具有一定交互敏感性的传感器来代替传统的选择性特别强的特异性传感器组成传感器阵列。这样，方程(6-1) 中的系数 A_{ij} 求解的时候，就要求使用人工神经网络等非线性的模式识别方式，首先对电子舌进行训练，建立自学习专家数据库，建立 A_{ij} 的标准形式，然后再进行计算。

从以上介绍可以发现，由于电子舌设计思想来自传统分析化学的传感器阵列多组分分析，在很长一段时间里，大量研究者认为溶液中有 N 个组分，必须由 V 个传感器组成的传感器阵列对溶液检测分析。随着电子舌技术的发展，各种电化学方法的应用，结果发现，电子舌传感器阵列中传感器的数量是可以减小的，只需在检测 Pi 信号的同时，再掺入另一个激发信号 S。例如，用脉冲伏安法检测电流的同时，掺入脉冲时间及脉冲时间间隔变化的信号；采用阻抗谱法时，检测溶液性质的同时提取频率的信息。根据提取的另一信号 S，并且假设其参数变化为 $1\sim K$，这样可以重新对方程(6-1) 修正，针对某个特定的采集信号强度 P_i，参入不同强度的 S 信号，列方程如下：

$$P_1^{(1)} = A_{1,1}^{(1)}C_1 + A_{1,2}^{(1)}C_2 + \cdots\cdots + A_{1,N}^{(1)}C_N$$

$$P_1^{(2)}=A_{2,1}^{(2)}C_1+A_{2,2}^{(2)}C_2+\cdots\cdots+A_{2,N}^{(2)}C_N \tag{6-2}$$
$$\cdots\cdots$$
$$P_1^{(k)}=A_{k,1}^{(k)}C_1+A_{k,2}^{(k)}C_2+\cdots\cdots+A_{k,N}^{(k)}C_N$$

其中，$P_1^{(i)}$ 即为在信号 S 某个特定的参数下的传感器响应强度，$A_{ij}^{(i)}$ 与 A_{ij} 一样，是关于溶液中各个组分浓度的非线性函数。同方程(6-1) 一样，当 $A_{ij}^{(i)}$ 确定为常数时，只要 $K \geqslant N$，就可以通过矩阵运算求出溶液中每个组分的浓度。然后，再结合传感器阵列中传感器的数量，可列方程为：

$$\begin{aligned}
&P_1^{(1)}=A_{1,1}^{(1)}C_1+A_{1,2}^{(1)}C_2+\cdots\cdots+A_{1,N}^{(1)}C_N\\
&\cdots\cdots\\
&P_1^{(k)}=A_{k,1}^{(k)}C_1+A_{k,2}^{(k)}C_2+\cdots\cdots+A_{k,N}^{(k)}C_N\\
&P_2^{(1)}=A_{1,1}^{(1)}C_1+A_{1,2}^{(1)}C_2+\cdots\cdots+A_{1,N}^{(1)}C_N\\
&\cdots\cdots\\
&P_2^{(k)}=A_{k,1}^{(k)}C_1+A_{k,2}^{(k)}C_2+\cdots\cdots+A_{k,N}^{(k)}C_N\\
&\cdots\cdots\\
&P_M^{(k)}=A_{k,1}^{(k)}C_1+A_{k,2}^{(k)}C_2+\cdots\cdots+A_{k,N}^{(k)}C_N
\end{aligned} \tag{6-3}$$

在以上公式中，各符号的定义如下：

N：表示待测溶液中目标组分的总数量。

M：表示传感器阵列中传感器的总数。(传统方法要求 $M \geqslant N$)

i：表示第 i 个传感器（$1 \leqslant i \leqslant M$）。

j：表示第 j 个待测组分（$1 \leqslant j \leqslant N$），在公式中体现为 C_j。

k：表示额外激发信号 S 的参数变化维度。(满足 $M \cdot k \geqslant N$ 即可)

$A_{i,j}$：第 i 个传感器对第 j 个组分的响应系数，反映传感器的选择性和灵敏度。

从方程组(6-3) 可以发现，当 $A_{ij}^{(i)}$ 确定为常数时，只要当 $MK \geqslant$N 时，电子舌系统就能求出每个组分的确切浓度。同时，从方程组(6-3) 的求解条件可以发现，随着 K 的不断增加，在 N 不变的情况下，M 可以相对地减小，这就为目前电子舌使用 5～6 个传感器，甚至一个独立的传感器组成传感器阵列，对各种液体类物质分析检测以及各组分浓度回归拟合提供了理论依据。

6.1.1.2 电子舌系统结构特点

由电子舌的定义及原理可以将其结构分成 3 个主要部分：①交互感应传感器阵列；②自学习专家数据库；③智能模式识别系统。交互感应传感器阵列相当于生物系统的舌头，自学习专家数据库仿佛生物体的记忆系统，智能模式识别系统如同生物体的大脑运算方式。

另一方面，从电子舌自身的原理及其与电子鼻的区别，还可以总结出以下几个主要特点：①电子舌由多通道传感器阵列构成；②测试对象为溶液化样品；③采集的信号为溶液特性的总体响应强度，而非某个特定组分浓度的响应信号；④从传感器阵列采集的原始信号，通过数学方法处理，能够区分不同被测对象的属性差异；⑤它所描述的特征与生物系统的味感不是同一概念。正是由于以上几个特点，电子舌作为一种新型的分析检测仪器与传统的分析化学思想具有一定的差异性，即电子舌所检测的不是溶液中某个具体化合物浓度的强度信号，而是与几个组分浓度相关的商品化强度信号。电子舌重点不是在于测出检测对象各个组分的浓度多少，以及检测限的高低，而是在于反映检测对象之间的整体特征差异性，并且能够进行辨识，或是在特定条件下求出内部组分浓度，提取出被测对象某些方面的属性信息。

6.1.2　电子舌系统构建的主要技术方式

电子舌系统构建的技术方式多种多样，可以从采用的电化学方法分类，也可以从其结构的 3 个主要部分来分类。从电子舌结构中 3 个部分出发，传感器阵列的研究主要集中在单个传感器的修饰方式，不同电活性物质的选择以及不同类型的传感器如何组合优化成传感器阵列。同时，不同构建方式的传感器阵列，决定着后端不同电化学检测方法的选择；模式识别系统的研究主要集中在对各种人工神经网络分析法（Artificial Neural Network，ANN）、主成分分析法（Principal Component Analysis，PCA）、偏最小二乘法（Partial Least Square method，PLS）、简单优劣判别法（Statistical Isolinesr Multicategory Analogy，SIMCA）等方法的选择优化或是组合。专家自学习系统的研究，主要在于样品的选择范围以及数据库的建立。

6.1.2.1　传感器阵列的构建技术

电子舌系统的传感器阵列由不同作用的独立传感器组成。比较常用的传感器有：硫属玻璃传感器、聚氯乙烯（PVC）薄膜传感器、Langmuir-Blodgett 修饰膜传感器以及非修饰贵金属电极传感器。但是，作为传感器阵列中的独立传感器与传统的用于特异性分析的传感器又有一定的区别，其必须满足以下几点要求：①每个独立的传感器需要一定的交互敏感能力，即能同时对溶液中几种不同的组分有一定的响应；②传感器具有一定的选择性，即对不同的组分具有不同的响应能力；③传感器的各项参数以及响应信号必须稳定，而且具有重现性；④从在线以及实时检测方面考虑，传感器在不同的检测环境下需要有较长的使用寿命。

（1）硫属玻璃传感器阵列

硫属玻璃薄膜传感器是一种固态离子选择性电极，在重金属离子的检测方面已经有 30 多年的应用历史。在电子舌传感器阵列中的应用，最初的电子舌是通过 $GeS\text{-}GeS_2\text{-}Ag_2S$、$Ag_2S\text{-}As_2S_3$、Ge-Sb-Se-Ag、$AgI\text{-}Sb_2S_3$ 等多种硫属玻璃非特异性传感器检测不同浓度的重金属离子以及 H^+ 溶液，根据电子舌传感器阵列组建原理，选择灵敏度高、具有一定选择性但选择性不是特别强的传感器组成传感器阵列，同时构建电子舌系统。以硫属玻璃传感器为主的电子舌在各种环境水质污染评价、食品区分辨识以及品质评定中有着很好的应用，其已成为构建电子舌传感器阵列的一种重要方式之一。

（2）PVC 薄膜传感器阵列

图 6-2 是 PVC 薄膜传感器，其是通过 Ag/AgCl 参比电极和开路电位的方法，把修饰有各种活性物质的 PVC 薄膜与各种味觉物质之间的亲和作用强度转化成电位信号进行表征。此类电子舌一般由 5～6 个电极组成，分别感受不同类群的味觉物质，其最大的优点在于数据量比较少，能够方便地把检测结果与检测物质味觉特性直接对应，以雷达图的方式反映物质本身的感官性质特征。

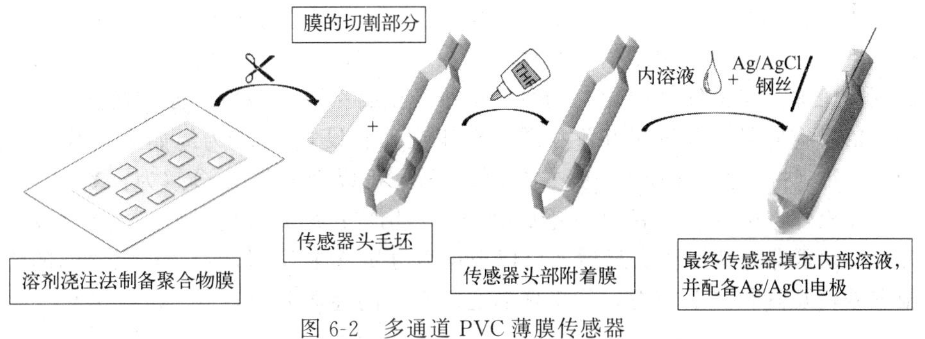

图 6-2　多通道 PVC 薄膜传感器

(3) Langmuir-Blodgett 修饰膜传感器阵列

Langmuir-Blodgett 修饰膜传感器作为电子舌传感器阵列研究的一个新方向，在原有的研究基础上，将硬脂酸、低聚苯胺、聚吡咯以及聚吡咯掺杂硬脂酸等物质在金电极表面修饰成几十纳米厚的 Langmuir-Blodgett 薄膜。由于 Langmuir-Blodgett 修饰膜相当薄，因此可以利用电化学阻抗谱的方法很灵敏地检测各种薄膜传感器对酸、甜、苦、咸等味觉物质的相互作用信号。结果发现，此类电子舌对各类味觉物质呈现出相当好的灵敏度，并且对各种矿泉水、饮料、红酒、咖啡等液体类食品体现了很好的区分辨识效果。

(4) 非修饰贵金属电极传感器阵列

有研究开发了以 6 种具有交互敏感作用的贵金属裸电极（金、铱、钯、铂、铼、铑）构建的传感器阵列（图 6-3），其配合极谱法中的常规大幅脉冲法采集全部电流响应值，然后通过数学建模提取有效的特征值，最后通过模式识别处理，构建了在食品品质监控、微生物发酵以及环境检测中应用的电子舌系统。这类电子舌系统最大的优点在于传感器无需修饰，传感器阵列非常容易构建，并且在稳定性、使用寿命等方面都大大优于修饰电极。但是，由于特殊的激发信号，造成采集的数据量相当巨大，从而给后端的模式识别造成一定的困难。因此，这类电子舌系统的研究重点集中在激发信号的改进，如何更好地提取特征值，以及配套的模式识别方式选择。

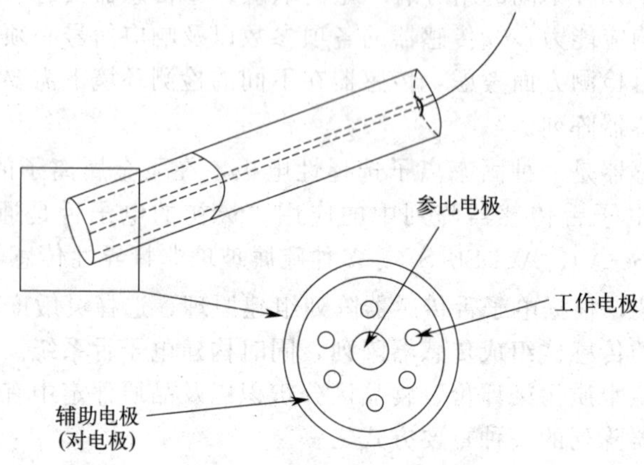

图 6-3 非修饰贵金属电极传感器阵列

6.1.2.2 模式识别方式

(1) 主成分分析法

主成分分析（PCA）是一种古老的多元统计分析技术。Pearon 于 1901 年首次引入主成分分析的概念，Hotelling 在 20 世纪 30 年代对主成分分析进行了发展。主成分的中心目的是将数据降维，以排除众多化学信息共存中互相重叠的信息。它是将原变量进行转换，使少数几个新变量是原变量的线性组合，同时，这些变量要尽可能多地表征原变量的数据结构特征而不丢失信息。并且，新变量互不相关，即正交。假设矩阵 $\boldsymbol{X}$ 为原始采集数据，由 n 行（样品）和 P 列（特征值）构成，通过主成分分析，可以把矩阵 $\boldsymbol{X}$ 分解为：$\boldsymbol{X}=\boldsymbol{TL}'$。

$\boldsymbol{T}$ 为得分矩阵，由 n 行和 d 列（主成分数目）构成；$\boldsymbol{L}$ 为载荷矩阵，由 P 行 d 列构成，$\boldsymbol{T}'\boldsymbol{T}$ 的对角线元素即为特征值。最后，可以根据得分矩阵 $\boldsymbol{T}$ 作图，给出样品之间的区别归类效果，根据载荷矩阵得到载荷图，找出样品之间真正的性质差异点。

(2) 人工神经网络分析法

人工神经网络的研究起始于 20 世纪 40 年代，但发展一直比较缓慢。20 世纪 80 年代后，约翰·霍普菲尔德（John J. Hopfield）的工作大大地推动了人工神经网络的研究及应用（Hopfield 神经网络是一种递归神经网络）。现在人工神经网络已经成为解决化学问题的一种重要化学计量学手段。人工神经网络的基本思路是基于人脑细胞（神经元）的工作原理来模拟人类思维方式，以建立模型来进行分类与预测。但是，人工神经网络方法只是简单地借用神经元来表示一个计算单元，图 6-4 为一个典型的误差反传算法的三层前传网络，从下往上分别称为输入层、隐蔽层和输出层。最底层为输入层，每个结点代表一个输入元素，通过权重系数和活性函数与隐蔽层中的结点相连接，然后隐蔽层中的隐节点再通过权重系数和活性函数与输出层中的结点连接，最终输出结果。

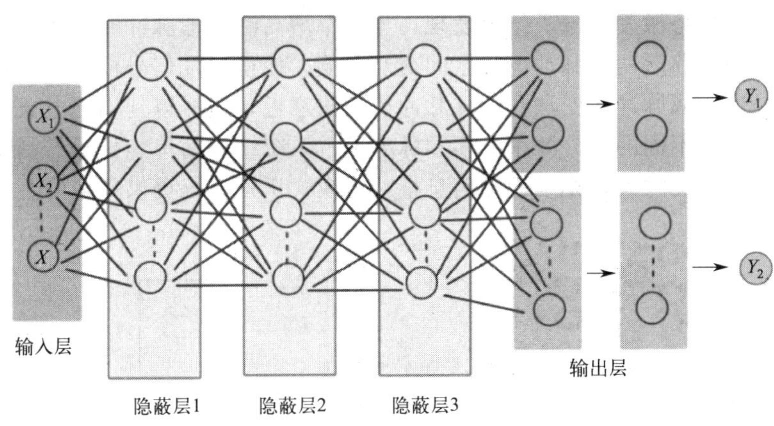

图 6-4　人工神经网络示意图

(3) 偏最小二乘法

偏最小二乘法是近年来发展起来的一种新的多元统计分析方法，现已成功地应用于分析化学。在 PLS 方法中用的是替潜变量，其数学基础是主成分分析。PLS 替潜变量的个数一般少于原自变量的个数，特别适用于自变量的个数多于试样个数的情况，因此受到众多电子舌系统研究者的青睐。在 PCA 中，只对自变量矩阵做了分解，消除了其中的无用信息，并且这种分解是独立于因变量矩阵 $\boldsymbol{Y}$ 进行的。在 PLS 分析中，对因变量矩阵 $\boldsymbol{Y}$ 也进行了和自变量矩阵 $\boldsymbol{X}$ 一样的分解：

$$\boldsymbol{X}=\boldsymbol{TP}'+\boldsymbol{E}$$

$$\boldsymbol{Y}=\boldsymbol{UQ}'+\boldsymbol{F}$$

$\boldsymbol{T}$ 和 $\boldsymbol{U}$ 分别为矩阵 $\boldsymbol{X}$ 和 $\boldsymbol{Y}$ 的得分矩阵，$\boldsymbol{P}$ 和 $\boldsymbol{Q}$ 分别为矩阵 $\boldsymbol{X}$ 和 $\boldsymbol{Y}$ 的载荷矩阵，$\boldsymbol{E}$ 和 $\boldsymbol{F}$ 为矩阵 $\boldsymbol{X}$ 和 $\boldsymbol{Y}$ 的残差矩阵。将 $\boldsymbol{T}$ 和 $\boldsymbol{U}$ 作线性回归，若 $\boldsymbol{B}$ 为系数矩阵，则有：

$$\boldsymbol{U}=\boldsymbol{TB}$$

$$\boldsymbol{B}=(\boldsymbol{T}'\boldsymbol{T})^{-1}\boldsymbol{T}'\boldsymbol{U}$$

在预测时，由未知样本的矩阵 $\boldsymbol{X}_{\mathrm{un}}$ 和校正得到：$\boldsymbol{Y}_{\mathrm{un}}=\boldsymbol{T}_{\mathrm{un}}\boldsymbol{BQ}$。

(4) 简单优劣判别法

SIMCA 是在 1976 年由瑞典学者 Wold 所提出的，很快受到普遍的重视，并在化学中得到广泛的应用。SIMCA 方法是一种建立在主成分分析基础上的模式识别方法，其基本思路是先利用主成分分析的显示结果得到一个样本分类基本印象，然后分别对各类样本建立相应的类模型，继而用这些类模型来对未知类进行判别分析，以确定其属于哪一类，或不属于哪一类。其实，SIMCA 是在循环地使用主成分分析方法，先是对整个样本进行主成分分类，然后再建立各类样本的主成分模型，来检验未知样本属于哪个类。

6.1.3 两类新型的电子舌系统

6.1.3.1 多频脉冲电子舌系统

多频脉冲电子舌系统是一种基于非修饰贵金属电极传感器阵列的电子舌系统，图 6-5 为多频脉冲电子舌采用的电势激发信号，在常规大幅脉冲电势的基础上，扩充了频率的变化。假设常规大幅脉冲电势脉冲时间间隔为 1s，那么相当于多频脉冲伏安法中一段 1Hz 的频率，多频脉冲伏安法其实是把几个不同脉冲时间间隔的常规大幅脉冲电势作为不同的频率段组合在一起，作为脉冲电势激发信号。结果发现，当频率增高时，即脉冲时间间隔减小到一定程度，在同一个频段内前后两个脉冲电势之间交互影响，使得激发信号偏离原始的常规大幅脉冲伏安法，而是向小幅脉冲伏安法和阶梯脉冲伏安法靠近，这样得到不同电极在不同的频率下对被测对象呈现出不同的区分效果。多频脉电子舌系统结构简单、传感器制作简便、数据结果重现性好，同时还大大扩充了检测信息量，为模式识别系统提供更多的有效数据信息。

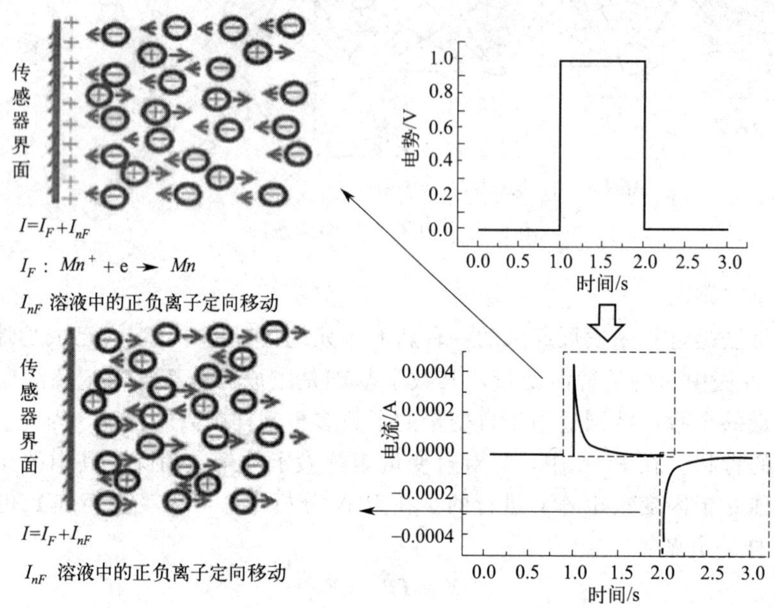

图 6-5 两种大幅脉冲伏安法

6.1.3.2 基于 PVC 薄膜全固态传感器阵列电子舌系统

基于 PVC 薄膜全固态传感器阵列电子舌系统，设计针对酸、甜、苦、咸、鲜 5 种味觉具有不同响应的 PVC 薄膜传感器，组成传感器阵列。这种电子舌系统有新的改进。由图 6-2 可以清楚地看到，PVC 传感器阵列是以 Ag/AgCl 参比电极为基底的，薄膜内盛有 100mmol/L 的 KCl 溶液，这种设计使得传感器的寿命以及坚固程度受到了一定的限制。本研究设计的 PVC 薄膜全固态传感器（图 6-6）是以铂电极代替了 Ag/AgCl 参比电极作为基底材料，先在铂电极上修饰一层聚吡咯薄膜，然后再在聚吡咯薄膜上修饰 PVC 薄膜和活性物质，由于整个传感器全部由固态物质组成，相比原先的参比电极为基底的传感器，其制作方法更加简单，使用寿命更长以及电极牢固性更可靠。

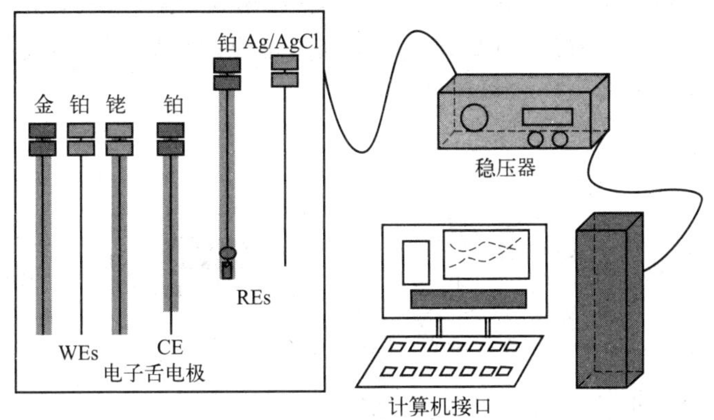

图 6-6　PVC 薄膜全固态传感器阵列

6.1.4　展望

食品质量安全快速无损智能检测技术是目前食品领域最迫切的科学技术问题。以多传感器为基础的电子舌仪器，由于对样品无需前处理，并且能够实现现场、快速、实时检测，将逐渐成为定性定量分析仪器的一个新的发展方向。尽管传统的分析化学界在一定程度上还未能接受电子鼻或电子舌的分析精度和准确性，但是基于多传感器与智能识别相结合的一类智能感觉系统，定会成为分析化学中一类具有发展前景的新的思想与方法，从而得到广泛应用。目前，电子舌的研究尚未成熟，在许多方面尚待进一步改进。例如，对于修饰电极而言，可以利用分子印记或是化学合成的方法，对于 5 种味觉（酸、甜、苦、咸、鲜）分别构建人工味觉受体，修饰在电极表面，构建由 5 个电势型传感器组成的分别感受 5 种味觉的真正意义上的传感器阵列，从而能精确、方便地给出各种食品的感官性质以及味觉指纹图谱。另一方面，目前研究的大量电子舌一般需要 10～20 个传感器组成阵列，最少的也需要 5～6 个传感器组成的阵列，使得仪器结构复杂、体积比较庞大。但在理论上，从激发信号的角度改进，可以把传感器阵列的数量减小至单个独立的传感器来完成整个电子舌系统的构建，随着研究的进一步深入，电子舌将会向小型化以及便携式方向发展，研究开发出如掌上型的电子舌系统将成为这一领域的方向。

6.2　液相色谱-质谱联用（LC-MS）在味感物质检测中的应用

高效液相色谱优越的分离性能使得它的应用越来越广泛，但对于那些没有标准样品的物质来说，其定性分析就比较困难。

如图 6-7 所示，LC-MS 主要由高效液相色谱系统、接口、质量分析器、离子检测器、真空系统和计算机处理系统组成。与 GC-MS 相同，LC-MS 中常用的质量分析器也是四极杆、离子阱、飞行时间 3 种，且 LC-MS 的技术关键同样是色谱与质谱之间的接口，但 LC-MS 接口解决的是高流量的液相色谱与高真空状态质谱仪之间的连接问题。当液相色谱的流动相直接进入质谱的高真空区（1.333×10^{-3}Pa）时，会严重破坏质谱的高真空系统，因此，LC-MS 接口一般具有使流动相气化并分离除去的作用，并能完成样品分子的电离工作。

LC-MS 始于 20 世纪 70 年代，在接口研制方面，前后发展了 20 多种，主要有直接导入、传送带、渗透薄膜、热喷雾和粒子束等形式，但这些技术都有不同方面的局限性和缺陷。只是在 20 世纪 90 年代后，由于大气压电离（atmospheric pressure ionization，API）的成功应用以及质谱本身的发展，LC-MS 才得到了迅速的发展，成为食品、化工、医药多个应用领域的有力分析工具。

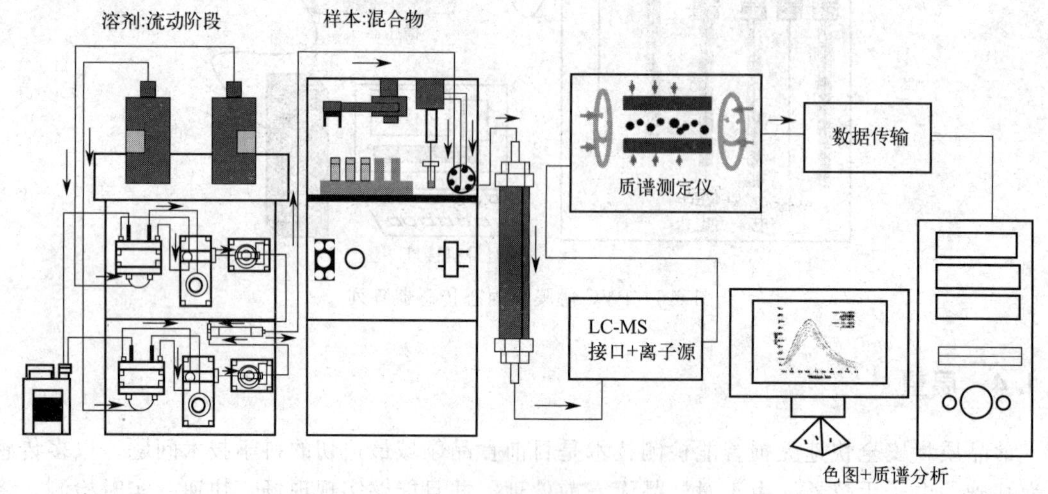

图 6-7　LC-MS 组成框图

6.2.1 API 接口

API 是目前 LC-MS 主要采用的接口技术，它是一种在大气压下将溶液中的分子或离子转化成气相中离子的接口的技术，包括电喷雾电离（Electrospray Ionization，ESI）和大气压化学电离（Atmosphere Pressure Chemical Ionization，APCI）两种方式。APCI 和 ESI 都是非常温和的电离技术，只是在大气压下产生气相离子的方式不同，在同一台仪器上，APCI 和 ESI 两种离子化技术非常易于切换，切换过程不破坏质谱仪的真空。

图 6-8 所示为 ESI 的电离过程。样品流出毛细管喷口后，在雾化气（N_2）和强电场（3～6kV）作用下，溶液迅速雾化并产生高电荷液滴。随着液滴的挥发，电场增强，离子向液滴表面移动并从表面挥发，产生单电荷或多电荷离子。通常小分子得到 $[M+U]^+$ 或 $[M\text{-}H]^-$ 单电荷离子，而生物大分子产生多电荷离子，由于质谱仪测量的是质荷比（m/z），因而测定的生物大分子的分子量高达几十万。

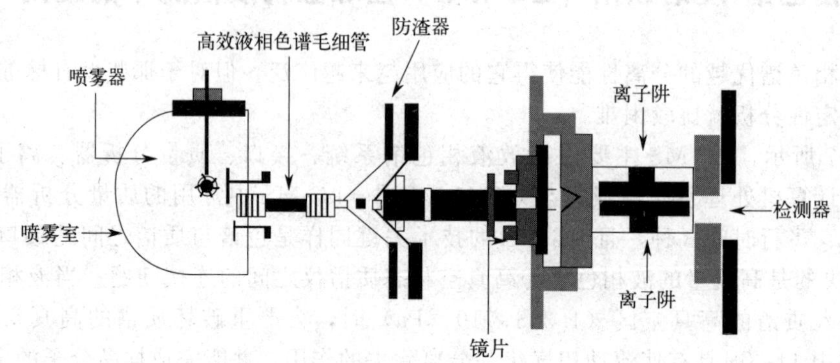

图 6-8　电喷雾电离（ESI）示意图

ESI 是“很软”的电离，适于分析任何在溶液中能预先生成离子的极性化合物，包括热不稳定的极性化合物、蛋白质和 DNA 等生物大分子。ESI 预先生成的离子也包括加合离子，如 $[M+Na]^+$ 或 $[M+K]^+$。通过调节离子源的电压，可控制离子键的断裂，给出更准确的结构信息。

图 6-9 为一种 APCI 的示意图。样品流出毛细管后仍由 N_2 流雾化到加热管中被气化，由加热管端的 Corona 尖端放电产生的自由电子轰击溶剂分子以及空气中的 O_2、N_2、H_2O 得到初级离子，然后样品分子与这些初级离子通过氢质子交换，形成 $[M+H]^+$ 或 $[M\text{-}H]^-$ 并进入质谱仪。正离子模式下，APCI 电离的典型反应如下：

$$e^- + N_2 \longrightarrow N_2^+ + 2e^-$$

$$N^+ + H_2O \longrightarrow N_2 + H_2O^+$$

$$H_2O^+ + H_2O \longrightarrow H_2O^+ + HO$$

$$H_3O^+ + M \longrightarrow [M\text{-}H]^- + H_2O$$

在负离子模式下，样品分子的准分子离子为 $[M\text{-}H]^-$，它一般是通过与 OH^- 争夺质子形成的。

APCI 也是很软的电离，只产生单电荷峰，适合测定具有一定挥发性的中等极性和弱极性的小分子化合物，化合物的相对分子量一般不超过 2000。对于具有一定挥发性但在 ESI 中不易离子化或 ESI 离子化时检测器响应较差的物质，可选用 APCI。

与 ESI 相比，APCI 非常耐用且适用性强，对液相色谱流动相所用溶剂、流速的依赖性较小，能适应高流量的梯度洗脱及高低水溶液变换的流动相，不受大部分实验条件的微小变化的影响。可通过调节离子源电压，得到不同断裂的质谱图和结构信息。

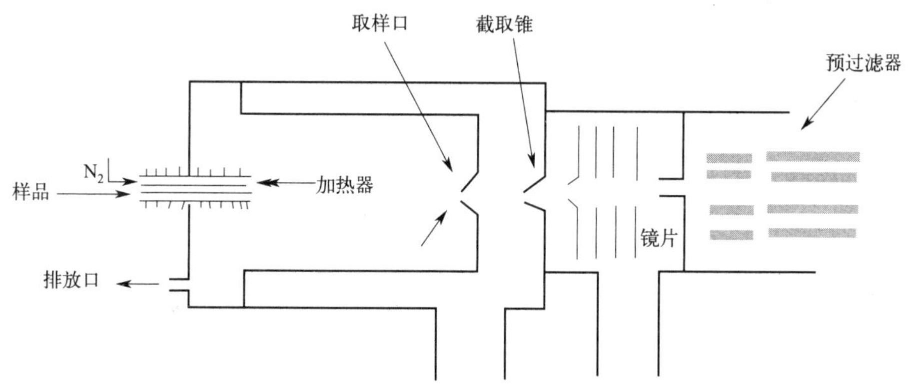

图 6-9　大气压化学电离（APCI）示意图

6.2.2 LC-MS 对液相色谱的要求

为了适应检测要求，LC-MS 中的液相色谱流动相的流速一般较低，同时为缩短分析时间，应使用较短的色谱柱。选用的流动相组成（缓冲液种类、浓度等）和流速大小要适应接口使用，对流动相的常见要求是不允许有难挥发的盐类（如磷酸盐），以防止形成沉积堵塞毛细管，影响仪器的检测和寿命，但可用甲酸、氨水等调节流动相 pH 值。流动相的组成还会影响离子化效率，从而对检测灵敏度有很大的影响，具体视待测样品分子而定。

6.2.3 LC-MS 的几个技术特点

随着联用技术的日趋成熟，LC-MS 日益显现出优越的性能。LC-MS 的技术优势主要表现在以下几方面。

（1）正、负离子化

API 的两种离子化形式(APCI 和 ESI）都可通过改变电离电压的极性，使样品分子选择性地生成正离子（如［Md-H］$^{+}$）或负离子［M-H］$^{-}$，从而得到两张不同的质谱图，有利于结构鉴定。

（2）谱图简化但结构信息丰富

API 属于软电离技术，主要生成准分子离子和加合离子，谱图解析简单，可方便地获得分子量信息。还可采用碰撞诱导裂解技术（collision-induced dissociation，CID)，将特定的分子离子断裂，给出碎片信息，进行多级质谱（MS-MS）分析。

（3）多种扫描类型、分析速度快

LC-MS 可在全扫描、选择离子监测（SIM)、选择反应监测（select reaction monitoring，SRM）等扫描方式下工作，无需将样品进行完全的色谱分离，定量测定可在很短的时间内完成，实现了高通量分析。

全扫描可获得样品中每个组分的全部质谱，可根据总离子流色谱图、质谱图、提取离子色谱图，鉴定未知化合物的结构或分析混合物样品中的每一个组分。SIM 是对某个特定的离子进行监测的技术，得到质量色谱图，可分析复杂样品中痕量组分。SRM 是利用多级质谱监测一个或多个特定的离子反应，如离子碎裂、中心碎片丢失等，其特点是可针对两组特定的相关性离子选择性测定，更加快速地分析复杂样品中的痕量组分，获得更具专属性的信息。

（4）检测限低

MS 具备高灵敏度，它可以在$<10^{-10}$ g 水平下检测样品，通过选择离子监测或选择反应监测模式，其检测能力还可以提高一个数量级以上。

第7章

嗅感物质的研究方法

当前关于食品嗅感物质的研究主要包括：嗅探分析、电子鼻以及气相色谱-质谱分析等。

7.1 嗅探分析在香气组分鉴别中的应用

针对香味分析主要分为两部分：一是整体香气评估，二是对香气起作用的关键性香气组分的识别。智能化、客观化的香气评价方法和对香气成分进行快速识别和测定的方法已成为研究热点。

在气味测量和评估上，出现了一些经典技术类型，气相色谱-嗅觉探测仪（gas chromatography and olfactometry，GC-O）、电子鼻、电子舌等。

7.1.1 气相色谱-嗅觉探测（GC-O）

气相色谱-质谱联用技术对复杂样本的香气物质进行定性和定量分析，与其他仪器相比，具有明显的优越性。而LC-MS可以弥补GC-MS存在的缺陷，它的适用范围更广，实现了对不稳定的、不易挥发的香气成分的探测。但是，在对香味进行检测的过程中，这些高效的分析仪器仅仅是从化学成分和含量方面来描述香味的组成，这是一种间接测定方法，而且没有涉及各组分的气味活性。

自然香气往往是由数百种挥发性成分组成的，而其中只有一小部分具有香气活性（aroma active）的物质对整个香气作出贡献，例如，虽然在牛肉中已经发现了1000多种挥发性物质，但是只有几十种物质具有真正的肉味。此外，虽然分析仪器技术已经有了很大的进步，但是其探测极限仍远不及人的鼻子。在自然的香味中，香味越强烈的气味，其含量有时越少，甚至连气相色谱-质谱联用仪都无法检测到。

GC-O是一种通过鼻子对被气相色谱柱分离出来的各组分进行嗅觉分析的方法。从理论上来说，人体对气味的感知灵敏度比目前存在的任何物理检测器都要高，其对气味反应最小限度为10^{-19}mol，所以，GC-O采用人鼻作为气相色谱检测仪器，大大增加了探测的灵敏程度，最大限度地利用气相色谱的高效分离特性，能够迅速、高效地找出一种芳香或香精配方中的芳香成分，并按照芳香成分对芳香的贡献率对其进行排序。

嗅觉探测在气相色谱（gas chromatography，GC）发明后很快便出现了，为采用检测器对GC的流出物进行检测，其输出端有一嗅觉端口，为避免气味干扰，将嗅觉端口设置在独立的空间，与外界有良好的隔离效果。后来研究者发明了将 GC 馏分加湿后用鼻子嗅闻的方法，这种方法克服了用鼻子直接嗅热 GC 气体所引起的人体不舒服和重现性差的缺点，这个时候，才算是真正意义上的“GC-O”。然而此时 GC-O 在嗅闻之前，需先用薄层色谱法测定 GC 馏分的浓度。后来在此基础上，增加了对芳香物质的浓度进行定量稀释的装置，这使得 GC-O 的应用更加广泛。目前，GC-O 法在技术上已经比较成熟，形成了商业化的仪器，在食品、香精、香料等方面也有很好的应用。

7.1.2 GC-O 中气味活性物质的筛选和鉴定

7.1.2.1 气味活性物质的筛选

（1）GC-O 的分析策略

在对香味物质进行筛选的过程中，通常情况下，首先要在对样本不进行稀释的情况下，进行 GC-O 分析，从而对气味活性色谱区、气味强度、气味特征进行了解，如果将两种以上不同极性的色谱柱上的保留指数进行比较，还可以得到气味活性物质的某些结构信息，例如是否有极性官能团存在。接下来的气相色谱分析将集中于被锁定的气味活跃区域，也可以在样品的分离过程中，使用 GC-O 跟踪来检测气味的变化，这就是气味活性跟踪样品制备技术，特别是对于具有特殊香味的物质的识别尤为重要。近年来，人们发现了很多重要的香气物质，如 2-甲基-3-呋喃硫醇（煮牛肉中）、1-对薄荷烯-8-硫醇（葡萄柚汁中，气味阈值 2×10^{-8}g/L），均是用 GC-O 跟踪法鉴定出来的，其嗅觉阈值非常低，难以被分析仪器发现。

（2）GC-O 分析结果的解释

GC-O 结果的准确度和重复性不能与 GC-MS 等仪器技术进行比较，同时还会受到嗅闻人员主观条件作用而发生改变，通常通过相邻二次稀释（如 256 倍与 128 倍或 256 倍与 512 倍稀释）的 GC-O 检测结果没有差别，因此香气稀释（FD）因子和 Charm 值只是一个近似数。考虑到诸如 256 这样的确切稀释率经常得不到类似的信息，通常情况下，2^n（$256=2^8$）是指稀释倍数，n 是指稀释次数，因此具有较高的实用价值。将 FD、Charm 分别按照低度、中度、高度三种稀释倍数进行分区，是较为科学的做法，因此，对于不同嗅闻的研究者来说，GC-O 检测结果是可以进行比较的，并把研究重点放在中高稀释倍数区。而对于阈值较高的“背景性”的香气成分，则只需花费更小的精力。但是，我们不能忽略一些具有代表性的“背景性”组分，它们仍然可以对香气起作用。

7.1.2.2 气味活性物质的结构鉴定

较为理想的状况是通过标准物、保留指数、质谱、气味特征对 GC-O 中筛选出的气味活性物进行结构鉴定，但是，这需要有标准物质，并且用 GC-MS 进行测定时，待测物会出现峰位。实际上，GC-O 谱图与 GC-FID（气相色谱-火焰离子化检测器）、GC-MS 谱图往往有很大不同。对于气味阈值较低的成分，其含量往往也较少，在气相色谱和气相色谱-质谱中很难表现出峰位。因此，GC-O 检测结果不易与其他仪器检测方法相结合，仅能根据质谱标准物质、保留指数及气味特征来鉴别。在没有参照物的情况下，我们就只能根据测试中的保留指数来鉴别。目前，气味识别方法仅适用于蘑菇味物质、3-甲硫基丙醛等气味特征明显的化合物，对气味识别方法的研究缺乏经验。

在 GC-O 分析中，即使存在着不同的保留时间，但是嗅觉却有同样的味道，而使用 GC-MS 鉴定为相同结构，也需要用标准物质来证实。因此，在使用极性色谱柱的过程中，需要特别注意的是，为保证鉴别结果的准确性，通常采用两个或多个不同极性的柱子进行检测。因为 GC-O 分析存在着很大的主观性和重现性差异，所以在很多时候，GC-O 和 GC-MS 的组合是必需的，这时，在气相色谱-质谱（GC-MS）中，采用 SIM 扫描方式，该方法能有效地提高对微量香味物质的探测灵敏程度。

7.1.3　定量 GC-O 的发展——GC-“SNIF”方法

7.1.3.1　概述

“SNIF”法是近年来发展起来的一种 GC-O 测定方法，操作简便，快速，重现性好，对嗅觉人员无要求，适用于定量测定。GC-“SNIF”的分析工作是通过嗅觉评价团队进行的。每一个人都要在不同的时间内，不断地嗅闻柱子上散发出来的香气，然后按下一个键，电脑就会把这些香气信号转换成一串“平方”的数字。将时间与样本的方差进行映射，就可以得到个体的气味频谱。然后，将团队中所有成员的个人气味频谱叠加在一起，其中最大的值被归一化为 100%，就得到香味谱图（aromagram）（图 7-1）。该谱图的横坐标表示事件出现的时间，纵坐标为 NIF（嗅觉响应频率，nasal impact frequency）值，表示被检测到的频率，而 SNIF（表面嗅觉响应频率，surface nasal impact frequency）值，代表检测的峰面积。

经统计分析，由 6 位评估者和 10 位评估者执行的每日分析，其 NIF 值的不确定度分别为 20%、5%。如果一项检测需要花费很长的时间，那么就需要 2 个评估者，每人都只闻一半的气味，以防止嗅觉疲劳，但是，必须做两组实验，然后，把两个人的气味顺序颠倒，嗅觉感受是两种不同气味的平均气味。运用此法，丢失气味机率较小。

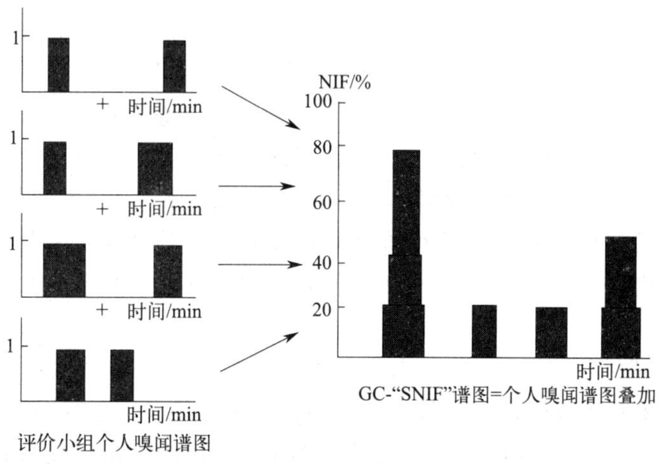

图 7-1　GC-“SNIF”检测数据处理过程

GC-“SNIF”是一种专门用于定量的测定方法，它还适用于对气味中的活性物质进行定性测定。与其他 GC-O 检测方法相比，或与仅有 1 个或 2 个评估者时所产生的人鼻感知相比，具有明显的优越性。GC-“SNIF”曾用于法国豆（French beans）、咖啡、酸奶、醋、腌制品、香槟酒等的香味成分筛选，矿泉水异味、生咖啡中的霉味、泥土味成分鉴定及食品加工工艺引起的产品香味变化研究，如粉虾和虾头的香味谱比较（图 7-2）、不同品牌香槟酒香味谱比较、葡萄酒中加入抗氧剂后香味谱的变化等。

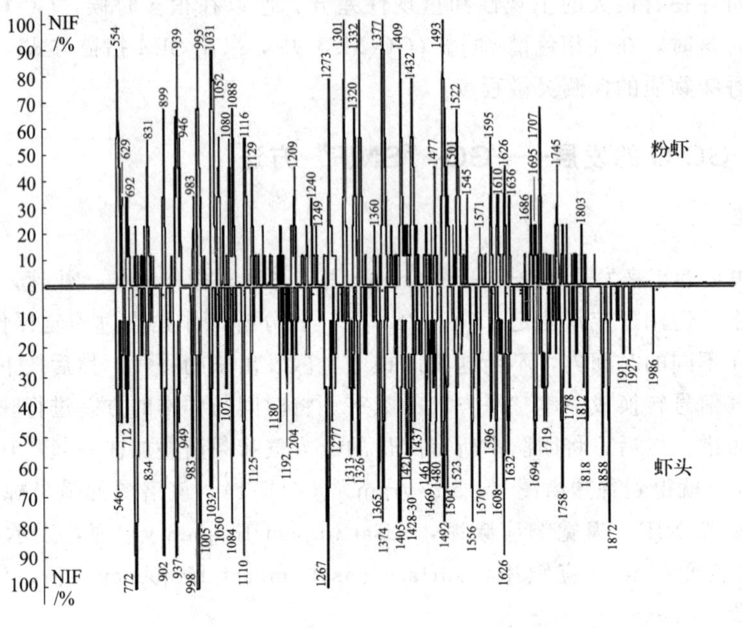

图 7-2　粉虾和虾头的 GC-"SNIF" 香味谱比较

7.1.3.2　与其他 GC-O 检测技术比较

在定性分析上，GC-"SNIF" 的分析结果与香气提取物稀释分析（AEDA）、联合香气反应测量（CHARM）、嗅觉测定（OSME）具有一致性。分别用 AEDA、CHARM、OSME、GC-"SNIF" 4 种检测技术鉴定熟肉的香味成分，得到了类似性实验结果，并发现 GC-"SNIF" 的分析速度比 AEDA 和 OSME 快 2 倍。

GC-"SNIF" 不但快速，而且与 OSME 方法的测定结果最为接近。用AEDA 法、OSME 法、GC-"SNIF" 法对 3 种香槟进行了 GC-O 曲线的几何距离绘制（图 7-3），观测也得到证实。GC-"SNIF" 和 OSME 之间的相似之处可以从 VanRuth 的理论中得到解释：觉察到臭味的人的人数和对臭味的强烈程度的评价之间存在着密切的联系。另外，Bernet 对三种酒的典型香气活化剂进行了 NIF 值与香气强度的对比，并发现这两个变数也有很高的相关性（图 7-4）。

GC-"SNIF" 克服了 AEDA、CHARM、OSME 检测技术的某些缺陷，但其对采样条件、色谱条件的依赖程度仍较高，而且，要得到最后的香气谱，还需要很长的时间。

嗅探分析（sniffing）采用 GC-sniffing 和 GC-MS 联机的方法，使得仪器结果与嗅探结果能够相互补充、印证，从而实现对果汁中香气成分的有效定性与感官分析。所谓嗅探分析，指的是通过将一个与检测器平行的检测端口安装到气相色谱仪（图 7-5），实验中，实验对象的嗅觉与 GC 探测器同时感受到柱子的流出物，并用语言描述其特征的分析方法。在图 7-5 中说明了 sniffing 嗅探系统（J&W 科学公司）是如何工作的。

根据图 7-5 将该嗅探设备与该气体光谱相结合，该嗅探端口平行于 FD 检测器，经过毛

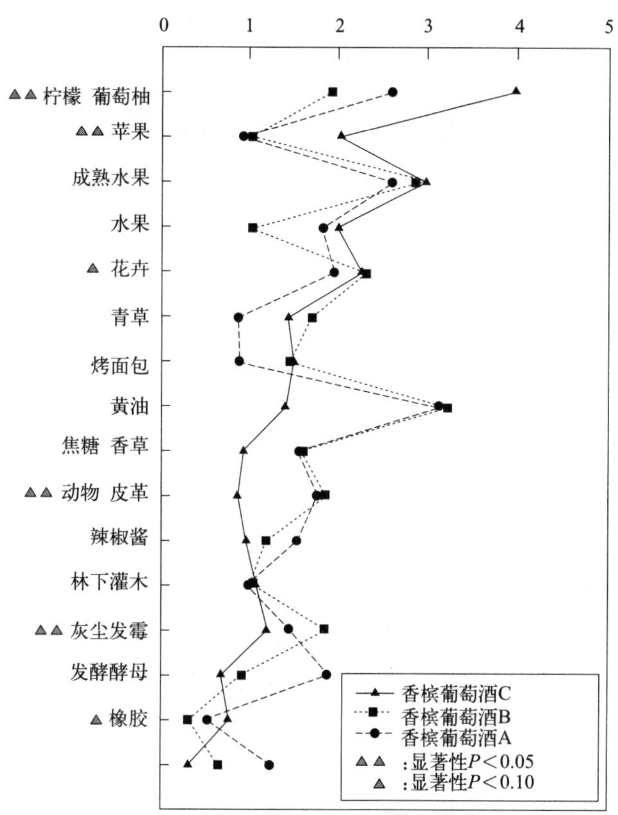

图 7-3　三种香槟酒（A、B、C）的 AEDA、OSME、GC-“SNIF” 谱图几何距离比较

细管柱分离后的芳香成分在分离器中被分为两个部分，其中一个部分进入 FD 检测器部分，其余一条路进入 sniffing 嗅探，由实验者在嗅探口凭借嗅觉对其特点进行鉴评，并对它们的气味特性进行描述。

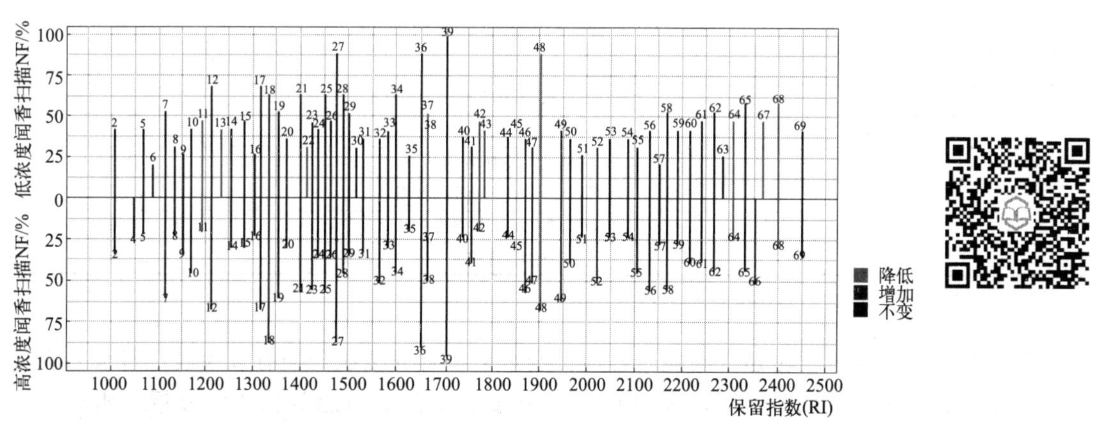

图 7-4　不同浓度水平的冰酒香气条件下 GC-O 及闻香扫描（Olfactoscan）分析中嗅觉响应频率（NIF）的差异

利用嗅探分析（sniffing）仪器，对从草莓汁中分离出来的香气组分展开嗅觉分析，在将近 30 个已被分离出来的组分中，确定 19 个可以感觉到的化合物，它们的感觉特性列于表 7-1 中。

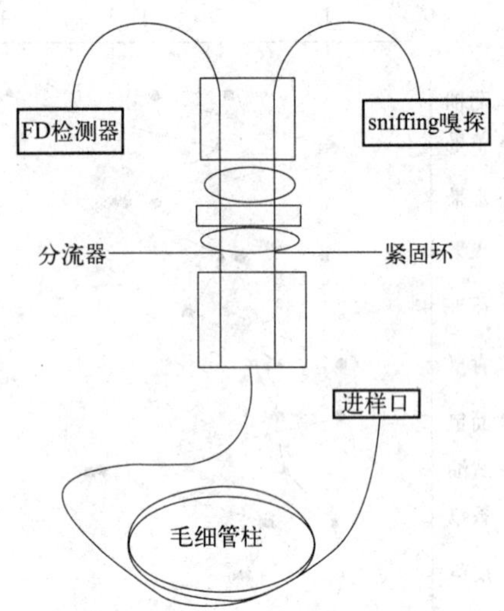

图 7-5　嗅探分析（sniffing）系统

表 7-1　草莓汁中芳香成分感官和质谱分析结果

序号	保留时间/min	嗅觉描述	质谱定性结果
1	5:59	甜的酸奶的乳香	乙酸乙酯
2	6:44	典型的轻快的醇的味道	乙醇
3	7:25	甜香，青苹果的香气	丁酸甲酯
4	9:07	较强的水果甜香	丁酸乙酯
5	12:10	梨的香气，酸甜	乙酸己酯
6	17:07	轻微的香蕉香气，有苦涩的味道	2-庚酮
7	18:13	轻微的水果香气，有菠萝香气	乙酸乙酯
8	25:47	水果的甜味，轻快，较淡	乙酸反-2-己烯酯
9	26:43	轻快的花香，青草味道	乙醇
10	29:25	较强的青草莓清香	反-2-己烯酯
11	31:46	蘑菇味道，微含腐味	—
12	35:50	强烈的花的醇香，微涩	芳樟醇
13	40:19	水果特有的酸味	2-甲基丁酸
14	42:02	水果的甜香	—
15	43:03	甜腻的糖果味	—
16	47:35	辛辣味道，较刺激的酸味	己酸
17	50:05	水果香气，微含刺激的涩味	苯甲醇
18	55:30	持久的花香，水果香气	橙花叔醇
19	58:25	强烈的焦糖的甜香	—

注：表中“—”表示质谱分析未能定性的组分

结果表明，嗅探分析法是一种能较好地识别水果特有香味成分的有效手段，对水果香味成分的鉴定有很大的帮助。因而，采用 GC-sniffing 分析方法对感觉物质的分析，相对于传统的质谱法而言，具有更为直接和灵敏的特点。这是一种对水果特有香味进行鉴定的较优法。

7.2　电子鼻在食品风味物质研究中的应用

在我国，关于电子鼻技术，也就是人工智能嗅觉技术的分析从 20 世纪 90 年代初期开始，它和一般的化学分析仪器（例如色谱仪、光谱仪、毛细管电泳仪）的区别在于，所获得的不是被测试样本中的一种或一些组分的定性或定量结果，这种方法又被称为“指纹信息”，可以模仿人的鼻孔“闻到”一个人的气味，它不但能够对多种类型气味进行检测，还能够将这些气味与经过训练后所构建的数据库中的信号进行对比，作出判断和辨认，因此起到像鼻子一样的作用。电子鼻定义：“电子鼻是一种由一定选择性的电化学传感器阵列和适当的识别装置组成的仪器，能识别简单和复杂的气味”。

电子鼻在食品、医药、化妆品、化工、环境监测等领域有着广泛应用。在国外，人们对电子鼻的设计研究相当活跃，特别是在食品行业实践使用较多，如对酒类、烟草、饮料、肉类、奶类、茶叶等有挥发性味道的食物进行鉴别与总结，对它们的品级和新鲜程度进行评定。

7.2.1 电子鼻的构成及检测原理

传感器阵列、接口电路和模式识别软件系统三个主要部分构成电子鼻，可根据被测材料的性质进行适当的调整（图 7-6）。它的工作原理为：当这些挥发性物质接触到传感器的表面时，将出现瞬时响应（一系列物理和化学改变），该响应将一个电压信号转换成一个数字信号，由一台电脑记录下来，然后送到一个信号处理器展开进一步分析处理，通过与数据库中已有的大量挥发性化合物的信息进行对比识别，判断气体种类，最终判断物质属性。

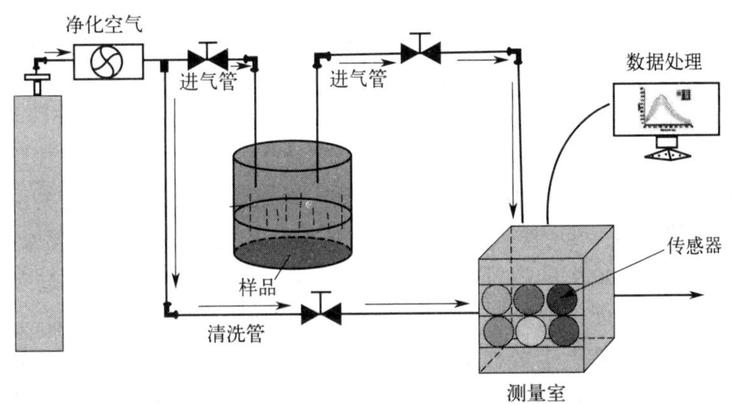

图 7-6　电子鼻基本组成结构

7.2.1.1 气体传感器与传感器阵列

气体传感器与传感器阵列属于电子鼻组成部分中的硬件系统，在构建电子鼻的过程中，传感器阵列是一个重要的组成部分，阵列的性能直接影响到系统的辨识能力、辨识范围和工作时间等。传感阵列有两种结构，一种是集中式传感阵列，该传感阵列具有较小的尺寸和较低的功率消耗，便于信号的收集；二是分立元件。

传感器阵列的选择参数包括传感器的种类、选择性、稳定程度、反应速度、性价比以及实用性能等方面，在每一种气体传感器中都要保持一些交叉灵敏度。

其中，导电型、压电型、场效应型和光纤型是最常见的气体传感器。按照材料类型，导电型传感器又可以分为两大类：金属氧化物传感器（简称 MOS）、聚合物传感器（简称 CP）。压电型传感器有两种类型，一种是石英晶体微量天平传感器（简称 QCM），另一种是声表面波传感器（简称 SAW）。MOS（metal-oxide）传感器由于其使用范围广、价格低廉等优点，是目前最常用的气体传感器类型。在导电聚合物传感器中，其活性材料的电聚合过程比较复杂，耗时较长，与挥发性有机化合物（VOC）接触时，还会出现参考漂移的现象，对水分极其敏感，回复期很长。参考值的漂移是场效应传感器的一个重要问题，光纤传感装置的控制系统比较复杂，造价比较高，使用寿命也比较短。因此，金属氧化物传感器目前被更普遍地使用。在MOS气体传感器方面，目前日本费加罗公司研发并制造的TGS8系列二氧化硫气体传感器较具优势，与其他型号的传感器相比，它的特点是：稳定程度高，反应速度快，性价比高，成本低，机械性能好。

除此之外，电子鼻中使用的传感器还有红外线（IR）、金属氧化物半导体场效应管（MOSEFT）、质量传感器、电化学传感器等。

7.2.1.2 模式识别技术

在电子鼻中，模式识别技术是其软件组成部分，通常使用以下三种识别方法：统计模式识别方法、结构（句法）模式识别方法、人工神经网络模式识别方法。

① 统计模式识别　也就是所谓的判别理论方法，指的是一种将贝叶斯决策系统与统计概率相结合的统计分类方法。统计模式识别方法是一种基于数学中的决策理论而构建的识别方式，该方法通常假设已辨识的物体或已辨识的矢量为随机变量，且服从某种分布规则。该方法的基本思路是：在特征抽取阶段，将获得的特征向量定义在特征空间，该空间包括所有的特征向量类型，也可以说，各种类型的物体都在空间里对应一个点。在分类器中，根据统计判别原则，划分出特征空间，实现对具有不同特性的物体的识别。在统计模式识别领域，基于统计决策的分类方法已经较为成熟，其研究主要集中在特征提取方面。常用的统计模式识别方法有判别函数法、k-近邻分类法、非线性映射法、特征分析、主因素分析等。

② 结构模式识别或句法模式识别是由树的模式识别和子模式的层次关系来实现的。

③ 人工神经网络（ANN）模式识别　是一种针对生物体神经的分析探讨。人工神经网络与其他识别方法相比，最大的特征就是它不需要对被识别的对象进行过多的分析和理解，而是具有一定程度的智能处理的特征。神经网络的分类有很多种，包括前向神经网络、竞争学习、自组织特征映射、最小生成树等。神经网络可以随着环境的改变，通过阶段性适应培训，对神经网络的结构参数进行调整，随着环境的不断变化，这种方法也越来越受人们欢迎。在2003年，学者Dutta利用4个MOS传感器组成电子鼻系统，成功分类4种茶叶。在数据处理阶段，他对神经网络中的4种算法进行了实验，主要研究内容包括多层神经网络（简称MLP）、学习向量量化（简称LVQ）、概然神经网络（简称PNN），以及径向基函数（简称RBF）等，并对其分类性能进行对比，都获得了很好的分类结果，以50%的样本数据集为训练集，另外一半则用来测试RBF算法，该算法的准确率达到100%。

Vapnik等人在20世纪90年代中叶提出的支持向量机（SVM）概念，也获得了广泛应用。它的基本思路就是在样本空间或特征空间中，构建出一个最佳的超平面，使其离非同源样本集合的距离最大化，使其具有最大的推广能力。K. Brudzewski利用此方法，鉴别出4种不同脂肪含量的同一种牛奶，并能鉴别出相同脂肪含量的不同种牛奶，两者均获得了良好的适用性和较高的精度。上海交通大学汪丹教授采用一种基于支持向量机的方法，对三种有机溶剂（乙醇、丙醇、异丙醇）展开鉴别，结果表明，该方法具有很高的辨识准确率。在此基础上，仍需要对模式识别技术中多种工具的性能及其在实际中的应用进行全面、系统的研究，以达到相互借鉴、相互补充、共同发展的目的。

7.2.2 电子鼻技术在乳制品中的应用

乳酪作为一种重要的乳制品，因其来源的不同，其风味也有很大差异。牛乳在风味和营养上的差异，很大程度上是因为其热处理过程的差异所致。目前，主要有 3 种热处理方式：超高温灭菌（UHTS）、巴氏杀菌法、瓶（罐）装灭菌法。同时，不同的处理方法也会导致乳制品中挥发性成分的差异。在新鲜乳样中检测到 7 种具有活跃香味的物质，而经过加热处理的牛乳中有 15 种香味成分。电子鼻技术主要是通过牛乳中散发出的香气来判断牛乳的真假。

7.2.2.1 在乳酪分类中的应用

对于乳酪，国外的研究更多一些，比如英国的切达乳酪、法国的卡门贝尔乳酪、瑞士多孔乳酪各具其特殊风味。法国阿尔法摩斯公司生产的 F0X2000 电子鼻有 6 个感应元件，能分辨 4 种瑞士乳酪（无脂、33%脂肪、全脂、标准乳酪）和英国切达乳酪。实验方法：将 5g 干酪捣成泥，放入玻璃试剂瓶中，每一种样本各 4 个，将其放在 40℃的温度下，预热 30min，载气是指流入速率为 250mL/min 的压缩气体。测量用时 1min，恢复用时 7min。得到了与用 SPME-GC-FID（固相微萃取-气相色谱-火焰离子化检测器）法对瑞士干酪中的主要成分进行峰面积的测定相同的结论。其他两个化合物，即醋酸和辛酸，产生了类似的分类。当这些挥发性化合物达到 30 个时，将无法进行分类。英国的 AromaScan 公司拥有一个 32 个导电聚合物气体传感器阵列（CP）组成的电子鼻，能够分辨出两种不同的羊乳干酪。

7.2.2.2 在牛乳鉴别中的应用

应用电子鼻可以对乳制品的货架寿命进行预测。在不同浓度的牛乳中，经过顶空提取后，会富集各类有机挥发性物质，包括丙酮、2-丁酮、甲苯、柠檬油精、苯乙烯等，在这些物质中，丙酮浓度较高。此外，它还含有各种脂肪、蛋白质和碳水化合物等成分。在各种类型加工处理方式下，牛乳的储存时间也会有差异，采用微量固相萃取-光谱技术-多元统计方法，可以对含 2%脂肪的巴氏杀菌乳与全脂乳的货架寿命进行预测。

乳品的品质控制是乳品生产的核心环节，因此，对乳品挥发性物质的分析是获取乳品品质、区分乳品品质的最有潜力的手段。在 2001 年，意大利的 Capone 等人使用一个电子鼻系统辨别巴氏杀菌和超高温灭菌两种不同的牛乳。利用 5 种不同的 SnO_2 构成的传感器阵列，对两种牛乳具体处理环节进行识别，并对牛乳腐败的动力学过程展开追踪，通过对传感器得到的数据进行主成分研究，就可以对其质量优劣以及全部腐败环节进行判断，而且，这台设备已经开始用于乳制品的质量控制和分析。实验表明，该传感器具有良好的重现性和较快的响应速度，仅需 2～3min。在乳品中使用电子鼻的最大优点是能够实现在线监控，这一点没有任何其他手段能够相比。

7.2.2.3 对乳产品进行产地分类

传统的看法是，原料、生产条件、生产技术各异，导致了挥发性物质的组成的差异。Alpha MOS 公司生产的 FOX4000 型电子鼻可以鉴别 3 种不同产地的酪蛋白酸。方法如下：0.2g 样品放入 10mL 试剂瓶，于 70℃预热 15min，以 150mL/min 的速率将干燥空气作为载气引入 2mL 的上腔，需要 2min 时间获取数据。采用主成分分析法与去趋势波动分析（DFA）法对试样展开归类，并利用未知试样对试样进行验证，证明试样正确性。

可以用电子鼻与质谱联用仪来鉴别瑞士多孔奶酪。例如，分别从奥地利、法国、芬兰、德国和瑞士等几个欧洲国家和地区采集了 20 份样本。方法如下：采用全自动进样机及多支试剂瓶加热设备，将 4g 试样粉碎后置于 10mL 试剂瓶内，每一种试样各 3～5 支，在 90℃ 的温度下加热 30min。采用主成分分析（PCA）和判别因子分析（DFA）的方法，只需要 3.5min 就可以得到分析结果，准确率达 90%～100%，而在如此短暂的时间内，嗅觉专家组是无法对其进行正确分类的。

7.2.2.4 牛乳中的细菌分类

微生物造成的牛乳腐败，不但会使牛乳丧失原有的风味，还会产生毒素。研究显示，某些细菌能制造挥发性物质，如 3-甲基丁醇、乙基丁酸、乙基—3—甲基丁醇、乙基己烷、脱水乙酰、乙酸、乙醇以及其他醇类等有机物。

Megan 等使用 BH-114 电子鼻检测牛乳中的破坏性细菌和酵母，该电子鼻由 14 个 CP 传感器构成。Haugen 使用 NST3220 电子鼻来检测牛乳中 3 种不同的细菌（假单胞菌、大肠埃希菌、沙雷氏菌），它包括 10 片 MOSEFT、5 片 MOS 及一片红外 CO_2 感测器。

7.2.3 电子鼻的发展前景

在乳制品生产过程中，电子鼻具有较好的应用前景，电子鼻在对原料、中间体和成品进行分析应用，对新产品进行研究和开发，对各种气体物质进行协同效应评价中应用广泛，并且能极大地提高产品品质控制能力。目前，电子鼻技术还处于实验室研究和局部应用阶段，其发展离不开传感器和模式识别技术。

首先，传感器的材质与制造，特别是微加工与微机电系统（MEM）技术、传感器阵列的构建方式等，将对该系统的集成化发展产生一定影响。同时，如何降低气敏器件的能耗，提升气敏器件的灵敏度，也是目前迫切需要解决的难题。

其次，在电子鼻系统的软体部分，所使用的资料特性撷取技术与模式辨识之演算法，将对其辨识效能产生影响。信号漂移、温湿度补偿等缺陷，在硬件上很难实现，而在软件上用算法实现就很容易成功实施。

此外，在检测过程中，采集方式的选择对检测结果的影响也是非常大的，正确的采集方式能够有效地改善检测结果，提高检测结果的准确性。首先，气室体积要有一个合适的尺寸。目前普遍采用的静态顶空方法，存在着将被测气体稀释到小于传感器探测下限的问题，挥发性含硫物在食物中还会引起其他一些问题，如会对感光物质造成污染，重现性极差。其次，要尽可能缩短取样时间。液相和固相蒸发方法都会导致传感器与被测物体中挥发出的气体接触的时间比较长，从而延长了检测结束后的恢复时间，因此通常采用户外蒸发方法进行采样。在某些研究中，直接采样、动态测量的方法已经获得了很好的结果，所使用的方法还需要在实验中继续完善，该方法可根据待测材料的不同，调整加热时间及加热温度，以增加挥发性，增加与气味有关的化合物含量，以提高检测的信噪比及准确度。

由于材料学、电子制造工艺、微电子技术和计算机技术持续进步完善，电子鼻的发展方向是小型化和集成化。与此同时，电子鼻也可以实现量产，而且价格还会降低许多。

7.2.4 仿生电子鼻在食品鉴评中的应用

仿生电子鼻在食品鉴评中的应用主要有以下几个方面。

7.2.4.1　在鉴评果蔬成熟度方面的应用

蔬菜和水果经过呼吸作用，进行代谢，从而达到成熟的目的。所以，在不同的成熟期，它们会散发出不同的气味，因此，可以根据香味来判断成熟程度。尽管人们可以通过嗅觉判断蔬菜和水果的成熟程度，但是人们所能感知到的气味存在限制，尤其在对同种气味进行识别时，人类的分辨能力是有限的。水果的成熟度可以从某些物理、化学等方面进行判断，但在测定过程中，会对水果造成损害。利用仿生电子鼻可以非破坏性地监测水果的成熟度。

将果实的成熟期与成熟度值相结合，利用主成分分析法（PCA），将果实的生长期、成熟期和完熟期三种果实完全区分开来。时期不同（也就是不同的成熟度），在相同的环境下（一般为 20℃，相对湿度处于 50%～60%范围内），利用电子鼻作为鉴别传感器，利用线性判别分析（LDA）对柑橘果实进行非破坏性鉴别，准确率达 88%以上。Oshita 等人在未成熟时，对日本“Lafrance”梨进行了不同的储藏处理，从而获得了 3 个不同的成熟期，以 32 组导电大分子为探针组成的电子鼻系统为研究对象，利用非线性映射软件对实验结果进行分析。采用化学分析、气相色谱-质谱联用技术，对 3 个不同发育时期的梨果样品展开分析。研究表明，用电子鼻可以将 3 个不同成熟期的梨果区分开来，与其他几种检测方法的检测结果具有较好的相关关系。

目前对水果和蔬菜的成熟度进行无损检测的研究，主要关注点在梨、香蕉、柑橘、苹果等水果上。仿生电子鼻除可用于水果和蔬菜的成熟度鉴定之外，还可用于对乳酪和肉制品的成熟程度展开测评。

7.2.4.2　在鉴评食品新鲜度方面的应用

仿生电子鼻可用于鱼肉、蔬菜、水果等食品的新鲜程度的检测，也可用于食品的储藏及进口食品的霉变检测等。

潘天红等人采用自己开发的一套 MOS 型厚膜式气敏传感器，对谷物的挥发性味道进行了分析，RBF（径向基函数）神经网络的识别准确率高达 92.19%。传统鱼类新鲜度评定方法有两种，一种是采用安培检测法，另一种是采用酶法。这两种方法都存在着较大的不便。有研究利用涂锡金属氧化物传感器阵列组成的一种电子鼻，将鳕鱼切成 20～60g 的样品，置于冰箱中。评估和分析了冷藏室中阿根廷鳕鱼的新鲜度，得出结论如下：通过电子鼻可以分辨出不同储藏时间的鱼肉。

因此，使用仿生电子鼻可以极大地便于人们对食物和食材的鲜度进行判断。

7.2.4.3　在食品类别鉴别中的应用

由于食物的种类不同，其所携带的挥发性气味也会有所差异，所以可以将仿生电子鼻用于食物的分类识别（图 7-7）。

石志标等人利用 8 套 TGS 气体传感器系统，结合神经网络学习计算法则，研制出一套仿生鼻机制，在此基础上，对 3 个品牌［桃南香（vol）42%，泸州老窖（vol）45%，农家院（vol）42%］及 1 个假冒伪劣（90%医用乙醇与水混合制成）的白酒进行检验。实验证明，该系统能精准、迅速地对白酒品种及真伪进行鉴别。

Guadarrama 等人检测并区别纯水、稀释了的酒精样本、两个西班牙红酒和一个白酒。其所运用的电子鼻使用 6 个导电高分子传感器系统，使用 Test point 软件进行数据采集，使用 PCA 方法进行模式识别，在 4.2 版的 Matlab 上做实验，当他们用气体色层分析样本时，经过测试，得出了以下结论：电子鼻系统能够对 5 种测试样品进行完全识别，结果与气相色谱分析所得结论相同。

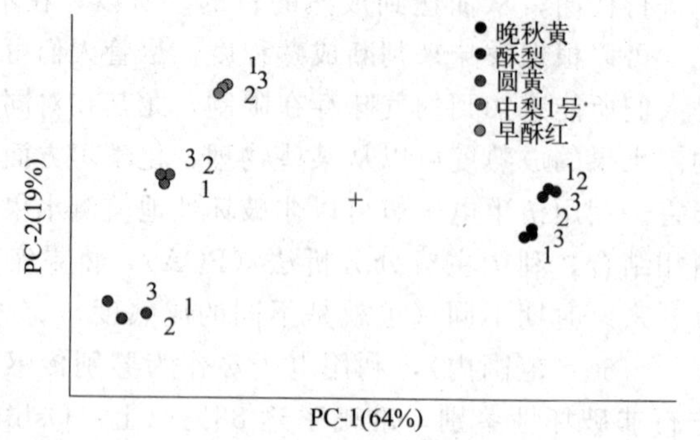

8 _ DRMDD

图 7-7　不同品种梨发酵果酒中挥发性化合物 PCA 分析

7.2.4.4　在食品质量分级中的应用

传统的分级方法通过检测各种理化指标进行综合评价，耗费巨大的人力、物力资源。但是，同样的原材料，不同级别食品，其嗅觉也会有差异，所以，利用仿生电子鼻可以对食品展开品质等级划分。

印度的 Ritaban Dutta 研究使用电子鼻鉴别茶叶，其用金属氧化物传感器做传感阵列，分别使用 PCA（principal component analysis）、模糊 C 均值（fuzzy C means，FCM）及人工神经网络几种方法（算法）处理传感器响应。采用不同方法对 5 个茶叶种类进行试验。它们依次为：干燥 1 个月的茶叶，干燥 2 个月、火候大的茶叶，发酵良好、正常火候的烤茶，发酵良好、火候大的烤茶，未发酵完全、正常火候的烤茶。实验表明，该仿生电子鼻可对不同工艺条件下的茶叶进行有效识别。

Bourrounet 等人使用一个电子鼻系统评价并分析小牛肉品质等级，其对小牛肉进行了储藏，并按储藏时间进行了分类，在此基础上，利用仿生电子鼻测定不同储存期小牛肉的挥发性物质组成，根据自组织映射网络（简称 SOM）方法，对样本数据进行统计分析，其结果与储藏时间相吻合。

7.2.4.5　在食品生产在线控制方面的应用

在生产过程中，利用电子鼻可以对烹饪、发酵和储存等过程进行监控，从而发现环境中有无非正常气味。

意大利 Capone 等学者利用电子鼻对巴氏灭菌和超高温瞬间灭菌的两种不同牛奶进行鉴别。使用 5 个不同的 SnO_2 组成的传感器阵列，利用溶胶-凝胶对 2 种类别的牛奶处理环节进行识别，并对牛奶腐败的动力学过程进行跟踪。通过对反应器处理所得信息数据进行成分评估，可以对其质量优劣以及整个腐败过程展开了解，而且，在乳制品生产行业中，将该仪器用于质量控制分析，结果表明，该传感器具有良好的可重复性，而且其响应时间非常短，仅为 2～3min。在乳品生产过程中，电子鼻的最大优点是能够实现对乳品生产过程的实时监控。

Hansen 等人使用 6 个金属氧化物传感器组成的电子鼻，在监测环境状况的过程中，在线分析肉制品加工中挥发性气体成分变化，评价肉品的质量，最后预测并评价产品的品质。

7.3 食品嗅感物质的 GC-MS 检测方法

7.3.1 嗅感样品的预处理

7.3.1.1 动态顶空

(1) 概述

动态顶空（dynamic headspace），指在一个大样本上，首先对其进行富集，然后再进行分析。动态顶空法可以探测 10^{-12}g/L 浓度级的组分，是一种被广泛应用的香味分析方法。

在动态顶空中，利用载气（He、N_2 等）将样品顶空空气中的挥发性组分注入捕集阱，使其富集，提高探测灵敏度。当试样为液态时，利用载气管直接插入液面，对挥发性组分进行吹扫，即所谓的吹扫捕集（purge and trap）。捕集阱可以是玻璃管，也可以是玻璃衬里的不锈钢，里面装着 Tenax^{TM} 等吸收剂，也可以是一个低温冷阱。对捕获到的样品，可以用溶剂洗脱，也可以用加热的方式进行解吸，然后用 GC 展开分析。

在动态顶空中，为增加样本分子的浓缩倍数，通常会有 100mL～1L 被处理的样本量，通过加热、搅动等方式，可以加速挥发性组分向上部空间的扩散。如果样本数量很多，为保证系统的气密性及压力的稳定性，通常不采用吹气法，而是采用真空泵，将试样上部的气体吸入捕集阱，在此情况下，必须先对进入试样瓶的空气进行净化处理。

动态顶空也是可以实现自动化的，只不过它的设备比静态顶空的设备复杂一些，设备的成本也更高，处理时间稍微长一些，通常情况下需要 15min 才能完成一次分析，其中包括吹扫、捕集、吸附剂干燥、样品解吸等各个环节，但它的特点是取样速度快，操作简便。利用“捕集阱”技术，可以对 10^{-12}g/L 浓度级别的样本进行分析，从而极大地提高了样本的探测下限。对不同类型的吸附剂进行选择，可以对特定的样品进行选择性提取，从而简化分析步骤。

图 7-8 是一个由三个步骤组成的自动动态顶空/气相色谱仪系统的工作原理图。第一步骤，将试样装入密闭玻璃罐内，一般装入 5mL 即可实现探测灵敏度，装入 25mL 试样，以进一步降低探测极限。通过载气（选择氦气、氮气）对试样进行清洗，将挥发性组分从试样中转移到捕集阱中进行富集；第二步，对捕获到的成分采用直接吹扫和迅速加热两种方法，送进 GC 中展开分析；第三步是对捕集阱进行清洁，以避免残留样本对下次测量的影响。

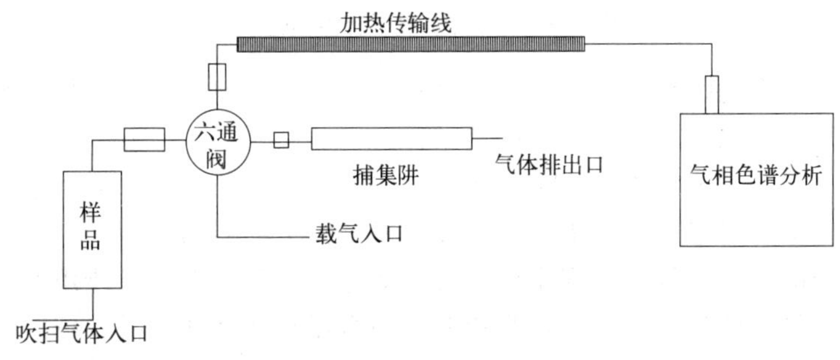

图 7-8　动态顶空-气相色谱系统示意图

动态顶空的萃取率（%），可根据同一色谱条件下，吹扫捕集和直接进样两种方法分析，得到色谱图上的待测组分的峰面积。计算公式如下：

萃取率＝A(吹扫捕集)/A(直接进样)

影响动态顶空萃取效果的因素包括样品量、样品温度、萃取体积和挥发性成分的捕集方式等。在其他条件不变的情况下，提取量的变化主要取决于试样的温度。

萃取体积，即洗涤气穿过试样的总容量，可由洗涤时间及洗涤气的流速进行计算。在通常使用的净化捕集手段中，净化气体流量是40mL/min，净化时间是11min，那么萃取容量是440mL。40mL/min是提取易挥发物（特别是低极性物质）和捕获待测物质的最优流速。而在实际分析过程中，应首先采用吹扫捕集对一系列标样进行回收率的测定，再由实验结果来决定最优流速。

当挥发性物质净化困难时，可以采用增大净化气容积的方法来提高其提取率。但对不易捕获的挥发性物质，随着洗涤气容量的增大，其提取率并不能得到提高，因为当净化气体体积增大时，挥发性物质仅仅是经过捕集阱，而不会被捕获，这时就应该用改善捕获条件的方法来提高净化捕集率。

(2) 样品吹扫装置

图7-9(a)和(b)是用来对液体样本进行处理的一种吹扫捕获装置。气体通过一块筛板之后，用气体对样本中挥发性物质进行吹扫，使吹扫效果更好。本仪器适用于水溶液，但不适用于含固体微粒的试样，以免造成筛板阻塞。没有气筛板而使得吹扫效率较低，但是适用于诸如食物之类的复杂液态样本的香气分离，如果试样中含有油脂、泡沫或固体粒子，不会对试样造成干扰。试样容器的规格、进气管的直径、进气管的高度，都可以按要求调节。本设备对于挥发性组分的提取效率在静态顶空法与吹扫捕集装置之间。

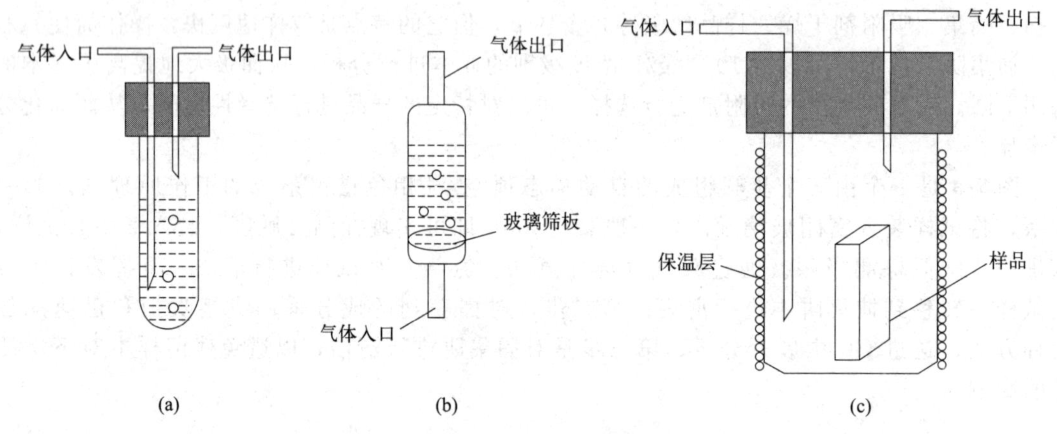

图7-9 吹扫捕集常用容器示意图

对诸如土壤、聚合物、食品、蔬菜等的固态样品的吹扫设备，它包括一种气体的进口和出口，以及一种可加热试样瓶或试管（少量试样），如图7-9(c)。气体被压缩后从一端进入并通过试样，而从另一端出来时则将挥发性组分带出来。对于体积较大的样本，如整颗水果、罐头、易拉罐等，可以用一个大容器来装，但是为了容器的密封，这时，气体的出口与入口管道的直径应略小。如果用一根小试样管子就能装得下，那就不能用大试样瓶，用较大的器皿，不易使试样受热均匀。另外，当用较大的容器来处理样本时，较佳的是用降压的抽气方式，而不是上面所说的增压方式，因为大容器与吸附管相连后，导致了系统的气体电阻比较大，如果使用增压方式，则需要更高的进气压力，因此，对容器的密封性能提出更高要求。

（3）吸附阱捕集

吸附阱捕集，指吹扫气体把易挥发的物质带进捕获阱，使挥发性物质吸附在吸附剂上，同时吹扫气体排出。

① 吸附剂的选择　吸附剂的选择应考虑如下因素：a. 待分析物的化学结构；b. 待分析物的热稳定性；c. 吸附剂的吸附和脱附性质；d. 待分析物在吸附剂上的最大吸附量；e. 是否需要低温冷冻；f. 是否存在吸附性干扰，如水气的干扰。

目前，最常见的吸附材料为多孔高分子材料，部分高分子材料还可用作 GC 的固定相。其中，在表 7-2 中显示的 Tenax 系列聚合物（2,6-二苯基苯酚）通常用于动态顶空，这种吸附材料为一般类型，适用于多种有机物的吸附，特别是对芳烃类物质的吸附功能较好，工作温度高，寿命长。然而，Tenax 对低沸点脂肪碳氢化合物（例如戊烷等分子量较小的碳氢化合物）、低沸点脂肪醇等均不适用。

Tenax 系列产品的优势在于它有很强的疏水性，一根吸附管内装有 100～150mL Tenax 聚合物，在平均 40mL 吹扫空气中能吸附 1μL 的水。因此，如果以 40mL/min 的速度对样品进行 10min 的循环吹洗，最后吸附管中存在 10μL 剩余水，但是，Tenax 对水分的吸附力非常微弱，只需要在 1～2min 的时间里，就可以将水分从吸附管中排出，而不会影响到被吸附的有机物。

除 Tenax 外，还有石墨碳（Carbotrap，Carbopack），它们具有较强的疏水能力，可以吸附比丙烷大的小分子物质，然后在高温下进行脱附。碳分子筛可吸附更小的分子如氯甲烷，这种分子筛与无机材料分子筛不同，它是在高温下将聚合物炭化制备而成的，包括 Carbosieves™、Carboxen™ 和 Arbersorb™，其中 Carbosieves™-569 对水的亲和性最低，它有一个优点，可以吸附小的有机物，而不会在气相色谱中加入水。

将包含或不包含 Tenax 的上述多种吸附剂混合至吸附管，它的特点是：捕获能力强，解吸温度高，进样带窄，气相色谱分辨率高，不会干扰色谱中早期流出峰的探测。

表 7-2　Tenax 系列吸附剂的物理特性

吸附剂	材料	筛孔尺寸/nm	表面密度/(m^2/g)	最高温度/℃
Tenax GR	2,6-二苯基-对苯氧化物，含 23%石墨化碳	60/80	24	375
Tenax TA	2,6-二苯基对亚苯基氧化物	60/80	35	375
Carbopack B	石墨化炭黑	60/80	100	<400
Carbopack X	石墨化炭黑	60/80	240	<400

② 脱附　所吸物质的脱附分析可以采用溶剂洗脱法或热脱附法（热解吸），自动化动态顶空装置上常采用的是后者——热脱附。

通常情况下，吸附剂对化合物的吸附能力愈大，解吸温度愈高。任何一种吸附剂都有一个最大的解吸温度上限，一旦过了这个上限，就会导致材料的裂解，从而产生一些干扰物质。

该吸附剂对挥发性有机物具有可逆的吸附性能，可以在吸附剂上进行热脱附。为防止在吸附剂上残留物质，在每一次吸附之前，首先要对吸附器进行“烘烤清洗”，为减少分析时间，可以在 GC 工作时对吸附器进行“烘烤清洗”，烘烤过程通常超过 5min，当载气流向与热解吸试样反向时，烘烤净化效果较好。烘烤温度、烘烤时间的长短，要根据吸附材料种类、吸附剂填充量、吸附剂被玷污程度而定，烘烤的结果可通过在线色谱检测出来。

③ 穿透体积　如果试样通过吸附器的流量大于吸附器的容量，则试样中的某些成分就会从吸附器中穿出，从而无法被吸附。在吹扫捕获过程中，实际取样容积（安全取样容积）应当小于试样的穿透体积。吸附剂的吸附量和吸附剂的种类、吸附温度以及吸附组分的物理化学特性等都会影响吸附量的大小。通常用 L/g 来表示，即在某一吸附温度下，某一种吸附剂对试样中某一成分的渗透容积就是一个数量级。渗透率愈大，说明该吸附剂对该物质的吸附量愈大。表 7-3 为某些有机物的 $Tenax^{TA}$ 的穿透量和安全取样量。

表 7-3　Tenax 对挥发性有机物的穿透体积及其安全采样体积

采样管	回收率/%					
	1L	2L	4L	6L	8L	10L
活性炭管	98.9	99.5	101.3	98.0	99.3	98.6
$Tenax^{TA}$ 管	100.2	100.3	94.1	80.2	74.0	64.3

（4）冷阱捕集

像 $Tenax^{TA}$ 这样具有非常好的热稳定性的吸附剂，在更高的温度下（大于 180℃），在常规的分析中，这些影响可以忽略不计。但是从微观上来看，制造出的背景会造成扰乱。如果选择较低的脱附温度，则可以减少杂质的干扰，但仍存在部分已被吸附的目标成分不能脱附的可能性。

冷阱捕获，又称为低温冻结富集，能克服吸附剂的以上缺点。在冷冻浓缩过程中，通常不采用吸附剂，而是采用玻璃微珠、玻璃棉或其他惰性物质来增大与低温捕获管的接触面。可以从所收集的靶材中来确定冷阱的温度，而且，通常在 40～70℃的条件下，可以避免对热敏物质产生化学反应。在此基础上，将冻结后的浓缩物汽化，再进行一次冷聚焦，以确保其以“窄带”的形式流入毛细管内，使其在 GC 中具有较高的灵敏度和分辨率。

在低温条件下，以液氮（−196℃）和干冰（−79℃）为制冷剂，对试样进行低温浓缩。理论上来说，通过调整冷阱的温度，可以使一些组分有选择地被冻结，这样可以简化分析的步骤，但一般来说，沸点以上的组分大部分都会被冻结。是使用液氮，还是使用干冰，这要看所需的材料和成本。一般情况下，液态氮的冷冻浓缩比干冰要好，因为除了甲烷，许多具有强烈挥发性的、容易穿过吸附剂的物质都能在−180℃以下被冷凝。

另外，还可以将 $Tenax^{TA}$ 型吸附剂置于低温捕集器中，使低温捕集器与吸附剂富集相结合。在室温条件下，用吸附剂对样品进行吸附。对于要求浓缩的高挥发性物质，通过改变阱温度，可以将小分子浓缩到吸附材料的表面，从而使吸附材料与玻璃珠子相似。

因为很多样本都含水，所以采用冷阱浓缩法最大的缺陷就是凝结物中的水会对后续的 GC 分析产生影响。所以，在进行冷冻浓缩时，应将凝结水在低温下蒸发，使其在捕集器中保持“冰”的形态，或者将干燥管道串联到分析系统中，以直接排除水分的影响。

（5）热解吸

热脱附目标，就是将捕获到的样本分子，用极细的“塞子”，在一瞬间将其引入到气相色谱中去。在充填柱子的情况下，净化气的流速一般在 30mL/min 以上，脱附后的样品分子可以直接进入柱子。当柱子是毛细管柱子时，清洗气的流速大于 30mL/min，这与毛细管柱子的载气流速不一致。所以，毛细管气相色谱仪，可以提高俘获器升温速度，使热解吸的小分子呈“窄带”状进入。采用管式炉对吸附管进行直接加热，俘获器的加热率可达 800℃/min，俘获器的加热率愈高，吸附管加热率愈高，待测物质从吸附管内脱附的速度越快，因此，在很小的载气量中，更有利于热脱附的试样分子以非常狭窄的喷射带进入色谱柱。

快速加热解吸过程，解吸时间短，样品分子输送入气相色谱时间短，载气、水和二氧化碳等进入气相色谱的量较小，因此，GC 的分离度和检测灵敏度都得到改善。

（6）除水技术

多数样品中含有水，如酒类、饮料、奶类等，在动态顶空的后续气相色谱仪和气相色谱-质谱仪联用过程中，将会对样品中的水分造成一定的影响。如前所述，当选择诸如 Tenax 之类的憎水吸附剂时，可以用干燥的载气对吸附阱进行吹扫以去除水。另外，还可以使用一个渗透-凝结设备来进行动态顶空脱水。渗透试验在除去试样中的水分的同时，还可以除去其他的极性材料，因此，在分析极性挥发物质如醛、酮、羧酸等的时候，不适宜使用渗透法除水。而冷凝法在动态顶空中广泛应用，且对极性挥发物的回收无任何影响。常用除水方式为制冷凝水或棉花材料吸附等。然而，无论采用何种方法，都面临着一个共性问题：被测物质的物理化学性质越接近于水（例如，小分子醇），其回收率越低。

（7）色谱柱和捕集阱之间的接口

捕获的样品在进行气相色谱仪或气相色谱-质谱联用仪在线分析之前，必须先将其转移到色谱柱上。在填充柱气相色谱法中，可以使用一根 5cm 的不锈钢管作为界面，采用加热器外壳，可直接与色谱进样端口垂直相连。在此条件下，界面直径和净化气体的流速与吸附管的流速相同。因为毛细管气相色谱载气流量很小（1～10mL/min），所以在使用上述界面的时候，热解吸的物质会慢慢地穿过传输管进入毛细管柱中，从而产生比较长的峰带，导致毛细管气相色谱的分辨率降低。所以，人们经常使用一种小型的、专门的界面，这种界面与气相色谱仪的取样口相似，内部是一段能与毛细管色谱柱相匹配的去活化的玻璃管或弹性石英管，并配有一台独立的加热器，在载气流速很小的情况下，可以直接把热解吸试样送到 GC 进样口。

当气相色谱的载气流量低于 5mL/min 时，或者为了吹扫捕集更大容量的样品谱进样口，可以利用冷聚焦注射端口接口，对热解吸的试样进行“二次冷聚焦”，从而降低了色谱的检测下限。聚焦毛细管是一种中空的、无活性的、有弹性的柱子，它可以用来与气相色谱或气相色谱-质谱联机进样口相连。一般采用高压泵直接将液氮注入到聚焦毛细管内壁上，将聚焦毛细管内温度降至−160℃。将热脱附后的试样经过冷聚焦界面，使待测物质得到二次富集，同时使载气从界面排出。当二次冷聚焦结束时，停止液氮的传输，界面的温度迅速上升（1000℃/min），使被浓缩的物质脱附，并将其作为“窄带”，放入毛细管内进行分析。该界面可对较低浓度的挥发性组分进行高效的分析。但是，在样本中，当含有高浓度成分时，易出现毛细管柱的过载或检测器的饱和，往往会造成峰形的改变。

（8）吹扫捕集的定量分析

在环境分析中，EPA（美国环境保护署）规定对吹扫捕集进行定量分析时，应采用内标法。在样品分析前，先将选定内标添加到样品中，再将内标与样品进行相同的提取处理分析。用相同的方法也可对香气成分进行吹扫捕获定量分析。对于液体试样，将内标物添加到试样中，与试样均匀搅拌。对于固体样品，在试样基体中添加内标物时，往往难以保证试样无挥发损耗，所以最好在试样净化前添加。若为粉状试样，则使用注射器将内标液注入试样内侧。如果是像柠檬皮一样的薄片，可以先把试样放在玻璃棉上，进行热解吸之前，用针筒把内标物置于玻璃棉上。通过对提取工艺条件的优化和内标物的选取，采用吹扫法进行定量，其相对质量误差在5%以内。

有的吹气捕获装置设有吸附阱，可以通过注射管将内标物直接注入吸附阱。但是，在定量分析过程中，因清洗效率和容器漏气等原因容易引起计算误差。

7.3.1.2 固相微萃取（SPME）

（1）概述

固相微萃取（solid phase micro-extraction，SPME）作为一种环境友好的样品前处理技术，在20世纪80年代后期逐渐发展起来。固相微萃取一开始只适用于挥发性有机物的分离和富集，后来在环境分析、药物分析、食品分析等方面取得长足进步。Supelco于1993年推出了商品化的固相微萃取系统。SPME-HPLC（固相微萃取-高效液相色谱法）联用技术在1995年出现，之后SPME又与CE（毛细管电泳）、GC-ICP-MS（气相色谱-电感耦合等离子体质谱）及另外某些检测技术联合使用。

图7-10为具有与一般针筒相似的外部形状的SPME人工设备的示意性视图。顶部有一个用活塞做成的把手，底部有一个提取头。提取头包括弹簧、纤维包覆层、纤维黏结套管、隔垫刺穿头。

图7-11为SPME的操作过程示意。提取时，首先将样本瓶的衬套戳破，再将把手活塞向下推动到固定螺丝上，使提取头的弹簧受力，纤维包覆层露出并吸收样本分子。到达一定时间后，将把手活塞从螺丝上卸下来，把涂有纤维的涂料收回到套筒里，结束抽提过程。提取纤维的解吸法也是如此。

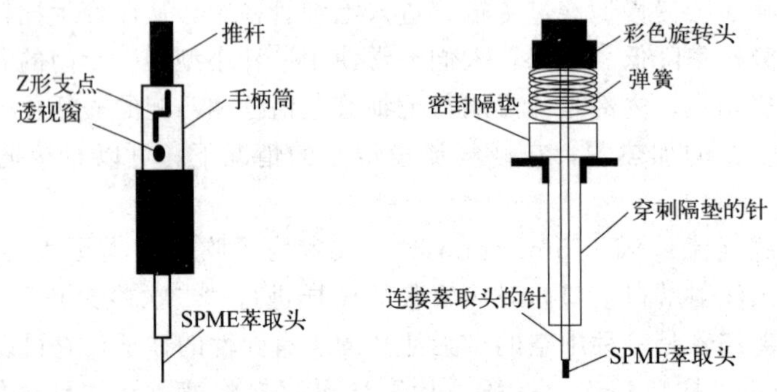

图7-10 SPME人工设备的示意性视图

有专门用于固相微萃取的样本瓶，还可以用其他容器来容纳样本，要注意用来封存样本的垫片是否散发出挥发性物质。在提取之前，必须先对提取的纤维进行解吸和纯化，这样可以将吸收到的空气中的杂质从纤维表面移除，从而更好地吸附到样品分子。

为了提高吸附速率，通常会在试样瓶中添加搅拌器或者通过其他方法对试样进行搅拌，来增强扩散。在SPME取样时，因为纤维包覆层为中性，所以对弱酸、弱碱等易分解的分析物，通过调整样品pH值，将其保持在未解离的条件下，有利于对SPME纤维的吸附。此外，随着盐类浓度的增加，试样的离子强度也会增强，从而提高固相微萃取对非极性成分的提取效果。

固相微萃取技术适用于液相和气相样品的分析。样品的提取既可以是非平衡的，也可以是平衡的，而且提取过程对样品没有任何损伤。固相微萃取的吸附容量是指在特定条件下，一定质量吸附剂能够保留的化合物（包括目标化合物和部分干扰物）的总质量，通常在μL以下，采样后样品系统的组分变化不大，适合于对化学反应进行实时分析。吸附容量可以适

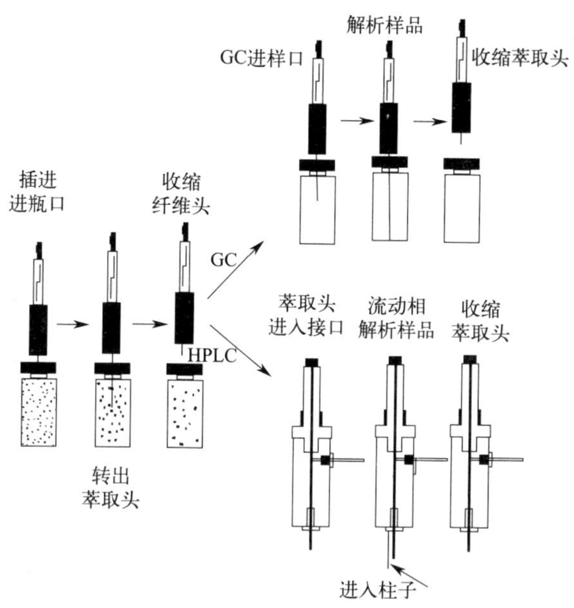

图 7-11 SPME 萃取及进样分析过程示意图

当改变，增加纤维包覆量可以增加吸附容量。当样品分子在膜表面的分布达到一定程度时，固相微萃取技术可以在很小的体积内对待测物质进行有效富集。

固相微萃取法是一种高效的香料样品前处理方法。该方法灵敏度高，速度快，操作简单，无需溶剂，可实现选择性萃取，富集后可进行气相色谱、气相色谱-质谱联用等直接分析。该系统可以实现对复杂样本的高通量、自动化分析。然而，由于样品性质、取样方法、纤维包覆层（类型、厚度）、温度、时间、搅拌等因素对提取效果的影响很大，因此，如何优化提取条件，提高提取效果是亟待解决的问题。

（2）SPME 取样方式

SPME 的采样方法主要有两种：直接采样和顶空采样（HS-SPME）。直接取样也叫浸取取样，是指将被测物质从样品中直接转移到被测物质中。为了提高吸附速率，可以对试样进行搅拌，以增强扩散。而对气态试样，则以自然对流和扩散为主。在水系样品中，可以采用更加高效的搅拌技术，例如快速试样流动、快速纤维搅动或试样容器振动、超声波等。

高分辨固相微萃取技术是近几年发展起来的一项新技术。HS-SPME 因易挥发组分在上位的浓度较高，气相中的分子在上位的扩散速率较液相中的扩散速率高达 4 个量级，从而使 HS-SPME 在较短的时间内达到吸附平衡。此外，在 HS-SPME 中，纤维被放置在试样上方，不会被试样直接吸附，而纤维被包覆后，可避免被试样中的腐殖质和蛋白质等非挥发性成分所污染。通过改变试样温度、搅拌速率、试样溶液的 pH 值，或者是提高试样的离子强度，来提高挥发性物质在试样中的扩散效率，而不会影响到试样的正常工作。

在选用固相微萃取采样方法时，必须首先考虑样品的成分。一般情况下，HS-SPME 取样和直接取样都可以，但当样品是非均质的或者会对镀膜产生不利影响的时候，则需要采用 HS-SPME 取样法。

同时，采用直接固相微萃取法和 HS-SPME 法，对不同沸点的产物，其选择性也有一定差别。直接取样更利于对挥发性较低物质的提取，而顶空取样则更利于对挥发性较高物质的提取。

（3）SPME 的纤维涂层

① 纤维涂层种类　常用固相微萃取涂料如表 7-4 所示。市售的光纤涂料的极性从无极性 PDMS（聚二甲基硅氧烷）到极性碳酸钙都有。每一种纤维涂层的厚度都是不一样的，100μm 的 PDMS 是一种通用型号，适合萃取大多数挥发性芳香物质，当使用 30μm 的 PDMS 时，提取所需的时间可以稍微缩短，7μm 的 PDMS 更适合用于高沸点和大极性的半挥发性溶剂的提取。PA 涂料适合于极性物质吸附，对酯类和酚类物质有良好选择空间。

表 7-4　常见的 SPME 纤维涂层及使用分析对象

SPME 纤维涂层	适用分析对象
75μm CAR/PDMS	用于气体和低分子量化合物（MW 30-225）
85μm CAR/PDMS	用于气体和低分子量化合物（MW 30-225）
100μm PDMS	用于挥发性物质（MW 60-275）
65μm PDMS/DVB	用于挥发性物质，胺类，硝基芳香类化合物（MW 50-300）
85μm PA	用于极性半挥发性化合物（MW 80-300）
7μm PDMS	用于非极性大分子量化合物（MW 125-600）
30μm PDMS	用于非极性半挥发性化合物（MW 80-500）
65μm CW/DVB	用于醇和极性化合物（MW40-275）
70μm CW/DVB	用于醇和极性化合物（MW 40-275）
50/30μm DVB/CAR on PDM	用于香味物质（挥发性和半挥发性 C3-C20）（MW 40-275）
50/30μm DVB/CAR on PDMS(2cm)	用于痕量分析（MW40-275）
60μm PDMS/DVB	用于胺类和极性化合物（仅用于 HPLC）
50μm CW/TPR	用于表面活性剂和其他极性分析物（仅用于 HPLC）

② 涂层的选择　SPME 萃取率取决于分析物在纤维涂层与样品之间的分配系数和相比率（样品相与固定相的体积比），较大的分配系数和较低的率值均有利于提取率的提高。涂料的类型可以依据分析物品的极性、挥发性，并参考实际应用中的经验来选用。纤维包覆层厚度决定固相微萃取对被测物质的灵敏度以及包覆层所能吸收的最大容量。纤维包覆层的厚度要合适，包覆层越厚，吸收能力越强，但扩散速度越慢，提取时间越长。如果包覆层太薄，则可以缩短提取时间，容易实现与目标化合物的分离，但其可提取量少，检测灵敏度不高。该涂料更适合于多元挥发性试样的分析。在此基础上，进一步制备对目标物质具有特异性识别能力的纤维膜，如分子印迹膜、亲和色谱膜等，实现目标物质的高选择性提取。

表 7-5　各类香味物质适用的纤维涂层

香味物质	适用纤维图层	香味物质	适用纤维图层
饮料	PDMS/DVB	天然调味料	PA
水果	CAR/PDMS	食品加工过程及美拉德反应	CAR/DVB

还可以参考表 7-5，来选择合适的提取纤维。通过制备一组挥发性标准物质的水溶液，对提取出的几种纤维进行吸附性能研究。结果表明：对分子量低于 100 的物质，纤维包覆层的多孔性比包覆层的极性、包覆层的厚度等因素对包覆层的吸附量有更大的影响。Carboxen/PDMS 是一种非常适用于小分子物质的多孔材料。对于极性物质，极性涂料的吸附率不一定高于非极性涂料，但对于非极性物质，极性涂料的吸附率比非极性涂料要低得多，所以，极性涂料可以用来对极性化合物进行选择性提取。

在高分子量（92～499）材料中，如果是半挥发性材料，那么分子的极性对材料的包覆非常重要。极性材料宜用极性纤维如 PA、CW/DVB 等进行提取，有时用聚酰胺纤维更佳。对于较弱的材料，则可采用极性纤维或无极性纤维进行提取。另外，极性化合物中所含的功能基团的类型也会影响到涂料的选择，PDMS-DVB 纤维对于含氨基的化合物选择性好，而 CW/DVB 和 PA 对不含氨基的极性化合物选择性好。分子形状也会对此产生影响，当具有平面结构的分子或者分子量超过 200 的时候，在使用不具有多孔性的涂料时，萃取率会很高。

（4）SPME 的脱附

脱附条件对固相微萃取的结果有很大影响。虽然在柱头上进行“冷聚焦”，可以改善提前排出的组分峰形，但是，在很多时候，SPME 在不使用柱头冷却设备的情况下，也可以得到令人满意的结果。拟采用窄衬管（φ1mm 以下）或采用标准的分流式/非分流式衬管，实现窄带宽的 GC 进样口。将石英棉放入样品时，应注意调节样品的进样深度，避免提取后的纤维碰到石英棉而断裂。另外，为保证层状结构的清晰，SPME 的解吸体积应该尽量小，通常在 1～2min 内脱附。因为固相微萃取的解吸速度很慢，所用的纤维膜不宜过厚。

当用 SPME 富集含量较低的样品分子时，气相色谱的分流/不分流进样口常设定较小的分流比（1∶10）或不分流。而对于不属于痕量组分含量高的被测物质，则可以视具体情况而定，通常为 1∶20～1∶50。

（5）SPME 的竞争吸附

固相微萃取是一种平衡型的吸附萃取，即样品分子对不同纤维的包覆层有一定的吸附竞争，如 PDMS/DVB 包覆层，其包覆层中的丙酮可以用乙醇代替，吸附在 CW/DVB 表面的烷基取代吡啶基团可以用吡啶基代替。在低浓度下，通常都是对纤维膜有较高黏附力的分子有更好的吸附作用。但是，如果纤维包覆层中的弱结合分子在包覆层中的浓度超过包覆层对包覆层的吸收限度，则会将结合强度高的排挤出去。通过缩短提取时间，可以在某种程度上削弱后者的吸附作用。

（6）SPME 的精度及定量分析

固相微萃取技术对实验条件十分敏感，其分析结果的准确性受多种因素的影响。通常采用内标法对固相微萃取进行定量，以同位素为内标效果最好。当采用内标物时，不能将已被有机溶剂稀释过的内标物添加到试样中，否则试样中含有 1μL 的有机溶剂，就会严重地影响固相微萃取的效果。在定量分析中，每一个实验变量都必须得到控制，分别为样品搅动状态、取样时间（对于非平衡取样）、样品温度、样品体积、顶空体积、样品小瓶的形状、纤维涂层的状态（有裂缝或被大分子物质污染）、纤维涂层的厚度及长度、样品组成（盐、有机物、水等）、取样与仪器分析的时间间隔、整个操作过程分析物的损失、进样口的状态（进样口的几何形状、进样时纤维涂层的位置、隔垫完好程度）、检测器的稳定性、SPME 针的深度等。

在直接固相微萃取采样中，浸没深度也是一个重要问题。在顶空固相微萃取中，为了提高吸附量，必须尽可能地控制试样上的空隙。

7.3.1.3　动态顶空萃取与顶空固相微萃取的比较

图 7-12 是用 GC-MS 对新鲜番茄进行总体离子流图，并用动态顶空法和 HS-SPME 法进行处理分析。相对于 HS-SPME，动态顶空法检测到更多的化合物（54 个），但是，在番茄香气形成过程中，影响番茄香气形成的物质并没有增加。此外，由于动态顶空法需要耗费大量时间，因此，想要用一种快速的方式来确定番茄的香味成分时，HS-SPME 法是一种较为

理想的检测方法。相应于图 7-12 的分析条件为：

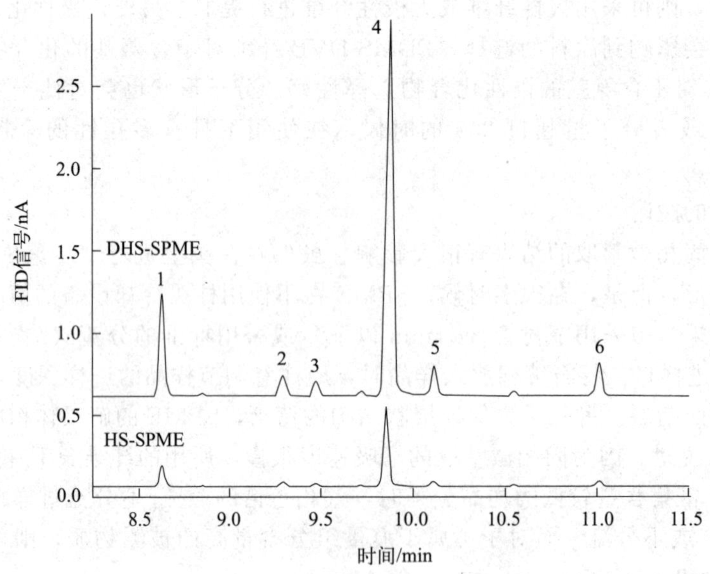

图 7-12　新鲜番茄挥发物的 DHS-SPME（上）和 HS-SPME（下）色谱图

（1）动态顶空萃取

500g 番茄，500mL 饱和氯化钙溶液，2-辛酮，搅拌成匀浆。将该混合物置于 3L 烧瓶中，并在纯空气中进行搅拌，用 200mg Tenax 填充吸附管，在进行 150min 吹扫吸附之后，将该吸附管取出，在用氮气吹到 50μL 之前，用 3mL 丙酮洗脱。气相色谱-质谱联机分析。

（2）顶空固相微萃取

500g 番茄用 500mL 饱和氯化钙溶液制成匀浆，然后在 4℃环境下以 5000r/min 转速离心处理 30min。在 12mL 的上清液中添加 2-辛酮，再将其移入 20mL 的顶空瓶子，100μm PDMS 在 30℃顶空条件下吸附 10min。气相色谱-质谱联机分析。

另外，利用 PDMS 和 PA 纤维对可乐饮料中的挥发性物质进行提取，并将其与动态顶空法（Tenax TA）展开比较，得出与上面相同结论，即虽然 Tenax TA 可以富集多样化挥发性组分，但是，Tenax TA 所分离到的香气物质与 PDMS 所分离得到的香气物质基本一致。

7.3.1.4　同时蒸馏萃取法（SDE）

（1）概述

同时蒸馏萃取（simultaneous distillation extraction，简称 SDE）是通过同时加热样品液相与有机溶剂至沸腾，将样品的水蒸气蒸馏和馏分的溶剂萃取两步过程合二为一的芳香化合物提取方法。与传统的水蒸馏提取法相比，实验步骤减少，溶剂用量降低，且样品在转移过程中的损失降低，提取所得的植物精油可直接用于 GC-MS 分析。由于同时蒸馏萃取法在样品转移过程中的损失降低，因此，与传统的常压水蒸馏提取法相比，其精油的得油率相对高一些。

同时蒸馏萃取作为一种前处理技术，同固相微萃取、顶空进样等相比，具有良好的重复性和较高的萃取量，适合于烟用香精香味成分的定量分析，但由于香精组分复杂，当蒸馏温度过高时，样品可能发生水解氧化酯化或热分解，同时高沸点的组分也难以随水蒸气一起蒸发出来，所以对香精香料挥发性成分的检验不是很全面。它的操作简便，定性定量效果好，重复性较理想，是一种行之有效的前处理方法。

其试验装置如图 7-13 所示。把样品的浆液置于一瓶中，连接于仪器左侧，以另一烧瓶盛装溶剂，连接于仪器右侧，两瓶分别用电炉加热、水浴加热，水蒸气和溶剂蒸气同时在仪器中被冷凝下来，水和溶剂不相混溶，在仪器 U 形管中被分开来，分别流向两侧的烧瓶中。结果蒸馏和提取同时进行，只需要少量溶剂就可提取大量样品，香气成分得到浓缩。

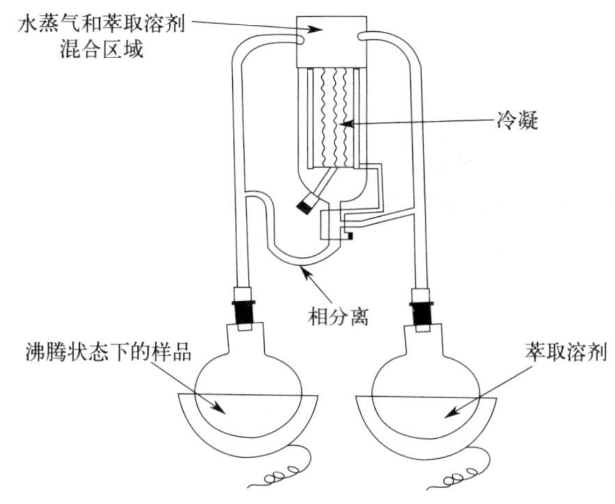

图 7-13　同时蒸馏萃取的装置图

其优点是，对于中等至高沸点的成分萃取回收率较高，萃取液中无挥发性成分，气相色谱分析时不会污染色谱柱及色谱管路。在连续萃取过程中，香味成分被浓缩，可把物料中的痕量挥发性成分分离出来。与传统的水蒸气蒸馏方法相比，减少了实验步骤。与溶剂萃取法相比，节约了大量溶剂，同时也降低了样品在转移过程中的损失，对风味成分的一步分离浓缩，极大地缩短了操作时间。

（2）萃取

图 7-14 是采用同时蒸馏萃取法对沉香样品的香气成分进行萃取，后通过 GC-MS 技术测定沉香样品的总体离子流图。分别取 2 种已经粉碎好并过 40 目筛的沉香样品，置于同时蒸馏萃取装置的样品圆底烧瓶中，并按规定料液比加入蒸馏水，浸泡 6h，另一圆底烧瓶中装入一定剂量的石油醚。将同时蒸馏萃取装置安装好后，同时对样品和石油醚溶剂进行加热。控制同时蒸馏萃取加热装置的温度以及冷凝水的流速，使随水蒸气上升的精油与石油醚充分混合，因精油不溶于水而会溶于有机溶剂，冷凝后精油溶于有机溶剂石油醚。萃取 4h 后，样品装置停止加热，有机溶剂石油醚端继续加热 10min。萃取结束，对萃取液进行除水后，取 1mL 萃取液转移至棕色样品瓶中待测，剩余的萃取液经旋转蒸发除去有机溶剂后，即得沉香精油。

（3）GC-MS 分析条件

气相色谱条件：进样口温度为 230℃，载气为高纯氦气（99.999%），恒定流量 0.8mL/min，分流比 50∶1，进样量 1.0μL。

升温方式：初始温度 50℃，以 15℃/min 升温至 125℃，以 2℃/min 升至 200℃，以 10℃/min 升至 235℃，以 5℃/min 升温至 270℃，保持 3min。

质谱条件：四级杆温度 150℃，离子源温度 250℃，电离方式 EI 电离，电子能量 70eV，扫描范围（m/z）为 50～600，溶剂延迟时间 5min；SCAN 扫描采集。

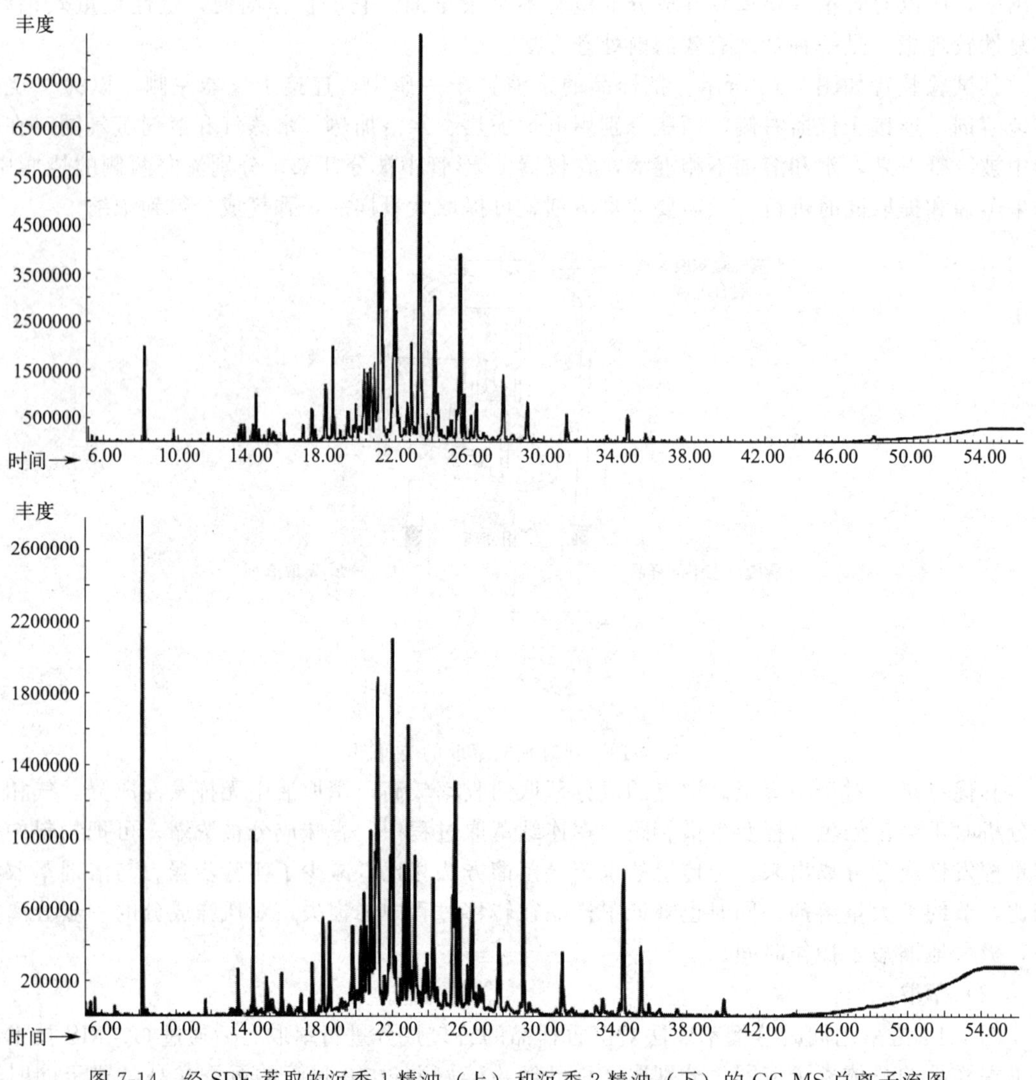

图 7-14　经 SDE 萃取的沉香 1 精油（上）和沉香 2 精油（下）的 GC-MS 总离子流图

7.3.1.5　溶剂辅助风味蒸发法（SAFE）

（1）概述

溶剂辅助风味蒸发法（solvent assisted flavor evaporation，简称 SAFE）是在高真空条件下，利用水或其他有机溶剂辅助挥发性风味物质快速蒸发，从而分离难挥发、非挥发组分的方法，是一种相对温和的挥发性成分提取方式，且一般被认为提取的香味更接近真实样品。

溶剂辅助风味蒸发法是一种新型的、广泛应用的、从复杂食品基质中仔细直接分离香气化合物的方法，是 1999 年由德国 Engel 等发明的 SAFE 系统为蒸馏单元与高真空泵的紧凑结合，其优点为：具有高的挥发物回收率；对极性高的风味物质有较高的回收率；能从含有脂肪的食品基质中获得较高的气味物质回收率；能直接蒸馏含水样品如乳、啤酒、橙汁、果浆等；能得到真正、可靠的风味提取物，对复杂食品基质中的极性化合物及痕量挥发物的定量测量更为可靠。其装置图如图 7-15 所示。

(2) 样品前处理

SAFE 装置的选择：XDS5 复合涡轮分子泵；N-EVAP111-12 位干浴氮吹仪，并联合气相色谱-质谱联用仪进行样品的挥发性风味物质的测定。

如图 7-15 所示，将 360g 酸牛奶经滴液漏斗 1 缓慢滴入蒸馏瓶 2（500mL）内，超级恒温水槽 3 和循环水的温度均为 50℃，在冷阱 5 和冷阱 7 中加入液氮，分子涡轮泵使系统压力降至 5×10^{-3}Pa 左右开始滴加样品，滴加约 1h，滴加完成后继续蒸发 30min。待 250mL 收集烧瓶 6 内提取液自然融化后，用 50mL 二氯甲烷萃取提取液 4 次，合并萃取液。无水 Na_2SO_4 干燥，过滤，得澄清的二氯甲烷萃取液。旋转蒸发至 10mL，氮吹至 0.5mL 备用。

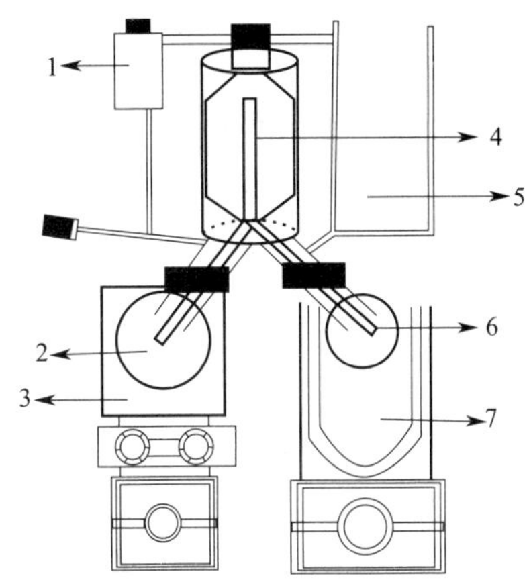

图 7-15　溶剂辅助风味蒸发法的装置图
1—滴液漏斗；2—蒸馏瓶；3—超级恒温水槽；4—蒸馏头；5—冷阱；6—收集烧瓶；7—冷阱

(3) GC-MS 分析

色谱柱：DB-WAX 毛细管柱（30m × 250mm，0.25μm）；进样口温度：250℃；升温程序：起始温度 50℃，以 3℃/min 升到 180℃，再以 6℃/min 升到 230℃，保持 10min；载气流速：1.0mL/min；进样量：1μL；不分流。

质谱条件：电子电离源；电子能量：70eV；离子源温度：230℃；四极杆温度：150℃；溶剂延迟：5min；质量扫描范围：40～450m/z。

采用 SAFE 结合 GC-MS 对酸牛奶的挥发性成分进行分析，如图 7-16 所示，克服了同时蒸馏萃取时间长、对热敏性香味成分影响较大的难题。与固相微萃取相比，能够更全面地萃取酸牛奶中的挥发性成分。但是由于溶液萃取、浓缩过程中对沸点较低及含量较低的化合物有一定损失，还需通过与其他萃取手段结合进行深入分析。

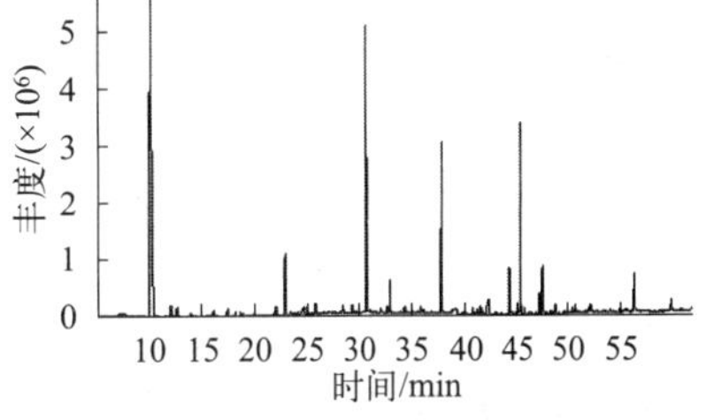

图 7-16　酸牛奶挥发性成分总离子流图

7.3.1.6　搅拌棒吸附萃取（SBSE）

(1) 原理

搅拌棒吸附萃取（SBSE）是一项新型微型化的样品前处理技术，由固相微萃取技术演化发展而来，在其表面涂布不同材料以获得更好的负极因子，提供更好的吸附相和更高的表面积，具有更大的萃取能力，传统的 SBSE 是一种将聚二甲基硅氧烷吸附剂（PDMS）涂覆在磁力搅拌器的外层上，将其放置在液体样品中，吸附有机化合物，然后进行解吸的方法。

SBSE 的原理与固相微萃取（SPME）类似，它是将萃取棒直接放入样品中搅拌，以聚二甲基硅氧烷（PDMS）为固定相，固定相在棒的外层，直接与样品接触并萃取。之后将棒放入专用热解吸装置中脱附并传输给 GC 进样分析。图 7-17 为 SBSE 的搅拌棒示意图，SBSE 的搅拌棒长度一般为 1～4cm，PDMS 涂层的厚度一般为 0.3～1mm，可推算搅拌棒上 PDMS 涂层的总体积为 55～220μL。测定时，搅拌棒被浸于样品中对目标分析物进行吸附萃取，当达到吸附平衡后，如图 7-17 所示，进入热脱附装置解吸后进行 GC 分析，即完成整个提取、分离及测定过程。

搅拌棒吸附萃取技术是 20 世纪 90 年代末发展起来的一种新型的样品前处理技术，具有

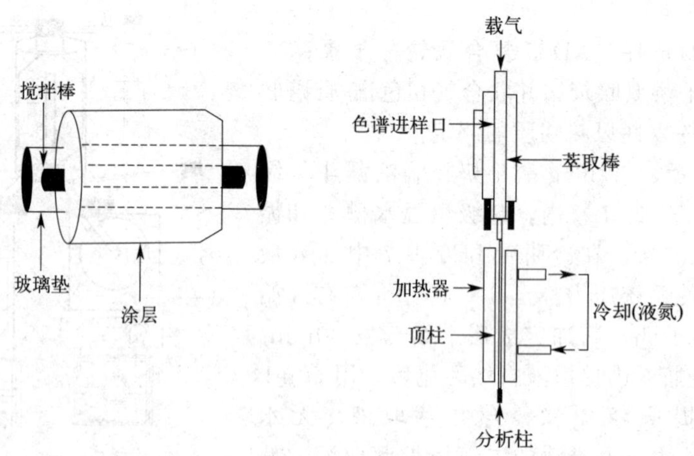

图 7-17 SBSE 搅拌棒示意图（左）和热脱附解吸装置示意图（右）

灵敏度高、重现性好、不使用有机溶剂等优点。利用这一方法可以从水相基体中萃取和富集有机物，萃取效率取决于样品在基体和萃取固定相之间的分配系数，在萃取过程中磁力搅拌棒（外面涂渍有聚二甲基硅氧烷一类固定相）在水介质（或顶空）中不断搅拌的情况下吸收低浓度被分析物，其分配系数类似于辛醇/水的分配系数。这一方法与 SPME 相比具有很高的灵敏度，100μm 的 SPME 萃取固定相的容积只有 0.5μL，而 0.5～1mm 膜厚的 SBSE 的萃取固定相容积比 100μm 的 SPME 大 50～250 倍。

（2）解吸过程

首先是溶剂解吸，将搅拌棒置于溶液中以解吸分析物成分，产生浓缩物。第二个是热解吸，需使用专门的热脱附仪（TDU）进行脱附，然后进入检测系统进行测量分析，这是气相色谱常用的方法，也可根据被测样品的性质选择解吸的方式。其他方面，搅拌棒吸附萃取有许多因素的控制，例如搅动速率、温度影响、样品体积等。因此，在实验中必须优化适合的萃取条件。1998 年 Erik Baltussen 首次提出搅拌棒萃取，在含有疏水性吸附剂的磁力搅拌棒上萃取 50 种化合物。

（3）搅拌棒涂布合成方法

目前，很多人都在开发新型 SBSE 极性涂层材料和合成策略。

首先是溶胶-凝胶技术，用 β-环糊精修饰 PDMS 的新型材料来吸附水样中的雌激素和双酚或用聚乙烯醇提取蜂蜜中的有机磷农药等。也有利用金属有机骨架（MOFs，Al-MIL-53-NH_2）通过水热合成方法和溶胶-凝胶技术制备新型聚二甲基硅氧烷/金属有机骨架（PDMS/MOFs）涂覆的搅拌棒。制备搅拌棒的结果重现性良好。但是，溶胶-凝胶过程较其他合成技术复杂。

第二种方法是开发整体材料，基于聚乙二醇聚甲基丙烯酸酯-共-季戊四醇三丙烯酸酯的新型极性整体材料首先被合成。

第三，分子印迹聚合技术，模板分子通常为待测物或待测物的同系物，将其先和功能单体之间以非共价键（或共价键）相互作用进行预组装，产生高度交联的三维网状聚合物，然后再发生聚合反应，随后去除印迹分子留下的具有与模板的大小、形状和化学官能团互补的空腔。

搅拌棒涂层可分为以下几大类，分别为金属有机框架、碳基材料、复合材料等。

① 金属有机框架　是一类由金属中心和有机配体经过自我组装形成的具有可调节孔径的材料。金属离子在骨架中起到了两个作用：一个是作为结点提供骨架的中枢；另一个是在

中枢中形成分支，从而增强了 MOFs 的物理性质（如多孔性和手性）。金属有机框架孔结构高度有序，具有比表面积大、孔隙率高、孔径可调、化学可修饰性及结构组成、多样性孔表面的官能团和表面势能可控制等诸多优点。通过选择合适的金属离子和有机配体，并在材料的孔内和表面进行修饰，嫁接功能多样化的有机官能团，设计出与目标物亲和力强、选择性好的 MOFs 材料。

② 碳基材料　需要用不同基团或有机分子对其表面进行修饰。活性炭、石墨烯、碳纳米材料具有较大的吸附表面积-体积比和高亲和力，良好的物理和化学稳定性以及低成本等优点。

③ 复合材料　是指由两种或两种以上不同性质的材料通过物理或化学方法组成的性能优于单一组分的材料。在一研究中，一种基于蒙脱土（MMT）掺入聚苯胺-聚酰胺（PANI-PA）杂化物的新型纳米复合材料，通过在 MMT-PA 混合物中发生聚苯胺的氧化聚合反应，利用溶剂交换法获得搅拌棒薄层基材。

7. 3. 2　嗅感物质的 GC-MS 分析

质谱仪器有很多种，其最大的区别是离子源。由于离子源不同，对于待测样本需求也会有很大的差异，从而获得的数据也会并不相同。质谱分辨能力也很重要，因为高分辨质谱能够给出化合物的化学成分，而这些化学成分对定性有很大帮助。所以，在使用质谱之前，应根据样品情况及分析需要，选择适当仪器。现在，有两种类型的有机质谱仪器，分别是气相色谱-质谱联用仪和液相色谱-质谱联用仪，香气的分析一般都采用气相色谱-质谱联用仪（图 7-18）。

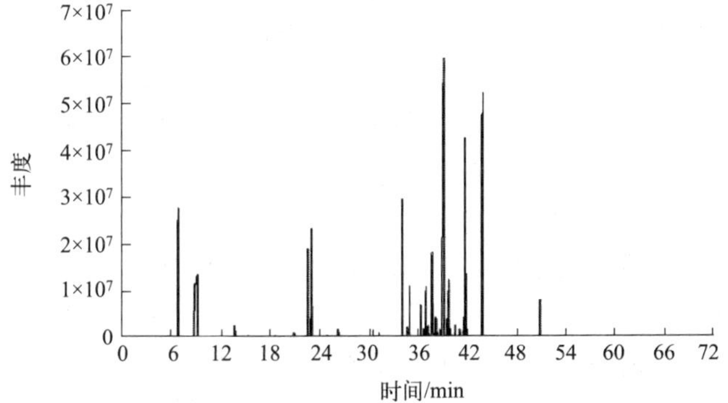

图 7-18　气相色谱-质谱分析香精组分示意图

7. 3. 2. 1　GC-MS 分析方法

（1）GC-MS 分析条件的选择

GC-MS 联用技术不仅需要对色谱进行分离，还需要对质谱数据展开收集。要想对每一种成分进行有效分离与鉴别，就需要有适宜的色谱与质谱条件。

色谱条件包括色谱柱类型（填充柱或毛细管柱）、固定液种类、汽化温度、载气流量、分流比、升温程序等。其设置原则如下：通常都是用毛细管柱，极性毛细管柱用于极性的样本分析，非极性同理，对于不能确定的样品，可以采用中极性的毛细管色谱柱，然后进行试验与调节。当然，若有可供参照的文件，则应采纳文件所使用的条件。

质谱条件包括电离电压、电子电流、扫描速度、质量范围，这些都要根据样品情况进行设定。同时，在设定质谱条件的同时，也要设定溶剂的脱除时间，等溶剂峰位经过离子源后，才能打开灯的绿光和倍增器。

确定条件后，通过微量注射器把检测样品注入进样口，此时，开启色谱、质谱检测，展开 GC-MS 分析处理。

（2）GC-MS 数据的采集

采用微型注入器，通过色谱仪进样口，将有机混合物试样注入到色谱仪中，通过色谱将其与质谱进行离子化。该离子通过质量分析仪、探测器后就变成质谱的计数器，并输入到电脑中。样品通过色谱柱，持续输入离子源中，再通过离子源，持续输入到分析器中，并不断获得质谱，只需设置分析仪器扫描量，电脑便可逐个收集质谱图。在无样本输入离子源时，由电脑收集的每一种离子源的离子强度都为 0。当一个样本被输入到一个离子源中后，由电脑收集到一个离子强度的质谱图。而电脑能自动地把每一种质谱线上的全部离子强度加起来，从而得出总离子强度数值，总离子强度与时间的关系曲线即为总离子色谱图，其形态与常规色谱图相似。这可以看作是以质谱为检测器所获得的图谱。

采用全扫和选择性离子扫两种方法对质谱进行扫描。所谓全扫，就是在一个特定质量范围内，对所有离子进行完整扫描，从而获得一个标准质谱，这个质谱可以给出未知物质的分子量、结构等方面的信息。可以利用库展开检索。在质谱仪，还有一种叫作选择性离子监控的方法。在此方法中，只有选择出的离子才能被探测到，其余的则不能被探测。其优势之一就是可以对离子展开有选择的检测，仅仅记录有特征的、有兴趣的，不相关的、不相干的，都会被剔除；二是对所选择的离子进行探测，其灵敏度有较大幅度的提高。在通常的扫描条件下，假设 1s 内要扫描 2～500 个物质，则要花费约 1/500s 的时间，这意味着，在每一次扫描过程中，大约有 1/500s 被用来接收某一质量的离子。如果是选择性离子扫描，假设仅有 5 个离子被检测，也需要 1s，因此，扫描一个质量所需要的时间，大概是 1/5s。那就是，每一次扫描，都有 1/5s 的时间用来接收某一质量的离子。结果表明，选择性离子扫描法的灵敏度较常规扫描法可提高近 100 倍。但由于选择性离子扫描法仅能探测少数离子，且不能获取全质谱图像，无法用于对未知物质进行定性。但当所选择的离子具有良好的特性时，它还能被用于指示一种化合物的出现。离子扫描法在定量方面的应用最多，因其良好的选择性，可使整个扫描法所获得的复杂的离子图谱简化，排除由其他成分引起的干扰。

（3）GC-MS 得到的信息

计算机可以把采集到的每个质谱的所有离子相加得到总离子强度，总离子强度随时间变化的曲线就是总离子色谱图（图 7-19），在总的离子色谱图谱中，横轴为时间，纵轴为丰度。图中的每一个峰代表可以获得对应化合物的质谱曲线的样本的一种成分：峰面积与此成分的含量成比例关系，可作为定量分析手段。通过气相色谱-质谱联用仪所获得的结果与常规的色谱图谱基本一致。在使用同一柱子时，样品的出峰次序一致。不同之处在于，全离子色谱采用的是质谱仪，而普通色谱采用的是氢气火焰、热导等。两个色谱曲线中每个组分的修正系数不一样。

通过对各成分的分析，可得出各成分质谱图谱，通常是用来改善信号噪声比的。一般是从峰顶上获得对应的质谱图样。当两个色谱峰之间存在着相互干扰时，要尽可能地在没有干扰的地方进行质谱，或者是把其他成分的影响都通过扣本底消除。

在获得质谱图谱之后，再用电脑搜索，就能对未知物质做出定性分析。这些搜索结果可提供若干种可能的化合物，并将它们的名字、分子式、分子量、结构等按照配比的大小排序。用户可以通过获取的结果以及其他的一些信息，来对这些不明物体做一个定性分析。现有的电感耦合质谱联用仪器的资料库有多种，目前使用最多的是 NIST 数据库和 Wiley 数据

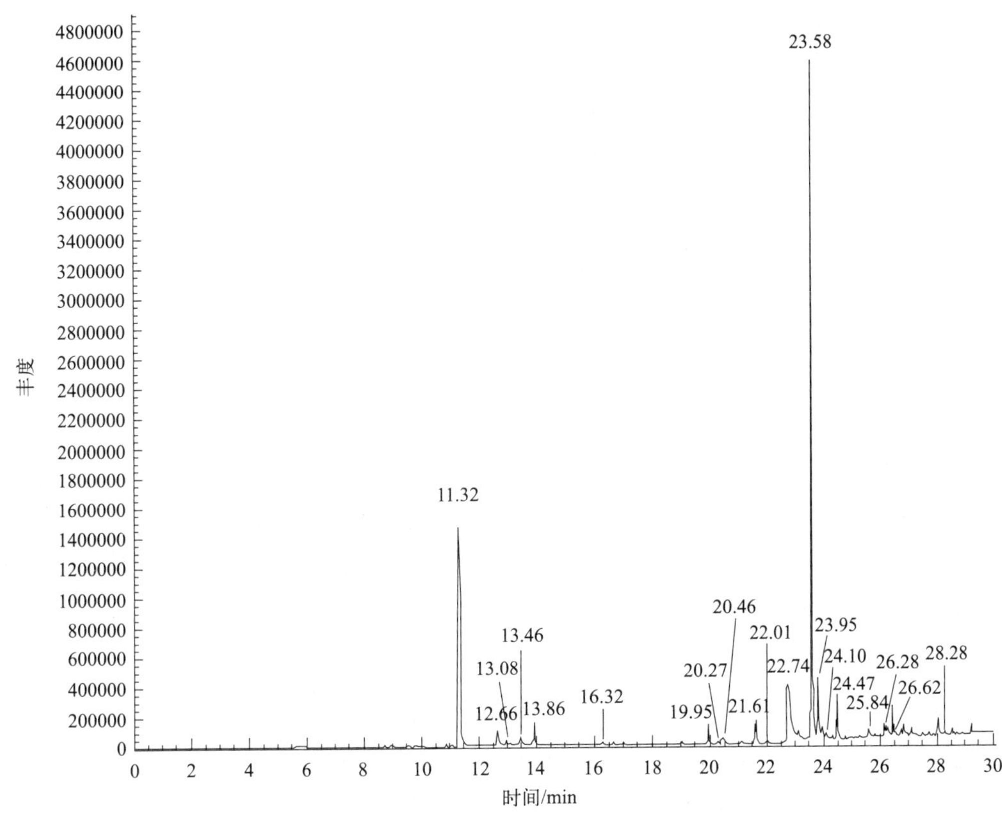

图 7-19 HS-SPME-GC-MS 测定香草香味成分的总离子色谱图

库，其中 NIST 数据库拥有 13 万个标准合成物图谱，而 Wiley 数据库拥有将近 30 万个标准合成物图谱。另外，也有专门的光谱库，如药库、杀虫剂库等。

7.3.2.2 质谱分析方法

（1）质量色谱图（或提取离子色谱图）

通过对每一种质谱仪上全部离子的求和，可以得出一个完整的离子色谱图。同理，从质谱中任意一种离子的质谱中，也能获得质谱图谱，称为质量色谱图谱。质谱法是指从质谱中抽取一定质量的一种离子而形成质谱的方法，也叫萃取型离子色谱法。假设有一个离子的质谱，如果这个离子不在质谱中，这个化合物就没有色谱峰。在一种混合物的样本中，可以仅有少数的化合物出现峰位。根据这个特性，可以鉴别出一种化合物，还可以选择具有不同质量的离子来进行质谱分析，为了进行定量分析，可将常规色谱无法分离的两个峰进行分离（图 7-20）。因为质谱是利用一种物质的离子作为质谱，所以，在定量分析中，同样需要用同一种离子的质谱来确定校正系数。

（2）选择离子监测（selected ion monitoring，SIM）

常规的扫描模式是不断变化的，使得具有不同质荷比的离子依次穿过分析仪进入探测器。而选择离子监测，就是在筛选出的离子上，用跳跃扫描的方式来检测。该方法可有效地提高探测的灵敏性。该方法具有较高的灵敏度，适合于少量、不易获取的样本的测定。采用选择离子的方式，不仅灵敏度高，而且还具有良好的选择性，如果使用普通的扫描方式，所得到的信号会很小，噪声也很大，仅选用特征离子，可使信号的噪声极低，使信号的信噪比

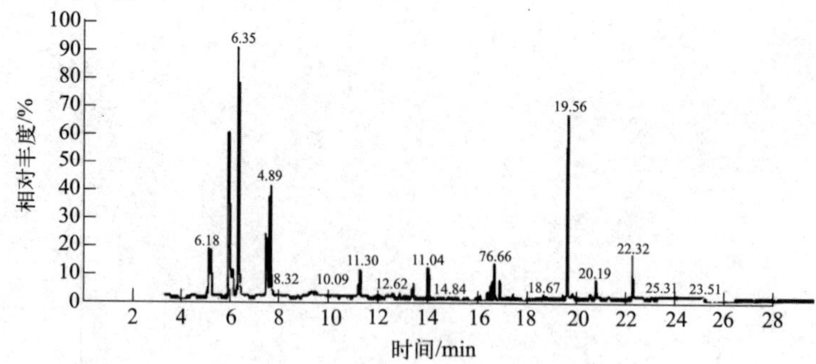

图 7-20　丁香榧种仁原料香气成分总离子流图

有较大的提高。对于复杂系统的某些痕量组分，通常采用选择性离子扫描法。采用选择性离子扫描法无法获得样品的完整光谱。在 GC-MS 中采用选择性离子扫描法，所得的色谱图像与质谱图像相似。但两者之间，却是有着天壤之别。质量色谱图是通过完全扫描获得的，这样就能获得任意一种物质的质谱曲线；选择性离子扫描是指在一定的质荷比（m/z）下，选取一个离子。扫描的时候，选择什么质量，就会得到什么质量的图谱。当两种材料的质量相同时，SIM 法的敏感性更高。

7.3.2.3　GC-MS 定性分析

在现有的色谱-质谱联用仪器中，共存储 30 多万种物质的标准谱图谱。所以，质谱分析中最重要的方法就是质谱图谱的检索。通过对各成分的分析，可获得各成分的质谱图谱，并可通过计算机进行数据库的查询。通过对这些结果的搜索，可以得到一些最有可能的化合物。包括化合物的名称、分子式、分子量、基峰、可靠性等。图 7-21 所示为 GC-CAPC-DMS/MS 质谱仪对氯戊菊醇的质谱分析所得到的结果。

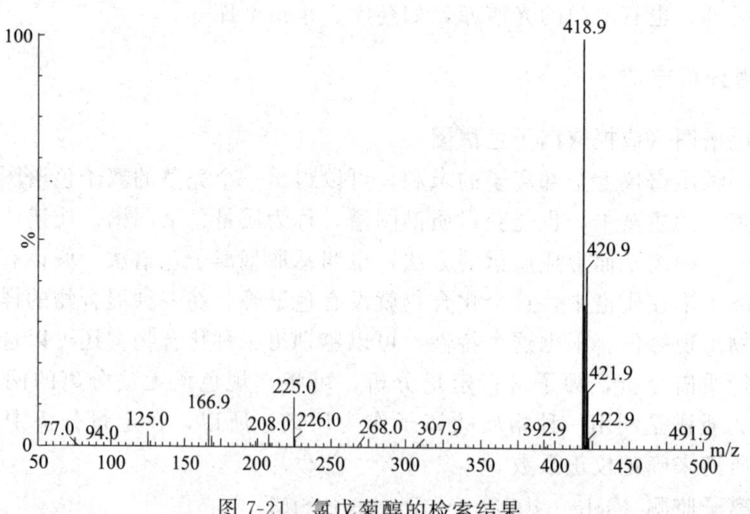

图 7-21　氯戊菊醇的检索结果

在此基础上，采用电脑检索数据库，可快速方便地获得定性信息。但在使用电脑进行检索时，也要注意一些问题：

由于资料库中存在的质谱图谱有限，若未知物质为资料库中未有之物质，则会出现多个类似物质。很明显，这样的结果不正确。

由于质谱方法限制，某些结构类似的化合物在质谱上表现出了类似的图谱。这个条件还会导致不可靠的检索结果。

色谱峰分离不好，受背景、噪声等因素的影响，得到的质谱图质量较低，导致检索结果较差。

所以，在使用资料库搜索前，必须先获得完整的质谱图谱，再用质谱图谱等方法来确定是否存在杂质峰，在得到检索结果之后，还应该对未知物质的物理、化学性质以及色谱保留值、红外、核磁谱等进行全面的分析，才能给出定性的结果。

7.3.2.4　GC-MS 定量分析

GC-MS 联用的定量方法与色谱法相似。从气相色谱-质谱联用仪获得的总体离子色谱图谱或质谱图谱，色谱峰面积随各成分含量的增加而增大，如果要对某种成分进行定量分析，常用的方法有归一化法、外标法和内标法等。此时，可以把 GC-MS 法联用看作是把质谱计当作检测器来使用，其他方法与色谱法一致。GC-MS 法与色谱法不同，它不仅可以通过离子总量图谱，而且还可以通过质谱图谱，从而将其他成分的干扰降到最低。有趣的是，质量色谱图因为是由一个质量的离子构成的，其峰面积与总离子色谱图有很大的不同，因此，在定量分析时，需要利用质量色谱图来确定峰面积和校正因子等，如图 7-22 为 GC-MS 定量法测定柑橘花皮挥发油的总离子电流色谱图。

在气相色谱-质谱联用中，为提高测定的灵敏度，降低其他成分的干扰，通常采用离子扫描模式。对于待测组分，在没有邻近成分的情况下，可以选取一个或多个具有特征的离子。用这种方法，可以消除被测物质的干扰，提高检测的灵敏度。采用经筛选后的离子对色谱图谱进行定量，其方法同质谱图谱相似。但是，它的灵敏度要高于质谱图法，通常用于气相色谱-质谱联用，如图 7-23 是用每种脂肪酸甲酯一系列碎片离子进行定量，通过 GC-MS 获得的脂肪酸甲酯标准品的总离子色谱图。

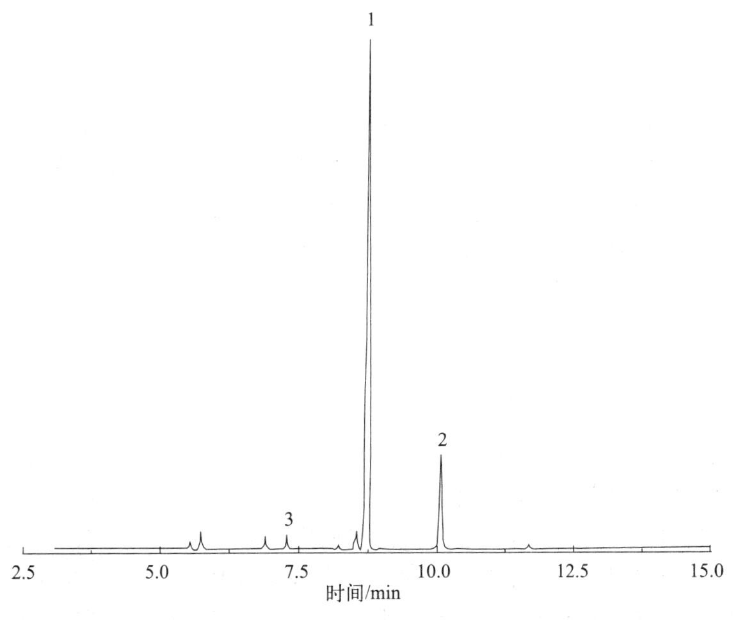

图 7-22　GC-MS 定量法测定柑橘花皮挥发油的总离子色谱

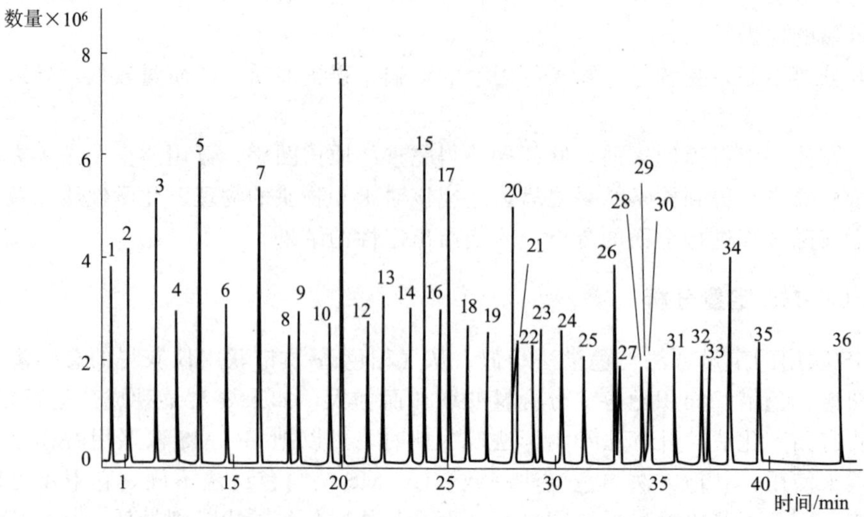

图 7-23 通过 GC-MS 获得的脂肪酸甲酯标准品总离子色谱

7.3.3 嗅感物质的全二维气相色谱-飞行时间质谱（GC×GC-TOF-MS）分析

7.3.3.1 GC×GC-TOF-MS 技术概述

（1）实验原理

GC×GC-TOF-MS 技术的实验原理基于气相色谱和质谱两个重要的分析技术。气相色谱通过物质在固定相上的分离，使混合物中的各种组分逐一进入质谱进行分析。而质谱则是通过将分离的物质分子通过离子化、加速和分离的方式，根据质-荷比（m/z）进行检测和定量。

（2）仪器构成

GC×GC-TOF-MS 技术主要由气相色谱仪和飞行时间质谱仪两部分组成。气相色谱仪主要包括进样系统、色谱柱、分离柱温控系统和检测器等。进样系统用于将待分析样品引入色谱柱，色谱柱通过固定相将样品中的组分逐一分离。分离柱温控系统用于控制色谱柱的温度，以优化分离效果。检测器根据组分在色谱柱中的出现时间和信号强度，生成色谱图。飞行时间质谱仪主要由质谱分析单元和数据采集系统组成。质谱分析单元将气相色谱分离的组分离子化，并通过加速器和飞行管道将离子进行分离和检测。数据采集系统将离子的质-荷比和信号强度转换成质谱图。

7.3.3.2 GC×GC-TOF-MS 分析方法

全二维气相色谱（GC×GC）是 20 世纪 90 年代发展起来的分离复杂混合物的一种全新手段，它是由分离机理不同而又相互独立的两支色谱柱通过一个调制器以串联方式连接起来的二维气相色谱柱系统。与通常的一维气相色谱相比，全二维气相色谱具有分辨率高、灵敏度好、峰容量大、分析速度快，以及定性更有规律可循等特点。由于调制器的捕集、聚焦、再分配作用，单个化合物被分割成若干个碎片峰通过检测器检测。数据处理时，需要把这些峰碎片重新组合起来成为一个峰，最理想的方法是借助质谱对碎片的识别。数据采集系统会采集到每一个碎片的质谱信息，通过软件的比对把谱图相似的碎片峰合在一起进行定性定量分析。该技术的主要流程如图 7-24 所示。

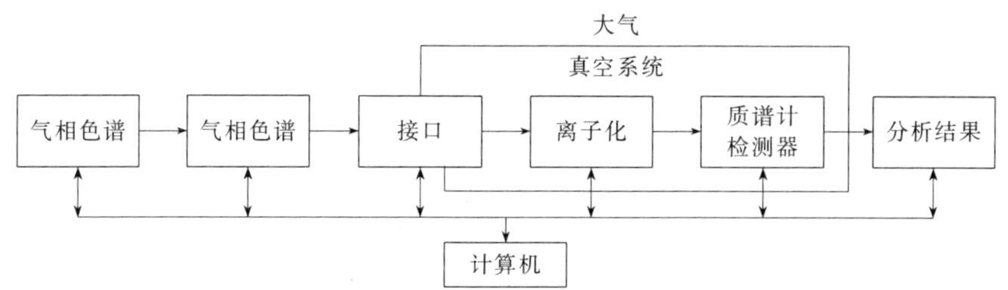

图 7-24　GC×GC-TOF-MS 技术的主要流程

下面以研究“半胱氨酸-木糖-谷氨酸”美拉德反应体系产生烤肉/肉汤风味的特征挥发性成分为例进行介绍。

(1) SPME 样品处理

称取 0.5g 样品并加入 20mL 顶空瓶中。使用事先老化好的羧基-聚二甲基硅氧烷（CAR/PDMS）纤维头（1cm）对样品进行 SPME 萃取。60℃下平衡 10min，萃取 40min，在 GC 进样口中脱吸附 5min。然后根据设定参数进行 GC×GC-TOF-MS 分析。

(2) GC×GC-TOF-MS 的参数

配备 ZX1 热调节器（Zoex 公司）的 7890A 气相色谱仪；载料气体：氦气；流量：1mL/min；模式：不分流；进气温度：275℃。

2 维分离柱：第一维度，30m×0.25mm，0.25μm，BPX5（SGE Analytical Science 公司）；第二维度，2.00m×0.1mm，0.1μm，BPX50（SGE Analytical Science 公司）。调制器延迟循环：根据第二维度（1.00m）。程序升温：主炉初始温度 40℃（1.0min），以 5℃/min 速率升至 315℃（5min）。二级焦炉热喷流：165℃（2.0min），以 3.5℃/min 速率升至 400℃（保持时间匹配总运行时间）。调制周期：4.0s；热喷流脉冲：350ms；总运行时间：61min。

(3) 内标定量

将 2μL 的 1,2-邻二氯苯（50μg/mL，甲醇溶液中）作为内标添加到每个样品中。

$$m=\rho V(A/A_0)\times 1000$$

式中，m 是所识别的化合物的绝对含量，ng；ρ 是（0.1μg/μL）1,2-邻二氯苯的浓度，ng/μL；V 是 1,2-邻二氯苯的体积（1μL），A 是所识别化合物的峰面积；A_0 表示 1,2-邻二氯苯的峰面积。

7.3.3.3　GC×GC-TOF-MS 方法测定风味总离子色谱图

采用 GC×GC-TOF-MS 对美拉德反应体系制备的烤肉/肉汤风味的挥发性成分进行全三维色谱分析。柱Ⅰ轴表示化合物的保留时间，柱Ⅱ表示化学极性。由图 7-25 和图 7-26 所示，烤肉风味中的基峰数最多，表明产生的挥发性物质种类较多；而肉汤风味中的基峰较高，表明肉汤风味中有些挥发性成分的含量高于烤肉风味中的含量。研究表明，烤肉/肉汤风味无论是在挥发性成分的种类和含量方面都有一定的差异。

7.3.3.4　GC×GC-TOF-MS 方法鉴定挥发性化合物

通过“半胱氨酸-木糖-谷氨酸”美拉德反应体系制备烤肉/肉汤风味的反应产物，利用 GC×GC-TOF-MS 对其挥发性化合物进行鉴定。由图 7-27 可知，在烤肉/肉汤风味中共鉴

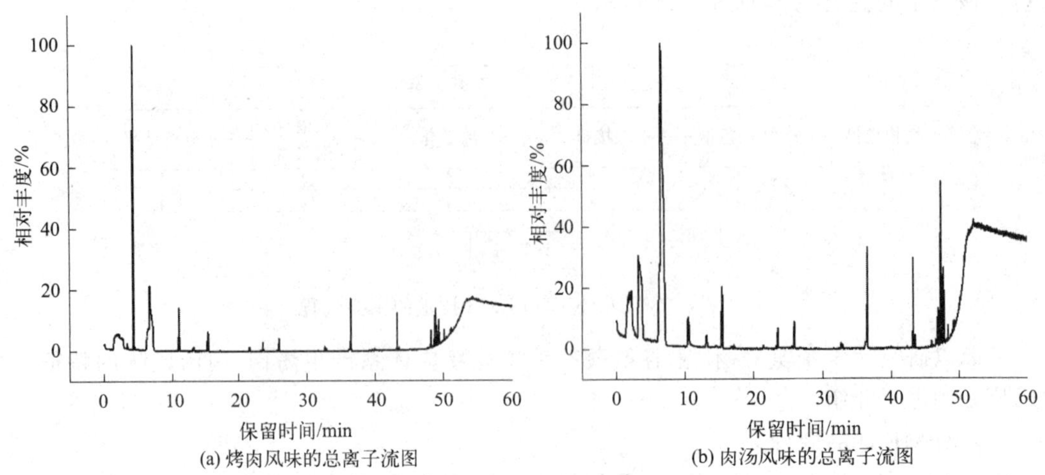

图 7-25 烤肉/肉汤风味的 GC-MS 总离子流图

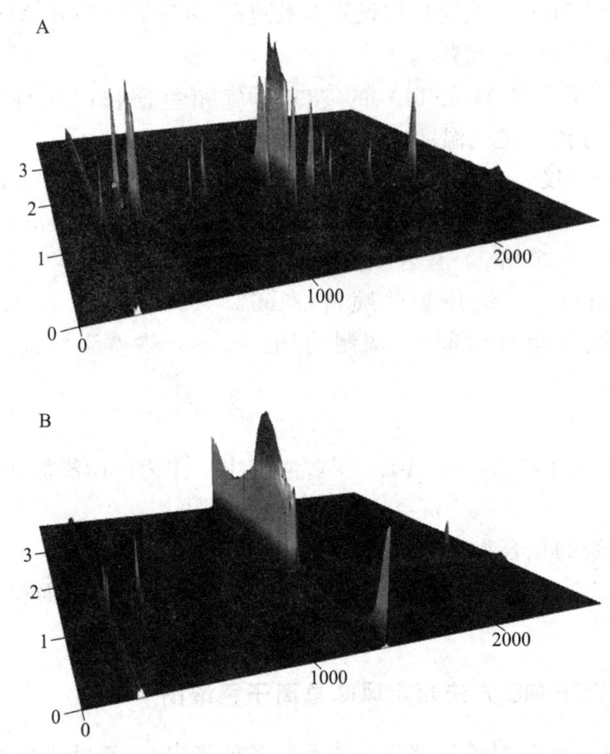

图 7-26 烤肉/肉汤风味的 GC×GC-TOF-MS 三维色谱图

定出 130 种挥发性化合物，主要包括 12 类：硫醇硫醚类（22）、噻吩类（19）、噻唑类（9）、吡嗪类（9）、吡咯类（4）、吡啶类（3）、呋喃类（11）、醛类（20）、醇类（10）、酸类（11）、酮类（7）和其他类（5）。

由 GC×GC-TOF-MS 测得的数据可知，共鉴定出 7 种酮类物质，而烤肉风味（15.41μg/L）含量高于肉汤风味（13.51μg/L），2-甲基-3-羟基-4-吡喃酮仅在烤肉风味中检测到。有些酮类还可以作为某些杂环化合物的中间体。共鉴定出 9 种吡嗪类化合物，含量较高的有 2-甲基吡嗪、2,5-二甲基吡嗪、2,6-二甲基吡嗪

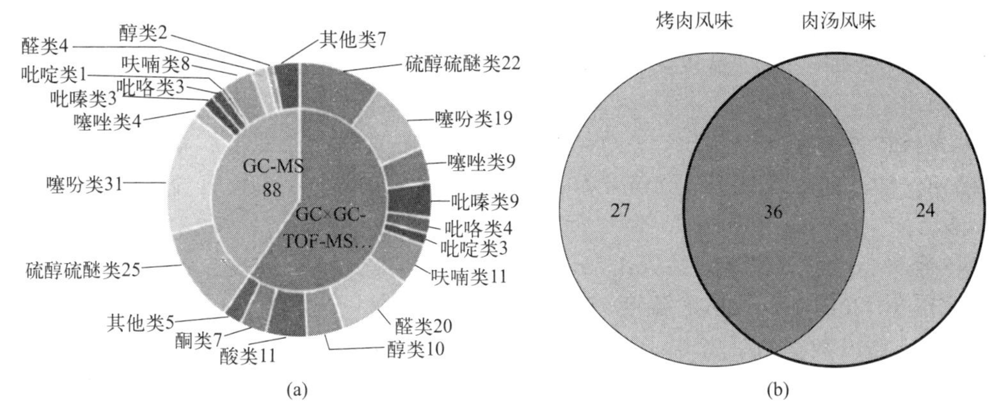

图 7-27　两种鉴定方式下烤肉/肉汤风味挥发性成分的种类（a）和 GC-MS 鉴定出挥发性成分种类差异图（b）

和 2-乙基-5-甲基吡嗪。共鉴定出 22 种挥发性化合物属于硫醇硫醚类，还鉴定出 2-巯基乙醇、乙二醇乙醚。共鉴定出 19 种噻吩类化合物，噻吩类化合物通常具有洋葱味、焦味、咖啡香味等。噻吩类化合物可以通过呋喃和 H_2S 的反应得到，呋喃化合物可以通过氨基酸和还原糖形成对应的 Amadori 重排产物，然后通过 1,2-烯醇化和环化得到。其中 2-甲基、噻吩[2,3-b]并噻吩和 3,4-二甲基噻吩是烤肉/肉汤风味中含量较高的化合物。在 GC×GC-TOF-MS 鉴定的噻吩类化合物中烤肉风味（238.67μg/L）的含量高于肉汤风味（188.12μg/L）。共鉴定出 10 种醇类化合物，其中在肉汤风味中还鉴定出 1-辛烯-3-醇，其含量为 0.76μg/L，是鸡肉中常见的挥发性物质，阈值较低，具有蘑菇和干草香气。

7.3.4　嗅感物质的气相色谱-离子迁移谱（GC-IMS）分析

气相色谱-离子迁移谱（GC-IMS）是复杂混合物经过 GC 分离以单个组分的形式进入到 IMS 反应区与电离区电离产生的试剂离子反应形成产物离子，产物离子在离子门脉冲作用下进入迁移区进行二维的分离，分离后离子最终到达法拉第盘被检测。气相色谱-离子迁移谱（GC-IMS）已被用于识别特征性风味物质，为此，使用了两个参数。第一个参数与 GC 保留时间（RT）相关，它是分析物通过色谱柱时的停留时间。不同的风味物质具有不同的保留时间。第二个参数是 IMS 中特定化学品的电离物质的漂移时间。由于分子截面、质量和化学性质，不同的化学品会产生具有不同漂移时间的电离物质。气相色谱-离子迁移谱（GC-IMS）的分离和检测过程可分为五个单独的步骤：样品引入、化合物分离、离子生成、离子分离和离子检测。

GC-IMS 检测的显著优点是，可以调整所得接口来监测感兴趣的漂移时间/离子淌度（因为可以调整质谱仪来监测离子质量），从而调整响应特性以满足给定分离问题的需要。由于 IMS 根据迁移率而不是质量来分离离子，因此可以选择性检测相同质量但不同结构的化合物。迄今为止，GC-IMS 最成功的应用是在国际空间站。随着二维气相色谱（2D-GC）和第二种类型的迁移率检测器——微分迁移谱（DMS）的引入，迁移率测量之前的 GC 现在可以产生四维分析信息，即可以分析复杂基质中的复杂混合物。

7.3.4.1　GC-IMS 分析方法

（1）GC-IMS 分析条件的选择

以发酵稀奶油的 GC-IMS 分析为例。

准确称取样品 4.00g 加入 20mL 顶空瓶密封，每个样品平行 3 次。

顶空进样条件：孵育温度，80℃；孵育时间，20min；进样针温度，85℃；顶空进样，200μL。

GC 条件：色谱柱，MXT-5（15m×0.53mm，1.0μm）；柱温，60℃；初始流速 2mL/min，保持 2min，10min 内线性升至 10mL/min，不保持，20min 内线性升至 100mL/min，保持 10min。

IMS 条件：漂移气流量，150mL/min；载气/漂移气，N_2（纯度≥99.999%）；载气流量，0～2min，2mL/min；IMS 温度，45℃。

（2）GC-IMS 数据的采集

所得到的气相离子迁移谱图（图 7-28）说明：①纵坐标为气相保留时间，横坐标为离子迁移时间（drift time）；②整个图背景为蓝色，左侧红色竖线为 RIP（即反应离子峰）；③RIP 两侧的每一个点代表一种挥发性有机物，颜色代表物质的浓度，白色表示浓度较小，红色表示浓度较大，颜色越深表示浓度越大；④整个谱图即代表了样品的顶空成分。

采用 GC-IMS 对稀奶油发酵过程中五个不同阶段样品的挥发性化合物进行分析，并以未发酵的样品作为对照。通过仪器配套的数据库对不同时期样品进行挥发性化合物鉴定，图 7-28 为 Library Search 的定性分析结果。图中的数字表示经 NIST 数据库和 IMS 数据库识别后确定某种特定的化合物。

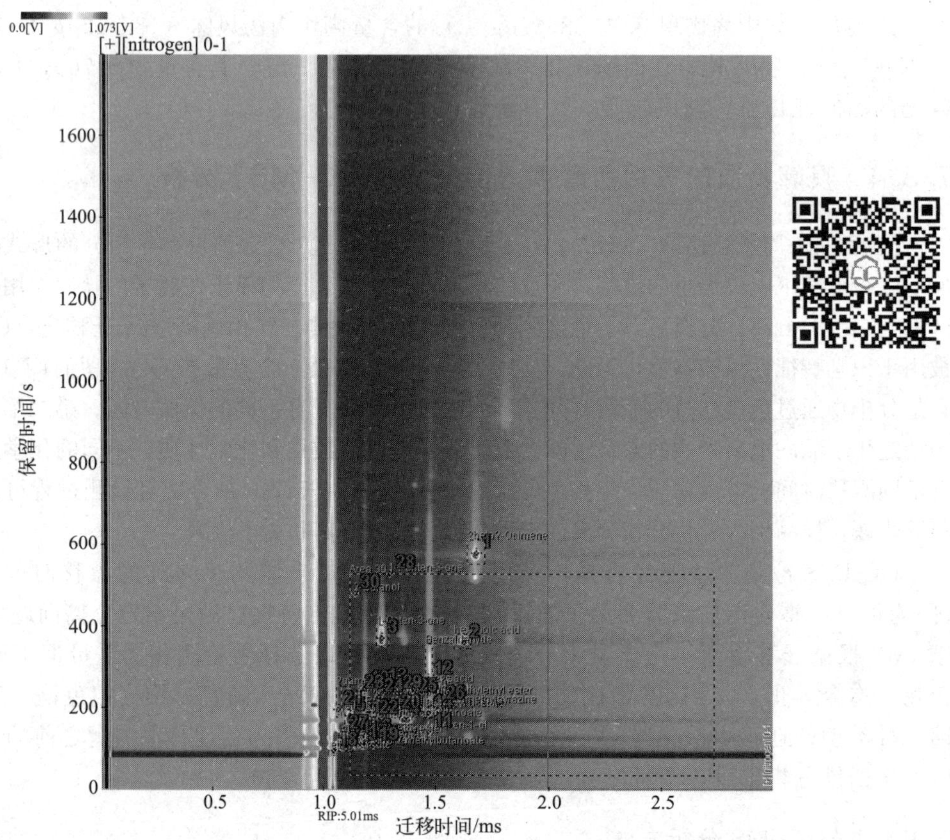

图 7-28　挥发性化合物 Library Search 定性分析

（3）GC-IMS 得到的信息

不同发酵时期稀奶油挥发性化合物的二维图谱如图 7-29 所示，图中纵坐标为保留时间，横坐标为离子迁移时间。不同时期样品之间挥发性风味化合物的差异主要反映在离子峰的位置、数量、强度和时间上。整个光谱代表总的风味化合物，在反应离子峰（RIP）右侧的单个点表示从样品中检测到的挥发性有机物。本研究以未发酵样品为参考，来识别挥发性化合物的变化。对于参考物和分析物中浓度相同的挥发性有机物，背景会呈现白色。其中不同颜色表示单个化合物的信号强度。红色表示高强度，蓝色表示低强度。结果表明，大部分信号出现在 100～600s 的保留时间和 0.5～1.0s 的漂移时间，物质的极性不同，导致了保留时间有一定差异。通常认为非极性化合物在非极性柱上保留的时间往往比极性化合物更长。通过 GC-IMS 在稀奶油发酵过程中共鉴定出了 31 种挥发性化合物。

为了更全面地探究稀奶油干酪发酵过程中风味物质的变化，使用顶空气相色谱-离子迁移谱（HS-GC-IMS）测定样品中的风味化合物。利用 Reporter 插件生成了不同发酵时间奶油干酪中挥发性化合物的 GC-IMS 二维俯视图，如图 7-29 所示。横坐标表示离子迁移时间，纵坐标表示挥发性化合物的保留时间。横坐标 1.0 处的红色垂直线 RIP 峰（反应离子峰，归一化），RIP 峰右侧的每个点表示化合物。红色表示化合物的高信号强度，蓝色表示低强度化合物。从图中可以看出，大多数化合物发生在 100～400s 的保留时间和 0.5～1.5s 的漂移时间。然而，在发酵后期，样品的保留时间增加到 700s。五种不同样品的挥发性化合物基本相同，但一些挥发性化合物在发酵 15～20d 期间含量较高。

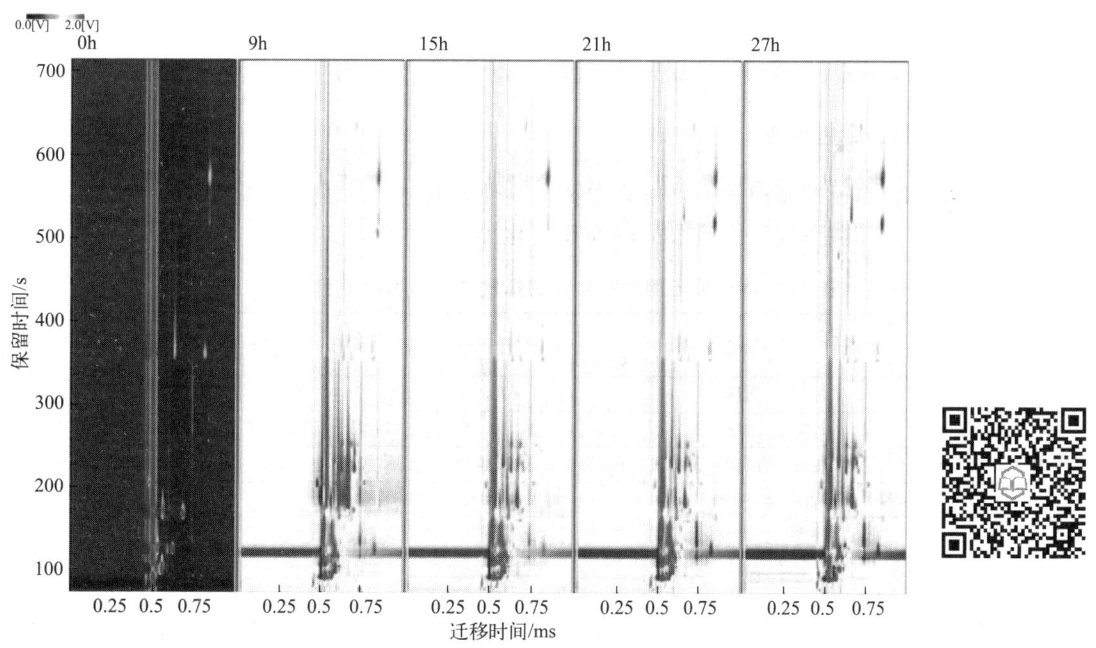

图 7-29　挥发性化合物 GC-IMS 差异图谱

为了更直观、清晰地观察不同发酵时期稀奶油挥发性化合物的变化规律，根据所有化合物的信号值使用 Gallery Plot 图库生成指纹图谱。如图 7-30 所示，指纹图谱中的每一行代表一个发酵阶段，选择所有峰的三个平行，每一列代表一种挥发性风味化合物，其含量大致由每个方块的颜色决定，颜色越深表示含量越高。

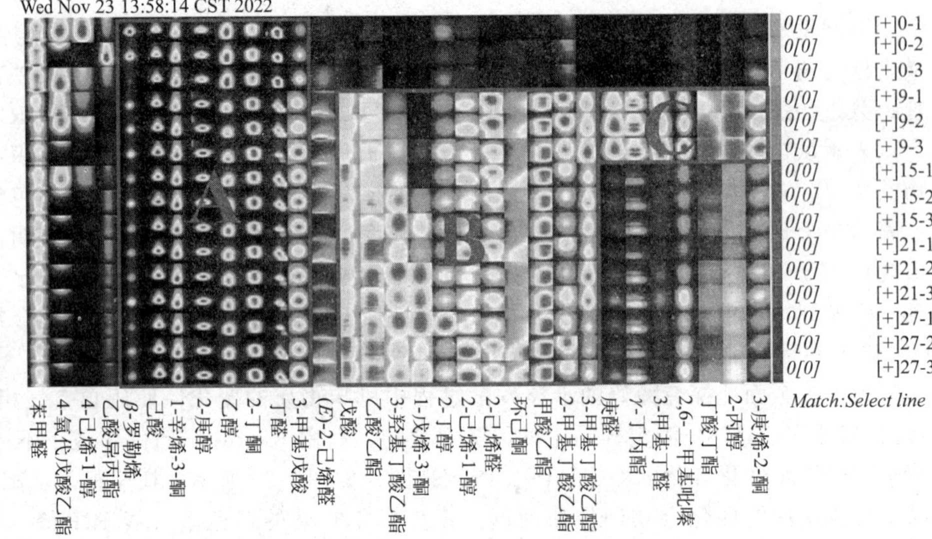

图 7-30 挥发性化合物指纹图谱

通过各组分的颜色变化，可以将其分为三个区域。己酸、1-辛烯-3-酮、2-庚醇、乙醇、2-丁酮、丁醛和 3-甲基戊酸广泛存在于稀奶油发酵的全过程（A 区域），2-己烯-1-醇、2-丁醇、甲酸乙酯、2-己烯醛、3-甲基丁酸乙酯和 2-甲基丁酸乙酯等是发酵过程中产生的特征挥发性物质（B 区域）。3-庚烯-2-酮、2,6-二甲基吡嗪、γ-丁内酯、3-甲基丁醛、庚醛、2-丙醇和丁酸丁酯在发酵 9h（C 区域）表现出高丰度。

7.3.4.2 GC-IMS 定性分析

采用 GC-IMS 测得的峰面积平均值来对挥发性化合物进行定量，稀奶油中挥发性组分的香气描述、阈值及其在不同发酵阶段的峰面积变化如表 7-6 所示。

表 7-6 稀奶油不同发酵阶段的挥发性化合物峰面积变化

挥发物名称	香气描述	阈值 /(mg/kg)	峰面积变化				
			0h	9h	15h	21h	27h
乙酸异丙酯	果味、甜味	—	830.76	268.47	504.65	501.36	446.97
甲酸乙酯	果味、甜味	—	317.19	2238.97	2180.08	2048.23	2379.92
2-甲基丁酸乙酯	果味、青草味	0.0001	50.41	100.03	72.00	74.49	86.48
γ-丁内酯	甜味、焦糖味	—	439.53	6662.52	3060.89	3110.22	3343.18
3-羟基丁酸乙酯	果味、葡萄味	—	46.58	106.32	263.43	265.94	270.94
3-甲基丁酸乙酯	果味、甜味	—	46.28	310.48	337.43	367.13	272.29
乙酸乙酯	果味、甜味	0.005	34.19	33.03	39.46	50.06	46.18
丁酸丁酯	果味、菠萝味	0.1	7.31	101.40	26.64	25.92	34.06
4-氧代戊酸乙酯	果味、甜瓜味	—	466.20	409.63	327.20	211.10	206.31
丁醛	刺激性气味、青草味	0.009	11777.18	10774.27	10583.27	10146.90	10816.65
2-己烯醛	果味、杏仁味	—	82.01	578.16	451.39	463.19	479.63
3-甲基丁醛	杏仁味、麦芽味	0.006	13.43	261.21	78.99	90.56	70.23
苯甲醛	杏仁味、焦糖味	0.35	2177.51	1794.91	1804.77	1773.90	1732.45
(E)-2-己烯醛	果味、脂肪味	0.017	105.83	157.33	129.76	127.49	150.66
庚醛	生青味、甜味	0.003	137.22	5453.79	1460.11	1484.44	1697.42

续表

挥发物名称	香气描述	阈值/(mg/kg)	峰面积变化				
			0h	9h	15h	21h	27h
己酸	酸败味、花香味	1.80	2656.35	3091.16	3086.27	3166.05	3152.86
戊酸	甜味	0.28	35.88	78.10	82.42	83.11	91.84
3-甲基戊酸	奶酪味、绿色水果味	—	289.14	406.06	447.70	445.93	439.58
乙醇	酒精味	100	4428.50	2738.99	3179.08	3134.65	3102.43
2-庚醇	泥土味、油脂味	0.041	5486.97	7130.63	6234.07	6338.38	6233.83
2-己烯-1-醇	果味、青草味	—	509.21	1005.67	993.80	1080.15	1330.34
4-己烯-1-醇	生青味、刺激性气味	—	201.50	176.80	99.40	44.69	56.37
2-丁醇	甜味、杏味	3.3	45.09	54.76	53.87	51.40	64.96
2-丙醇	酒精味、霉味	40	33.44	73.62	48.92	54.30	55.65
1-辛烯-3-酮	蘑菇味、泥土味、果味	0.0005	4755.39	4939.36	5164.07	5255.95	5240.97
2-丁酮	果味、甜味	17	4520.15	4935.55	4761.90	4783.69	4787.00
环己酮	薄荷味	—	34.03	107.52	108.58	114.23	154.48
1-戊烯-3-酮	刺激性气味	—	17.92	23.31	45.53	77.74	76.60
3-庚烯-2-酮	青草味	0.056	104.23	185.04	120.54	129.28	115.62
β-罗勒烯	甜味、草本味	—	3585.28	3205.43	2960.92	2898.65	2706.57
2,6-二甲基吡嗪	坚果味、烧肉味	1.50	53.28	253.00	131.89	144.98	174.00

注："—" 表示未检测到。

10 种物质的信号峰在发酵过程中颜色逐渐加深，表明这些物质的含量随时间而变化。主要包括己酸、1-辛烯-3-酮、2-庚醇、2-丁酮、3-甲基戊酸、2-己烯醇、2-丁醇、甲酸乙酯、戊酸和乙酸乙酯。同时，乙醇、丁醛、苯甲醛、2-己烯醛和 2-甲基丁酸乙酯的含量随时间的增加逐渐降低，即颜色逐渐褪色。采用 GC-IMS 检测技术，共鉴定出 31 种挥发性成分，包括 9 种酯类、6 种醛类、3 种酸类、6 种醇类、5 种酮类和 2 种其他物质。

第 8 章

食品的感官评价

感官评定是用人们的感觉器官（即嗅、味、触、听、视）对食品的感官特征展开评价的科学，它的本质就是对人们接触到的食品的特征进行科学的测量和分析，包括感官所能感受到各种各样的物性特征，食物香味是评价食物的一个重要方面。

表 8-1 列出对食物的感官评定有很大影响的几个感官指标。物理感觉包括视觉、听觉、触觉，化学感觉包括嗅觉和味觉。

表 8-1　食品感官评价中感觉器官与感觉

感觉器官	感觉	感觉器官	感觉
眼	视觉	鼻	嗅觉
耳	听觉	皮肤	触觉
口	味觉	内脏	温度觉(物理感觉)

8.1　食品的感官感知

8.1.1　视觉

视觉是人类对自身所处环境的一种最直观、最快捷的方式，也是对客观事物的第一印象。如外观、表面构造、颜色、形状等。

所谓视觉，就是指人的眼睛在接收到外部光线后，对入射的光线做出的一种反应。并非所有的光都能被眼睛感受到，只有波长在 380～780nm 范围内的光才能被人感受到（即可见光范围），超过这个距离，就是不可见光。

食物只有在正常的颜色范围中，才能通过味道和气味正确地评价食物，不然的话，这些感官的敏感度就会降低，甚至于无法正确感受。

人的眼睛里有三个色彩受体，即红色、绿色、蓝色。当然，在对物体的颜色进行描述时，不能使用三原色，而应该使用基本颜色，基本色彩为赤、橙、黄、绿、青、蓝、紫，颜色经常被用来判断一个水果的成熟度，如果果实太绿，说明它还没有完全成熟，如果它的表面出现腐烂的情况，说明它已经成熟过度。

视力就是一种远近的感受。人们经常在摸到食物之前看一看。通过观察，人们可以了解食物的表面结构。对于消费者而言，一种食品的外表标志着它的状况。如果食物的色泽与平常不同，那就说明食物可能有问题。例如，可以尝试给食物染色，如吃一份青色的炒鸡蛋，或一份蓝色的炒土豆丝，看人们有何反应。很多人非常重视食物的卖相，他们相信食物不仅是为了满足顾客的食欲，也是为了满足顾客的双眼。

总的来说，对样品的颜色和外观进行观察是很重要的，这样可以避免在鉴别风味和质地上的不同时得出错误的结论。

8.1.2　听觉

在评价食物的感官时，听力显得不那么重要。但事实上，声音还能告诉我们食物的结构。当你咀嚼曲奇饼干时，你会听见咔嚓脆响，而当你咀嚼芹菜时，你会听见劈啪作响。但是，如果你在吃干酪的时候，或者在吸吮水分的时候，你却听不到咔嚓声。当你听见食物发出咔嚓声音时，你并不会用耳朵去听，但却会透过头骨去听。当你咀嚼食物时，所发出的“咔嚓”声会产生振动，振动会经由颅骨传递至听觉系统所在的中耳器官——耳蜗。所以，当我们把食物放进嘴里时，我们的身体能感受到，也能听到我们的声音。

8.1.3　嗅觉

气味是另外一种远程感觉，人们通过气味来感觉从食品中散发出来的挥发性化学物质。人们吸入会刺激鼻子里的气味受体的挥发性成分。气味是食物中最主要的一种感觉。咖啡发酵后会有令人愉快的香味。有些咖啡店把烤咖啡的香味通过抽水机输送到主要街道，以吸引顾客。品酒师在品酒之前先嗅一下香味。在食物的感官评定中，嗅闻是非常重要的一个环节。

鼻子是人类的嗅觉接收器。在鼻子上部，有一片特别敏感的地方，叫作嗅感区，也就是嗅裂。鼻黏膜为嗅感区的嗅觉感受器。在呼吸过程中，空气中的气味分子会在嗅感区吸附并溶解于鼻黏膜上，并被嗅细胞所感知，再由嗅细胞把感知到的气味以脉冲信号的方式传送给脑部，由此形成嗅觉。

8.1.4　味觉

味觉（或称味感）是指一种可溶于口腔的呈味物质，当其进入人体后，与人体的味觉受体发生作用时，人体就会产生一种感觉。从生理上来说，可识别的味觉有酸甜苦咸四种基本味觉。近年来，鲜味作为一种新的味道被列入了第五类基础味道。但没有任何证据表明，这只是一种味道。还有一些人认为，鲜味是因为呈味物质和其他味感物质共同作用，从而使食物的味道变得更加美味，当没有其他风味物质的时候，就没有味感了，所以，有些研究口味的人把它归类为风味增强剂或强化剂。

另外，在中国人的味觉体系中，辛辣和涩味也属于味觉范畴。其实，辛辣的味道是通过刺激口腔黏膜、鼻腔黏膜、皮肤以及三叉神经而引起的。对神经末端的刺激和对触觉的刺激是一样的。苦涩的味道，就像是一种类似于触觉的东西。

8.1.5　化学感觉的偏好性：先天的或后天的

味觉与嗅觉都是一种化学性感觉，并且，在现实生活中，人们对嗅觉和味觉都有不同程度的偏好。

研究显示，味觉偏好性是与生俱来的。在被试者中，对蔗糖和食盐的刺激有正面的反应，对咖啡因和柠檬酸的刺激有负面的反应。对嗅觉的偏爱是一种后天的养成。有资料显示，人们普遍对芳香有一定的地域偏爱。但是人类对某些化学物质有一种天生的反感。

随着年龄的增长，先天性厌恶症也会随着年龄的增长而逐渐消失，其丧失的主要原因有：

① 药理学效应（咖啡中的苦咖啡因等）；

② 心理效应（寻找感觉的行为、社会压力等）；

③ 生理效应（酸甜对味觉的刺激反应）。

另外，随着年龄的增长，人们对化学物质的敏感性也会改变。在正常情况下，人们的味觉敏感度会有轻微的降低，而在此期间，人们的嗅觉敏感度会有很大的下降。

8.1.6 风味

味觉、嗅觉共同组成风味。在日常交谈中，人们经常谈到食品的口味。人们在感冒时，认为味觉会降低。事实上，这并不准确。感冒时，嗅觉降低，鼻腔里塞满黏液，所以这些挥发性的东西就很难进入到这些气味接收器里。

8.1.7 三叉神经感觉

除味觉与嗅觉系统拥有化学物质敏感性之外，鼻、口、全身其他各处都有一种更广泛的化学物质敏感性。例如，角膜对化学物质的刺激比较敏感，这一点从人们切洋葱的时候容易流泪就能看出来。而这个普遍性的化学反应正是受到三叉神经控制的。

三叉神经是一种游离的神经末梢，位于鼻、嘴和脸部，能被刺激或不刺激的气味所影响。三叉神经可以感觉到疼痛，让大脑知道食物里有什么刺激物质。一些化学物质，如辣椒中含有的辣椒素、黑胡椒含有的胡椒碱、生姜含有的姜油酮等，都具有刺激性。诸如辣椒素之类的刺激性物质所发出的警报信号通常没有什么危险，仅仅是因为它们的化学构造能刺激人们的身体感受器。而且，有些人也逐渐习惯了这些刺激的信号。例如泰国、印度或者一些墨西哥食物的爱好者，会享受麻辣味道。三叉神经感觉包括：痛、触压、热、冷、振动等。

8.1.8 温度觉

所谓“温度觉”，就是对于“冷”和“热”的一种感知。对于食物的总体感觉和对食物的偏爱程度来说，这很重要。很多人爱吃冰淇淋，爱喝热茶，爱喝咖啡。温度非常关键，它可以影响其他感官特性，也可以影响食品的生理构造。当温度升高的时候，冰淇淋就会融化，当温度降低的时候，水就会结冰。另外，在加热食品时，会挥发出更多的挥发性物质，从而增加了食品香味。

8.1.9 触觉——与质地相关的感觉

这种感觉来自食物的表层结构。它的表面可以是奶油般的光滑，或者是草莓般的粗糙，或者是面包般的粗糙。食物的内部结构是由身体的感受器（或称肌肉反馈）来感知的。当食物被咀嚼到嘴里时，身体的受体就会接收到有关食物的内部构造讯息。人的触觉有两种，一种是“体觉”，即一种是“肌动感知”，“深层压力感知”，另一种是“体感感知”。人们触摸或按压样本时所感受到的冷、热、痒等感觉，就是这些神经末梢所感受到的。肌肉的动作知觉是指在肌肉的伸展和放松过程中，肌肉的运动知觉。因为唇、舌、脸部和手的表面感觉要大于身体其他部位，所以对样本中颗粒大小、热量、化学特性等属性的识别，主要来自手和嘴巴的感知。

8.1.10　质地

质地是触摸的质感以及通过肌肉和关节等运动反应所产生的肌肉运动知觉（即人体感受）。

上面提到的全部感官讯息，都被送往大脑作处理。通常情况下，对消费者而言，所有这些感受都是统一的，使用者不必把不同的感受孤立开来。举例来说，当一个人吃着一种香草冰淇淋时，他只知道这是一种香草冰淇淋。他或许会品尝到甜味、冰凉、香草味和质地，但总体而言，他更注重的是口感，而不是其他特征。实际上，他如果关注质地，会发现冰淇淋的质地有明显的改变。另一方面，一个受过训练的感官评价专家会被要求独立地描述食物的不同的感官特性，这是一个很困难的任务。有时，一个感觉特性的改变，会因为另外一个感觉特性的改变而产生错觉，这种情况并不罕见。经过训练的感官评估者需要注意一种感觉特性，不受其他特性的干扰。

8.2　食品感官评价方法

食物的感官评价是一种基于人类感官的评价方法。伴随着科技的发展与进步，这一融合了客观生理学、心理学、食品与统计学等多个学科领域的新兴学科日趋成熟与完善，而感官评价方法的运用也日趋广泛。现在，在食品领域中经常使用的方法有几十种之多，按照应用目的，可以将它们划分为两类，一类是嗜好型，另一类是分析型；按照方法的性质，可以将它们划分为差别检验、标度检验以及描述性检验。

描述性分析测试是指评审人员对产品全部质量特征的定性和定量分析及描述性评估。它需要对产品的全部感官特征进行评估，例如：外观、嗅闻的气味特征、口中的风味特征（味觉、嗅觉及口腔的冷、热、收敛等知觉和余味）、组织特征和几何特征。描述性测试是评价食品香味成分的常用方法。

8.2.1　简单描述检验法

对于组成样本特点的每一项指标，评委都需要做出定性的描述，这种尽可能全面地描述样本质量的测试方法，被称为“简述测试”。其又可以分为两种，一种是香味的描述，一种是质感的描述。

这种方法可以用来对特定样本或多个样本进行鉴定和描述，也可以用来对感知的特征指数进行分类。在检测产品的质量控制、储存过程中的改变，以及对已发现的不同点的测试中经常使用，还可以对鉴定人员进行培训。

简述通常有两种方式，一种是鉴定人员用随意的词语来描述每一个样本的特征。这样的表述很容易让评委感到难以理解，因此应该让那些对产品的特点有很深理解或者经过特别培训的评委来解答。另外一种方式是先提供一张指数检查表，这样评审人员就可以在此基础上做出评估。样本特征描述如下。

外观：一般、深、苍白、暗状、油斑、白斑、褪色、斑纹、波动（色泽有变化）、有杂色。

组织规则：一般、黏性、油腻、厚重、薄弱、易碎、断向粗糙、裂缝、不规则、粉状感有孔、油脂析出、有线散现象。

结果分析：评审结束后，评审组组织方对评审结果进行汇总。评估结果是基于每个描述性词汇被使用的频率而产生的，并有必要就评估结果进行公开的讨论。

8.2.2 定量描述和感官剖面检验法

由评判人员尽可能全面地评价构成样本感官特性的每一项指数的强弱程度的测试方法，被称为“定量描述试验”。这种评价是从之前通过一个简单的描述测试而得到的，用于对样本整体感觉的定量分析。该方法可以单独使用，也可以组合使用。

这种方法在质量控制、质量分析、确定产品之间差异的性质、新产品研制、产品品质的改进等方面都是最有效的，而且还能够提供与仪器检验数据相比较的感官数据，为产品特征提供一份持久的记录。

在组建感官评价团队前，一般都要经过一段时间的熟悉，以便对相似产品进行理解，确定最佳的描述方式，以及对评估对象的一致性。同时，对参考样本（具有特定性能的纯品或自然产物）以及指定描述特征的术语进行识别。在具体实施过程中，也可以按照不同的目标，设计不同的检查记录格式。

这种方法的测试内容一般包括：

(1) 特性特征的鉴定

用叙述性的或与此有关的词汇来描述感知的特点。

(2) 感觉顺序的确定

也就是记录、显示并注意到各个属性的表现顺序。

(3) 强度评价

每个属性特征强度（品质和期限），可以通过一个评估团队或者一个独立的评估人员来评估。可以用多个尺度评价特征量。

① 数字法　0=不存在；1=刚好可识别；2=弱；3=中等；4=强；5=很强。

② 标度点法　采用从弱到强的线性标度（如：弱□□□□□□□强），在两端标注相反的叙词（如“非常淡”与“非常浓”），其中间级数或点数根据特性特征而改变。

③ 直线段法　在直线上指定一个“0”的中间点，或者在这条直线上指定一个点叙词（比如弱-强），用该线条与另一条直线之间的距离来表示强度。

(4) 余味和滞留度的测定

试样在吞咽（或吐出）之后，表现出来的有别于原始的特征，叫作余味。被吞食（或被吐出）后仍能感受到的特性特征叫作保留。在某些案例中，可能需要检验人员鉴定残留，并确定它的强度，或确定它的强度和保持时间。

(5) 综合印象的评估

所谓综合印象，指的是对一个商品的全面评价，考虑到特性特征的适应性、强度、相一致的背景特征的混合等，一般用三个分量表来衡量：1 代表较差，2 代表中等，3 代表较高。采用一贯性的方式，评审组认可一种综合的印象。采用独立的方式，每位评委分别对整体印象进行评价，并对其进行平均。

(6) 强度变化的评估

从与样本的接触到样本的分离（例如食物中的甜味、苦味等），有时需要用一条曲线来表示。

可以按照需要，以表格或图的形式将检验的结果报告出来，也可将各特性特征的评价结果用于样品间适宜的差异分析（如评分法解析）。

8.3　食品感官评价的应用

8.3.1　风味剖面检验法

《感官分析　方法学　建立感官剖面的导则》（GB/T 39625—2020）为新产品的研发、产品之间的区别、产品的品质管理提供了一整套的评价与描述方法；提供仪表检查的感官数据；对产品特性进行持久的文件化，并对其在储藏期间的变化进行监控。

评估人员除了要达到一般的标准之外，还要接受特殊的训练。对于一些特别的食物，可聘请专业人士，通常是 5～8 名受过专业训练的评价人员或专家。

在评估之前，必须编制一份记录样本的特征目录，确认参考样本，明确描述特征的词汇表，并确立最佳的描述与检查样本的方法。

测试方法可以分为两种。如果对产品特征进行了描述，达到一致的称为一致方法，独立方法的表示不一致。

在一致性的方式中，必须要有一个评估组的领导者参与评估，并且所有的评估人员都要以一个团队的形式参与评估，以获得对产品味道的描述的共识。评价组组长组织讨论，直到对每一个结论达成一致，这样就能对产品香气特征做出一致性的描述。如果无法取得共识，可用参考样品协助以取得共识。为了达到这一目的，有时需要进行一个或更多的讨论，并以评估组组长的报告和结论作为结束。

在独立的方式中，小组组织者通常不参与评价，评价组的意见也不一定要达成一致，评价员可以在组内对产品特点进行讨论，并分别记录其感受，最后由评价小组负责人对这些单一结果进行汇总并分析。

采用统一的方式，首先由评估者独立完成，根据感觉记录特性特征、感觉次序、强度、余味和/或残留，再由评估者完成整体印象评定。在评估人员测量完断面后，便可进行讨论，并由评估组组长将其结果汇总，直至所有评估组的观点都能被接受。为达成共识，可以推荐参考样品，也可以召开多个评估小组会议。

在讨论之后，评估组组长将提交一份评估报告，其中将包含全体成员的评论。其表达形式包括表格、图等，见图 8-1、表 8-2。

在独立的方法中，在评价小组对规定特性特征的认知达成共识之后，评价员就可以独自进行工作，并将感觉顺序进行记录，使用相同的标度去测定每一种特性的强度、余味或留存度及综合印象。

最终，由评估组组长对评估员给出的结果进行汇总和汇报，并计算出各个特性特征的强度（或喜爱）平均值，通过表格或图片表达。如果存在多个样品来对比，那么就可以通过综合印象的结果来获得样品间的差异的大小和方向，或将各特性评价进行利用，用一种合适的分析方法进行分析（例如评分分析），测定样本间差异的性质和程度。

不论采用何种方法，检查报告都应该包含下列内容：所涉及问题、所用方法、试样的准备、检验条件（包括评估员资格、特性特征的目录和定义、使用的参考物质目录、测定强度所使用的标度、分析结果所使用的方法等）、得出的结论和参考准则。

8.3.2 报告实例

(1) 调味西红柿酱风味剖面检验结果

图 8-1 是调味西红柿酱特性特征图，表 8-2 是西红柿酱特性特征结果表。

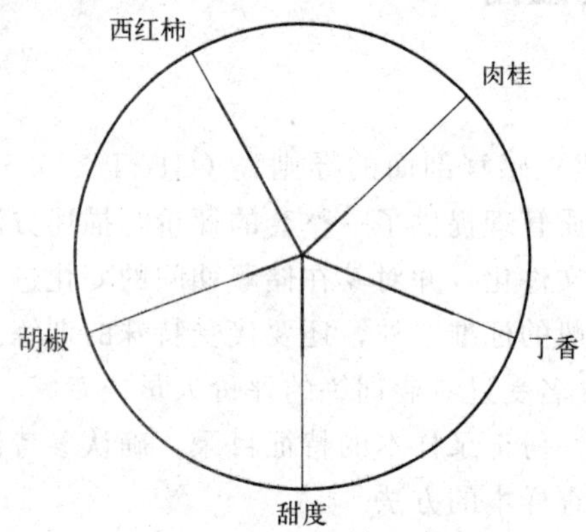

图 8-1 调味西红柿酱特性特征图

表 8-2 西红柿酱特性特征结果表

特性特征		强度指标
风味	西红柿	4
	肉桂	1
	丁香	3
	甜度	2
	胡椒	1
余味		无
滞留度		相当长
综合印象		2

(2) 沙司酱风味剖面分析检验结果（表 8-3）

表 8-3 沙司酱风味剖面分析检验结果表

特性特征(感觉顺序)		强度指标(0～7)
风味	鸡蛋	4
	胡椒	2
	柠檬	3
	盐	2
	黄油	5
余味		1
滞留度		3
综合印象		3

8.3.3 感官评价实例应用 1

8.3.3.1 消费者感官评价

(1) 消费者筛选问卷

目的：选出有资格的参与者，对该产品概念表示有兴趣或反应积极。

问题 1：你吃过西红柿酱吗？

A 吃过　　　　　继续问题 2

B 很少吃　　　　继续问题 2

问题 2：你多久吃一次西红柿酱？

A 每周一次或更多　作为较高频率使用者，具有参加资格

B 低于每周一次但至少每月一次　作为较高频率使用者，具有参加资格

C 低于每月一次或根本不吃　结束，并表示感谢

（2）消费者“模型”

① 雇佣消费者　当地居民组成的“消费者”群以及公司或研究所内部“消费者”群。产品对于评价员不是盲标，而是熟悉的，对所评价的产品可能有其他潜在的偏爱信息或潜意识。是最快、较昂贵、最安全的评价方法。

② 当地固定的消费者　当地的消费者评价小组组成的“消费者”群。不能确认群体是否最大程度地代表了广大的消费者，即样品缺乏代表性，给评价带来可能做出错误判断的风险。是比较快捷的评价方法。

③ 集中场所评价模型　包括从属于学校或俱乐部的团体，或以就近原则的其他组织。不利条件：a. 样品的地理界限；b. 参与者可能互相了解并且互相交谈，不能保证意见都具有独立性；c. 如果参与者会发现是谁在进行这项评价，可能会有所偏爱。有利条件：节省人力和时间。

④ 家庭使用评价模型　一般来说，经过对产品一段时间的日常食用，消费者才能做出客观正确的评价，最现实的情况就是消费者把产品带回家，在正常情况下合适场合中使用。

家庭使用评价需要花费大量的时间和资金，特别是如果雇佣外单位或其他公司做消费者评价工作，花费更高。

（3）面试的形式

① 面对面　面试者可以把问卷读给回答者听，标度变化在内的问卷可以很复杂，也可以采用视觉教具来举例说明标度和标度选择。这个方法费用较高但效果明显。

② 电话面试　一个合理的折中方法，但是复杂的多项问题一定要简短、直接。回答者也可能会迫切地结束通话，对回答的问题可能只给出较短的答案，有时候会出现回答者过早就终止问题的情况。

（4）设计问卷

问卷简洁不宜过长（一般不超过 15～20min 的问题量），语言简单；内容详细而明确，避免含糊；不引导答卷者；有必要经过预检验。

（5）问卷调查技巧

① 问题顺序要合理　问题应遵循先易后难的原则，先问简单正面的问题，再问复杂敏感的问题。提高被调查者答题体验，避免挫败其答题信心。

② 问题设置要单一　在设置问题时，我们是为了明确某一问题的答案，或者某一客户群体的具体需求，因此问题设置要单一，避免题目过大、过于宽泛。

③ 问题选项要全面　问题设置选项时需要经过多次讨论和预实验，根据问卷调查的目的，选项尽量全面，不要遗漏掉任何可能的情况。

④ 问题之间要彼此独立　问题的选项都应该与其他问题独立，是同一个维度或水平上的分类，尽量避免重复交叉或模棱两可的情况出现，如果无法枚举所有可能的选项，则必须

增加一个“其他”选项。

8.3.3.2 产品质量管理

（1）质量控制与感官评价

根据食品生产实际环境和需求安排感官评价；

以感官评价方法进行产品质量控制；

进行感官质量控制项目时需要结合仪器分析。

（2）感官质量控制方法

规格内外法：规格之外、规格之内。

根据标准评估产品差别度：与标准完全不同、标准完全一样。

质量评估法：更复杂的判断，质地、风味、外观等。

描述分析法：重点是单一属性的可感知强度，而不是质量上或整体上的差别。

① 应该向评价小组成员展示参考标准，让他们明确关键单一感官属性的意义。如使用蔗糖溶液，通过要求评价员品尝，明确告诉他们这就是“甜”。

② 一定要向评价员展示强度标准，以便于他们可以把定量的评估固定在强度标准的基础上。如使用一定浓度的“甜”（1%、0.5%蔗糖溶液），并告知评价员该甜度就是“5分、1分”，同时要求他们记忆。

③ 进一步要求评价员利用多项感官特性的食品，评价出单项感官特性的分值，如在咸、甜混合液中，评价甜度的分值。注意，在混有咸味的溶液中，甜味可能会显得更甜。

（3）感官质量控制的管理

① 设定标准（承受限度） 管理部门可以自己进行评价并设置标准（限度），也可以由专业评价小组或消费者评价小组校准设置“标准”。

② 费用相关因素 评价小组均为雇佣者。

③ 取样问题 每个批次、新料投产取样测定，但要避免过度采样或过度评价。

④ 评价小组的培养管理 感官方法方面有着很强技术背景的感官评价领导者及小组成员的评价和再训练，参考标准的校正和更换。

（4）感官质量控制的控制因素

① 样品 样品进行盲标；样品准备标准化；品尝有代表性的样品。

② 硬件 品尝容器无气味；专门的感官评价场所。

③ 评价小组 接触原始样品的人不参与编码和评价样品；良好的身体状态；如有熟悉产品的评价员，则加入“规格之外”的盲标样品；规模较大的评价小组。

④ 主持人 向评价员提供标准答案，并讨论或反馈；评价员的激励和鼓励；有争论或差异大时应重新品尝。

（5）感官质量评估

感官评价人员选定试验流程：

① 受验者的联络确认；

② 试验准备；

③ 试验实施；

④ 结果统计。

（6）味觉审查员选定测试

① 五原味的识别测试；

② 基本味的浓度的识别测试；

③ 食品的味的识别测试。

8.3.3.3　新产品研发

① 构思：消费者的建议和市场动向调查。

② 研制和评价：开发产品阶段评价（差异识别或描述分析），消费者评价（受欢迎产品）。

③ 消费者抽样调查。

④ 货架寿命和包装。

⑤ 生产试销。

⑥ 商品化。

8.3.3.4　市场调查

（1）目的

市场动向调查：了解市场走向，预测产品形式。

市场接受程度调查：了解试销产品的影响和消费者意见。

（2）注意点

内容：食品感官评价的偏爱/嗜好试验。

对象/场所：

① 所有的消费者，不应少于 400 人，最好在 1500～3000 人之间；

② 通常是在调查对象的家中，或人群集中且休闲的地点进行，复杂的环境条件，如机场、公交车站、医院等，会对调查过程和结果有不良影响。

8.3.4　感官评价实例应用 2

8.3.4.1　描述方法

要求评价员对样品特征的某个指标进行定量描述，尽量完整地描述出样品的品质。描述的方法通常有自由式描述和界定式描述，表 8-4 列出了质构感官评定用术语和大众语的比较。描述实验对评价员的要求较高，经过一定的训练是非常必要的。

表 8-4　质构感官评定用术语和大众语的比较表

质构类别	主用语	副用语	大众用语
机械性用语	硬度		软、韧、硬
	凝结度	脆度	易碎、嘎巴脆、酥碎
		咀嚼度	嫩、劲嚼、难嚼
		胶黏度	松酥、糊状、胶黏
	黏度		稀、稠
	弹性		酥、软、弹
	黏着性		胶黏
几何性用语	物质大小形状		沙状、粒状、块状等
	物质成质特征		纤维状、空胞状、晶状等
其他用语	水分含量		干、湿润、潮湿、水样
	脂肪含量	油状	油性
		脂状	油腻性

8.3.4.2 问答表设计

如表 8-5、表 8-6 所示为问答表设计实例。

表 8-5 香蕉咖啡酸奶感官评价标准表

项目	评分标准	评分
色泽 (满分 20 分)	呈均匀一致奶白色或淡黄色,色泽有光泽	15～20 分
	灰白色,颜色不均一	10～15 分
	灰褐色,颜色不均一	0～10 分
风味 (满分 30 分)	有明显的香蕉、咖啡特殊气味,有酸奶香味,气味协调	20～30 分
	香蕉咖啡香气淡、酸奶香气弱、气味不协调	10～20 分
	无香蕉香气或有特殊异味	0～10 分
口感 (满分 20 分)	口感柔和、细腻润滑、香蕉咖啡比例合适	15～20 分
	酸味口感适中、香蕉咖啡比例偏淡	10～15 分
	酸甜口感失调、香蕉咖啡比例失调	0～10 分
组织状态 (满分 30 分)	表面柔滑、无或有少量乳清析出、无气泡和分层	20～30 分
	表面柔滑、有少量乳清析出、有少量气泡	10～20 分
	表面粗糙、有大量乳清析出	0～10 分

表 8-6 香蕉咖啡酸奶感官评分表

样品号	感官描述	分值
1	呈浅褐色、酸甜比例适当、有香蕉清香味、淡咖啡味、组织细腻较黏稠、无乳清析出、凝块均匀	95
2	呈浅咖色、有酸奶的特殊风味、酸甜口味兼备、甜中略带酸味、组织细腻、无乳清析出、凝块均匀	90
3	呈浅咖色、味略甜、有酸奶的特殊风味、组织较为粗糙、有乳清析出	30
4	呈米白色、略带苦味、组织呈液态水状	70

8.3.4.3 结果分析

这种方法可以应用于 1 个或多个样品。在操作过程中样品出示的顺序可以不同，通常将第一个样品作为对照。每个评价员在品评样品时要独立进行，记录中要写清每个样品的特征。评价员完成评价后，由评价小组组织者统计这些结果。最好对评价结论作公开讨论，然后得出综合结论。综合结论描述的依据是以某描绘词汇出现频率的多寡作根据，一般要求言简意赅，字斟句酌，以力求符合实际。该方法的结果通常不需要进行统计分析。这种方法的不足之处是，品评小组的意见可能被小组当中某些人所左右，而其他人员的意见不被重视或得不到体现。

感官剖面描述试验：用一种特定的可以复现的方式表述和评价食品的感官特性，并估计这些特性的强度，然后用食品的感官剖面图表达食品的整体感官特性印象。

（1）定量描述和感官剖面检验法

① 一致方法　在检验中所有的评价员（包括评价小组组长）都是一个集体的一部分，目的是获得一个评价小组赞同的综合结论，使对被评价的产品风味特点达到一致的认识。最后由评价小组组织者报告和说明结果。

② 独立方法　小组组织者一般不参加评价，评价小组意见不需要一致。由评价员先在小组内讨论产品的风味，然后由每个评价员单独工作，记录对食品感觉的评价成绩，最后由评价小组组织者汇总和分析这些单一结果，用统计的平均值，作为评价的结果。

（2）在试验开始之前完成的工作

① 制订记录样品的特性目录；

② 确定参比样；

③ 规定描述特性的词汇；

④ 建立描述和检验样品的方法。

（3）评价内容

① 特性特征的鉴定　用叙词或相关术语描述感觉到的特性特征。

② 感觉顺序的确定　记录显示和察觉到的各特性特征所出现的顺序。

③ 强度评价　每种特性特征所显示的强度。

④ 余味和滞留度的测定　样品被吞下（或吐出）后，出现的与原来不同的特性特征，称为余味；样品已被吞下（或吐出）后，继续感觉到的特性特征，称为滞留度。

⑤ 综合印象的评估　综合印象是对产品的总体评估，它考虑到特性特征的适应性、强度、相一致的背景特征和特征的混合等。通常用三点标度评估，即以低、中、高表示。

⑥ 强度变化的评估　评价员在接触到样品时所感受到的刺激到脱离样品后存在的刺激的感觉强度的变化。

（4）定量描述和感官剖面检验法属于说明食品质和量兼用的方法

① 配方改变时产品品质的变化；

② 工艺条件改变时产品品质可能产生的变化；

③ 产品在储藏过程中的变化；

④ 在不同地域生产的同类产品之间的区别。

（5）定量描述和感官剖面检验法的实施通常要经过三个过程

① 决定要评价的产品的品质；

② 对评价小组开展必要的培训和预备检验，进而评价样品与其他产品在品质上差异程度；

③ 对于使评价员感到生疏的产品，培训和预备检验非常重要。

（6）评价小组的工作

① 确定特性特征，制作试验问答表；

② 评价；

③ 图示，报告。

（7）数据分析

定量描述和感官剖面检验法利用统计法对数据进行分析，还附有圆形图等。强度评价的方法主要有以下几种。

① 数字评估法　0＝不存在，1＝刚好可识别，2＝弱，3＝中等，4＝强，5＝很强。

② 标度点评估法　弱□□□□□强。

③ 直线评估法　评价员在 100mm 长的直线上作记号表明强度。评价人员在单独的品评室对样品进行评价，实验结束后，将标尺上的刻度转算为数值输入计算机，经统计分析后得出平均值，然后用标度点评估法或直线评估法分析并作图。

④ 描述的结果表达一致形式　在一致方法中，评价员先单独工作，按感性认识记录特性特征、感觉顺序、强度、余味和滞留度，然后进行综合印象评估。当评价员完成剖面描述后，就开始讨论，由评价小组组织者收集各自的结果，讨论到小组意见达到一致为止。为了达到意见一致，可推荐参比样或者评价小组要多次开会。讨论结束后，由评价小组负责人做出包括所有成员意见的结果报告，报告的表达形式可以是表格，也可以是图。

参考文献

[1] Seo S-O, Jin Y-S. Next-Generation Genetic and Fermentation Technologies for Safe and Sustainable Production of Food Ingredients: Colors and Flavorings [J]. Annual review of food science and technology, 2022, 13: 463-488.

[2] Anju S, Kumar B S, Rajnish K, et al. OlfactionBase: a repository to explore odors, odorants, olfactory receptors and odorant-receptor interactions [J]. Nucleic acids research, 2021, 50 (D1): D678-D686.

[3] Javier F L, Rodrigo O, Ines C, et al. Comprehensive review of natural based hydrogels as an upcoming trend for food packing [J]. Food Hydrocolloids, 2023, 135: 108124.

[4] Premjit Y, Pandhi S, Kumar A, et al. Current trends in flavor encapsulation: a comprehensive review of emerging encapsulation techniques, flavour release, and mathematical modelling [J]. Food Research International, 2022, 151: 110879.

[5] Batista R A, Espitia P, Quintans J, et al. Hydrogel as an alternative structure for food packaging systems [J]. Carbohydrate Polymers, 2019, 205: 106-116.

[6] Ahmed E M. Hydrogel: Preparation, characterization, and applications: a review [J]. Journal of Advanced Research, 2015, 6 (2): 105-121.

[7] Saifullah M, Shishir M, Ferdowsi R, et al. Micro and nano encapsulation, retention and controlled release of flavor and aroma compounds: A critical review [J]. Trends in Food Science & Technology, 2019, 86: 230-251.

[8] Manzoor A, Dar A H, Pandey V K, et al. Recent insights into polysaccharide-based hydrogels and their potential applications in food sector: A review [J]. International Journal of Biological Macromolecules, 2022, 213: 987-1006.

[9] Kutyła-Olesiuk A, Wesoły M, Wróblewski W. Hybrid Electronic Tongue as a Tool for the Monitoring of Wine Fermentation and Storage Process [J]. Electroanalysis, 2018, 30 (9): 1983-1989.

[10] Oluwaseun J O, Eugénie K, Precious M M, et al. Effect of processing methods on the volatile components of Ethmalosa fimbriata using a two-dimensional gas chromatography-time-of-flight mass spectrometry (GC×GC-TOF-MS) technique [J]. Journal of Food Processing and Preservation, 2020, 45 (2): 15110.

[11] Hwang Y, Yang J, Lee H, et al. Optimization and comparison of headspace hot injection and trapping, headspace solid-phase microextraction, and static headspace sampling techniques with gas chromatography - mass spectrometry for the analysis of volatile compounds in kimchi [J]. LWT, 2020, 134: 110115.

[12] Madhu V, Sadiq A S, Shireesha C, et al. Identification of calcium carbide-ripened sapota (Achras sapota) fruit by headspace SPME-GC-MS [J]. Food Additives & Contaminants: Part A, 2020, 37 (10): 1601-1609.

[13] Wu H, Chen Y, Feng W, et al. Effects of three different withering treatments on the aroma of white tea [J]. Foods, 2022, 11 (16): 2502.

[14] Yang Y, Wang B, Fu Y, et al. HS-GC-IMS with PCA to analyze volatile flavor compounds across different production stages of fermented soybean whey tofu [J]. Food Chemistry, 2020, 346: 128880.

[15] Guo X, Schwab W, Ho C T, et al. Characterization of the aroma profiles of oolong tea made from three tea cultivars by both GC - MS and GC-IMS [J]. Food Chemistry, 2022, 376: 131933.

[16] Zheng A, Wei C, Liu D, et al. GC-MS and GC×GC-ToF-MS analysis of roasted/broth flavors produced by Maillard reaction system of cysteine -xylose-glutamate [J]. Current Research in Food Science, 2023, 6: 100445.

[17] Zheng A, Wei C, Wang M, et al. Characterization of the key flavor compounds in cream cheese by GC-MS, GC-IMS, sensory analysis and multivariable statistics [J]. Current Research in Food Science, 2024, 8: 100772.

[18] 张文君，王颖，杜红霞，等．太婆梨果中挥发性香气成分的 SPME-GC/MS 分析 [J]．山东农业科学，2018，50 (12)：53-58.

[19] 王俊，任文彬，鲁玉侠，等．δ-癸内酯的应用与合成研究进展［J］．中国食品添加剂，2023，34（04）：320-328.
[20] 王彦波，孙宝国．食品生物成味［M］．北京：科学出版社，2024.
[21] 余春平，刘淑龙．肉桂醛的合成研究进展［J］．浙江化工，2023，54（01）：18-22.
[22] 孙丽超，李淑英，王凤忠，等．萜类化合物的合成生物学研究进展［J］．生物技术通报，2017，33（01）：64-75.
[23] 王荣香，宋佳，孙博，等．香豆素类化合物功能及生物合成研究进展［J］．中国生物工程杂志，2022，42（12）：79-90.
[24] 牛佳佳，张柯，崔巍，等．不同品种梨发酵果酒品质评价及挥发性化合物分析［J］．食品安全质量检测学报，2022，13（17）：5468-5476.
[25] 刘双双．武陵地区四种特色食品挥发性物质研究［D］．湖北民族大学，2023.
[26] 陆智．气相色谱-质谱指纹图谱结合聚类分析在薄荷香精风味品质稳定性分析中的应用［J］．现代食品科技，2018，34（09）：283-290.
[27] 王艳娜，孟学成，赵荻，等．四个香榧品种种仁炒制加工后香气物质分析［J］．南京林业大学学报（自然科学版），2022，46（03）：169-176.
[28] 梁向晖，毛秋平，钟伟强．利用 GC-MS 和 NMR 对未知有机化合物定性分析［J］．分析仪器，2017（03）：77-82.
[29] 任清华，罗靖播，许睿洁，等．两种加工工艺对香榧种仁脂肪酸和香气组分的影响［J］．安徽农业大学学报，2018，45（06）：988-995.
[30] 卢健，傅得均，吴东芬，等．茉莉花茶挥发性物质的 SPME 萃取条件优化研究［J］．茶叶，2015，41（1）：8-11.
[31] 杨海芮，贾薇，张劲松，等．固相微萃取-气相色谱-质谱联用法分析樟芝发酵液、液体发酵菌丝体和固体培养菌丝体中香气成分［J］．食用菌学报，2016，23（04）：48-52.
[32] 廖国钊，时小东，王嘉，等．基于 GC-IMS 和 GC-MS 比较不同桑叶茶的香气成分［J］．现代食品科技，2025，41（01）：262-272.
[33] 刘瑶，乔海军，贾志龙，等．气相色谱-离子迁移谱结合化学计量学分析成熟时间对牦牛乳干酪挥发性风味物质的影响［J］．食品与发酵工业，2022，48（17）：265-272.
[34] 贾乾．珍珠油杏果酒加工工艺及发酵过程中的相关成分变化研究［D］．河北农业大学，2021.
[35] 魏代巍．“半胱氨酸-木糖-谷氨酸”美拉德反应体系烤肉/肉汤风味形成途径与调控［D］．宁夏大学，2022.
[36] 王梦松．发酵稀奶油产品中脂质变化及其对风味形成的影响［D］．宁夏大学，2023.
[37] 于亚萍．伏安型电子舌分析牛奶掺杂物机理及精准检测关键技术研究［D］．天津大学，2018.
[38] 马玥．冰葡萄酒混合香气感知相互作用规律及机理的研究［D］．江南大学，2022.
[39] 刘俊伟．新型固相微萃取技术（SPME）及其在室内环境检测中的应用研究［J］．建材与装饰，2016，(41)：45-46.
[40] 王丽霞．食品风味物质的研究方法［M］．北京：中国林业出版社，2011.
[41] 范文来，徐岩．酒类风味化学［M］．北京：中国轻工业出版社，2020.
[42] 王永华，戚穗坚．食品风味化学［M］．北京：中国轻工业出版社，2015.
[43] 王永华，戚穗坚．食品风味化学．［M］．2 版．北京：中国轻工业出版社，2022.
[44] 张晓鸣．食品风味化学［M］．北京：中国轻工业出版社，2018.
[45] 张晓鸣，夏书芹，宋诗清．食品风味化学．［M］．2 版．北京：中国轻工业出版社，2023.
[46] 宋焕禄．食品风味化学与分析［M］．北京：中国轻工业出版社，2023.
[47] 曾广植．苦味物的结构规律与诱导适应的受体模型［J］．生物化学与生物物理进展，1981（06）：14-21.
[48] 曾广植，魏诗泰．甜味的分子识别与诱导适应的受体模型［J］．化学通报，1980（08）：6-15.
[49] 曾广植．氨基酸的味道及其甜味剂［J］．化学通报，1990（08）：1-9.